中等职业教育"十三五"规划教材

化工总控工培训教程

主编 夏素花 王柱宝

北 京

冶金工业出版社

2019

内 容 提 要

本书内容包括化工识图、化工基础知识、化工单元操作、分析化学、化工安全基础知识 5 部分,共 15 章,介绍了化工图样的相关知识,化工生产过程中的工艺参数及其外界条件对参数的影响,各化工单元基本原理、主要设备的结构,化学分析的基础知识及各种分析方法,化工安全生产的基本原则及措施,以及人身安全防护的基本知识和措施等。全书主要突出基本知识、基本理论和基本技能的讲解。

本书可供中等职业学校和技校化工类专业实践教学使用,也可供化工企业职工培训使用。

图书在版编目(CIP)数据

化工总控工培训教程/夏素花,王柱宝主编 . —北京:冶金工业出版社,2019.8

中等职业教育"十三五"规划教材

ISBN 978-7-5024-8156-8

Ⅰ.①化… Ⅱ.①夏… ②王… Ⅲ.①化工过程—过程控制—中等专业学校—教材 Ⅳ.①TQ02

中国版本图书馆 CIP 数据核字(2019)第 168996 号

出 版 人 谭学余
地 址 北京市东城区嵩祝院北巷 39 号 邮编 100009 电话 (010)64027926
网 址 www.cnmip.com.cn 电子信箱 yjcbs@cnmip.com.cn
责任编辑 曾 媛 美术编辑 郑小利 版式设计 孙跃红
责任校对 李 娜 责任印制 牛晓波
ISBN 978-7-5024-8156-8
冶金工业出版社出版发行;各地新华书店经销;三河市双峰印刷装订有限公司印刷
2019 年 8 月第 1 版,2019 年 8 月第 1 次印刷
787mm×1092mm 1/16;14.25 印张;344 千字;218 页
45.00 元
冶金工业出版社 投稿电话 (010)64027932 投稿信箱 tougao@cnmip.com.cn
冶金工业出版社营销中心 电话 (010)64044283 传真 (010)64027893
冶金工业出版社天猫旗舰店 yjgycbs.tmall.com
(本书如有印装质量问题,本社营销中心负责退换)

前　言

　　中职教材作为体现中职教育特色的知识载体和教学的基本工具，直接关系到中职教育能否为一线岗位培养符合要求的技术应用型人才。本书是根据国家对化工总控工中级工职业标准的要求，按照技术应用型人才培养的特点和规律，以化工行业常用设备为背景，以培养学生从事化工生产职业能力为主线，依据岗位能力培养需要，融合国家职业技能鉴定标准组织编写的。

　　本书主要突出基本知识、基本理论和基本技能的讲解，让中职生或培训人员通过对本书的学习能取得化工总控工中级技能证。

　　本书共分五部分，第一部分为化工识图，简单介绍化工图样的相关知识；第二部分为化工基础知识，简单介绍化工生产过程中的工艺参数及其外界条件对参数的影响；第三部分为化工单元操作，主要介绍各单元基本原理、主要设备的结构；第四部分为分析化学，主要介绍化学分析的基础知识及各种分析方法；第五部分为化工安全基础知识，简单介绍化工安全生产的基本原则及措施，以及人身安全防护的基本知识和措施。

　　本书由东明县职业中等专业学校夏素花、王柱宝担任主编。编写分工如下：薛凤彩编写第一部分，夏素花编写第二部分，王志强编写第三部分，王柱宝编写第四部分，郑鑫、李东魁编写第五部分。全书由李东魁、夏素花统稿。

　　在本书编写过程中，得到了有关化工企业技术人员的帮助，在此向他们表示衷心的感谢。

　　由于编者水平所限，不妥之处在所难免，敬请广大读者批评指正。

编　者

2018 年 4 月

目　录

第三部分 化工单元操作

第四部分 分析化学

第五部分 化工安全基础知识

第一部分

化工识图

HUAGONG SHITU

　　本部分内容是依据国家职业鉴定对化工总控工的要求组织编写的，基本知识有图样及识图基本赏识、化工设备的识读、化工工艺流程图的识读与画法、设备布置图的识读与画法、管道布置图的识读与画法。内容突出重点，侧重基础理论。

第一章　化工识图基础

第一节　图样基本常识

本节主要介绍了图样的基本常识，也是学习制图的起点。主要内容有图纸大小及格式、图样比例、字体书写要求、图线类型及尺寸注法。

一、图纸大小及格式

为了便于统一管理和使用，图纸的大小及规格应优先使用表 1-1 中的基本图幅及规格，必要时，也可将图纸按规定的加长量加长，一般加长量为原长的 1/2。

表 1-1　图纸幅面　（mm）

幅面代号 尺寸代号	A0	A1	A2	A3	A4	A5
图纸宽度 B×图纸长度 L	841×1189	594×841	420×594	297×420	210×297	184×210
装订边距 a	25					
装订边距 c	10				5	
装订边距 d	20			10		

二、图样比例

图样中图形与实物相应要素的线性尺寸之比称为比例。绘制图样时，为了使图样直接反映实物的大小，应尽量采用原值比例，但若实物较小，图样需放大，实物较大，图样需要缩小，此时所选比例应从表 1-2 中优先选择。

表 1-2　比例系列

种　类	比　例
与实物相同	1:1
缩小比例	1:1.5　1:2　1:2.5　1:3　1:4　1:5　1:10^n 1:1.5×10^n　1:2×10^n　1:2.5×10^n　1:5×10^n
放大比例	2:1　2.5:1　4:1　5:1　10^n:1

三、字体书写要求

各种说明及标注的中文文字采用长仿宋体，并采用国家正式公布的简化字，这一点在计算机绘图中并不难做到，目前计算机软件中安装有国家公布的简化汉字系统，也有仿宋体供选择。中文文字的书写要领：横平竖直、注意起落、结构匀称、填满方格。其高度不应小于 3.5mm，字宽为高度的 1/1.4；字体的大小或字号，也就是字体的高度分为 20mm、14mm、10mm、7mm、5mm、3.5mm、2.5mm、1.8mm 等 8 种，英文和阿拉伯数字一般采用斜体，即其字头向右与垂直线成 15°角，也可写成直体。

四、图线类型

图线是组成图样的基本要素，按其粗细和形式可分为 9 种类型，其中 d 表示线的宽度，d 按图形大小即图样复杂程度在 0.5~2mm 选择，其他 6 种线的宽度均为 $d/2$，具体情况如表 1-3 所示。

表 1-3　常用的图线　　　　　　　　　　　　（mm）

名　称	图　　　线	线宽	主要用途
粗实线		d	可见的轮廓线和过渡线
粗点划线		d	有特殊要求的线或表面的表示线
粗虚线		d	允许表面处理的表示线
细实线		$d/2$	尺寸线及尺寸界线、剖面线、重合剖面的轮廓线
波浪线		$d/2$	断裂处的边界线、视图和剖视图的分界线
细点划线	约为 3　15~30	$d/2$	轴线、对称中心线、轨迹线、节圆及节线
细双点划线	约为 5　15~20	$d/2$	相邻辅助零件的轮廓线、极限位置的轮廓线、假想投影轮廓线、中断线等
细虚线	约为 1　2~6	$d/2$	不可见轮廓线及过渡线
双折线	2~4　15~30　3~5	$d/2$	断裂处的边界线

五、尺寸注法概述

（一）基本规则

（1）机件的真实大小应以图样上所注的尺寸数值为依据，与图形的大小及绘图的准确度无关。

（2）图样中的尺寸，以 mm 为单位时，不需标注计量单位的代号或名称，如果采用其他单位，则必须加以说明。

（3）图样中所标注的尺寸，为该图样所示机件的最后完工尺寸，否则应另加说明。

（4）机件的每一尺寸，一般只标注一次，并应标注在反映该结构最清晰的图形上。

（二）尺寸的构成

每个完整的尺寸，一般由尺寸界线、尺寸线和尺寸数字组成，通常称为尺寸三要素。

1. 尺寸界线

尺寸界线表示尺寸的度量范围，用细实线绘制。尺寸界线由图形的轮廓线、轴线或中心线处引出，也可利用这些线作为尺寸界线。尺寸界线一般应与尺寸线垂直，且超过尺寸线箭头2~5mm，必要时允许倾斜。

2. 尺寸线

尺寸线表示尺寸的度量方向，必须用细实线绘制，而不能用图中的任何图线代替，也不得画在其他图线的延长线上。线性尺寸的尺寸线应与所标注的线段平行；尺寸线与尺寸线之间、尺寸线与尺寸界线之间应尽量避免相交。因此，在标注尺寸时，应将小尺寸放在里面，大尺寸放在外面。尺寸线终端有箭头和斜线两种形式，同一图样上只能采用一种形式。机械图样一般采用箭头表示尺寸的起止，其尖端应与尺寸界线接触。建筑图样一般采用斜线。

3. 尺寸数字

尺寸数字表示机件的实际大小。线性尺寸的尺寸数字，一般应填写在尺寸线的上方或中断处。线性尺寸数字的书写方向为水平方向字头朝上，竖直方向字头朝左。尺寸数字不允许被任何图线所通过，当不可避免时，必须把图线断开。

（三）尺寸注法

（1）圆、圆弧及球面尺寸。标注直径尺寸时，应在尺寸数字前加注直径符号"ϕ"；标注半径尺寸时，应在尺寸数字前加注半径符号"R"，半径尺寸必须标注在投影为圆弧的图形上，且尺寸线必须通过圆心；标注球面的直径或半径时，应在直径或半径符号前加注"S"。

（2）角度尺寸。标注角度尺寸的尺寸界线，应沿径向引出，尺寸线是以角度顶点为圆心的圆弧，角度的数字一律写成水平方向，角度尺寸一般注在尺寸线的中断处，必要时可以写在尺寸线的上方或外面，也可引出标注。

（3）窄小位置的尺寸。标注一连串的小尺寸时，可用小圆点或斜线代替中间的箭头。

（4）对称图形的尺寸。对于对称图形，应把尺寸标注为对称分布；当对称图形只画出一半或大于一半时，尺寸线应略超过对称线或断裂处的边界线，此时仅在尺寸线的一端画出箭头。

（四）尺寸的简化注法

在同一图形中，对于尺寸相同的孔、槽等组成要素，可仅在一个要素上注出其尺寸和数量，并用缩写词"EQS"表示"均匀分布"。若组成要素的定位和分布情况在图形中已明确，可不标注其角度，并省略"EQS"。

第二节 识图基本常识

本节主要介绍了三视图的组成，基本视图的组成，向视图、局部视图及斜视图的基本概念，剖视图与断面图的基本概念。

一、三视图的组成

假想人的视线为一组平行且垂直于投影面的投影线，将物体置于投影面与观察者之间，看得见的轮廓用粗实线表示，看不见的轮廓用虚线表示，这样在投影面上所得的投影称为视图。

主视图、左视图、俯视图分别从3个方位反映物体的形状、大小，互相补充，能完整表达物体的真实形状和大小，因而上述3种图称为三视图：

（1）主视图。正投影面所得的视图称为主视图，反映物体长度和高度方向的尺寸。

（2）左视图。侧投影面所得的视图称为左视图，反映物体宽度和高度方向的尺寸。

（3）俯视图。水平投影面所得的视图称为俯视图，反映物体宽度和长度方向的尺寸。

三视图的投影规律：主、俯视图长对正（等长），主、左视图高平齐（等高），俯、左视图宽相等（等宽），即"长对正、高平齐、宽相等"。

二、基本视图的组成

将物体向基本投影面投射所得的视图称为基本视图。物体置于六面体中分别向6个基本投影投射，即得到主视图、俯视图、左视图、右视图、仰视图、后视图6个基本视图。6个基本视图仍符合"长对正、高平齐、宽相等"的投影规律，一般作图时不需要将6个基本视图都画出来，而是根据物体的结构特点和复杂程度，选择适当的基本视图，优先采用主视图、俯视图、左视图。

三、向视图、局部视图及斜视图的基本概念

（1）向视图。向视图是可以自由配置的基本视图。自由配置时要在向视图的上方标注"X"（X为大写拉丁字母），在相应的视图附近，用箭头指明投射方向，并标注相同的字母。

（2）局部视图。将物体的某一部分向基本投影面投射所得的视图称为局部视图。

（3）斜视图。将物体向不平行于基本投影面的平面投射所得的视图称为斜视图，斜视图一般只画出倾斜部分的局部形状，其断裂边界用波浪线表示，并按向视图的配置标注，必要时允许旋转配置。

四、剖视图与断面图的基本概念

（1）剖视图。假想用剖切面剖开物体，将处在观察者和剖切面之间的部分移去，而将其余部分向投影面投射所得的图形称为剖视图，简称剖视。视图与剖视图的区别在于视图中不可见的孔、槽等部分在剖视图中有可能变为可见，使图形变得层次分明，更加清晰。

（2）断面。假想用剖切平面将物体的某处切断，仅画出该剖切面与物体接触部分的图形，称为断面图，简称断面。断面图与剖视图的区别在于：断面图仅画出横截面的形状；而剖视图除画出横截面的形状外，还要画出剖切面后面物体的完整投影。

第三节　化工设备的识读

化工设备图是化工设备的装配图，用于表达设备的工作原理、零部件之间的装配关系

及设备的主要结构。

一、化工设备图的特点

（1）壳体以回转形为主，如各种容器、换热器、精馏塔等，可采用镜像技术，只绘制其中一半即可。

（2）尺寸相差悬殊，如精馏塔的高度和壁厚、大型容器的直径和壁厚等。在绘制中，大的尺寸可按比例绘制，而小的尺寸若按比例绘制，将无法绘制或区分，这时可采用夸大的方法绘制壁厚等小的尺寸。

（3）有较多的开孔和接管。每一个化工设备最少需要两个接管，而一般情况下均多于两个接管，大量的接管一般安装在封头上或筒体上，绘制时要注意接管的安装位置，接管上的法兰可采用简化画法，接管的管壁等小尺寸部件可采用夸张画法或采用局部放大画法。

（4）大量采用焊接结构，如接管和筒体、有些封头和筒体，要绘出各种焊接情况，必要时需局部放大。

（5）广泛采用标准化、通用化及系列化的零部件。对于标准化的零部件，可采用通用的简化画法，一般只画出主要外轮廓线，详细说明在明细表中标明即可。

二、化工设备图的内容

（1）一组视图：用以表达设备的结构、形状和零部件之间的装配关系。

（2）必要尺寸：用以表达设备的大小、性能、规格、装配和安装等尺寸数据。

（3）管口符号和管口表：对设备上所有的管口用小写拉丁字母按顺序编号，并在管口表中列出管口有关数据和用途等内容。

（4）技术特性表和技术要求：用表格的形式列出设备的主要工艺特性，如操作压力、温度、物料名称、设备容积等；用文字说明设备在制造、检验、安装等方面的要求。

（5）明细栏及标题栏：对设备上的所有零部件按顺时针进行编号，并在明细栏中对应填写每一零部件的名称、规格、材料、数量等内容，若是标准零部件，还要在代号一栏填写标准代号；标题栏用于填写设备名称、主要规格、绘图比例、设计单位、图号及责任者等内容。

三、化工设备常用的标准零部件

（一）筒体

筒体是化工设备的主要部分，以圆柱形筒体最多，一般由钢板卷焊而成，其主要尺寸是直径、高度（长度）和壁厚。当直径小于 500mm 时，可用无缝钢管作为筒体。筒体直径应符合 GB 9019—2015《压力容器公称直径》所规定的尺寸系列（表1-4）。由钢板卷焊而成的筒体，其公称直径是指筒体的内径。采用无缝钢管作为筒体时，其公称直径是指钢管的外径。

表 1-4 压力容器公称直径（摘自 GB/T 9019—2015）   （mm）

钢板卷焊（内径）											
300	350	400	450	500	550	600	650	700	750	800	900
1000	1100	1200	1300	1400	1500	1600	1700	1800	1900	2000	2100
2200	2300	2400	2500	2600	2800	3000	3200	3400	3500	3600	3800
4000	4200	4400	4500	4600	4800	5000	5200	5400	5500	5600	5800
600											

无缝钢管（外径）					
159	219	273	325	337	426

（二）封头

封头是化工设备的重要组成部分，它与筒体一起构成设备的壳体。封头与筒体可以直接焊成不可拆卸的连接；也可以分别焊上法兰，采用螺栓连接构成可拆卸的连接。封头的形式有球形、椭圆形、蝶形、锥形、平板形等，其中最常用的是椭圆形封头。由钢板卷焊而成的筒体，对应所用封头的公称直径为内径；由无缝钢管制作的筒体，对应所用封头的公称直径为外径。

（三）法兰

法兰是法兰连接中的一个主要零件。化工设备用的标准法兰有两类：管法兰和压力容器法兰（又称设备法兰）。标准法兰的主要参数是公称直径（DN）和公称压力（PN）。管法兰的公称直径为所连接管子的外径，压力容器法兰的公称直径为所连接筒体（或封头）的内径。

（四）人孔和手孔

为便于安装、拆卸、清洗、检修设备内部的装置，需在设备上开设人孔和手孔，人孔和手孔的结构基本相同，都由筒节、法兰、垫片、盖、手柄、螺栓组成。当手柄直径不大时，可开设手孔，手孔的直径应使操作人员戴手套并握有工具的手能顺利通过。手孔的标准直径有 DN150 和 DN250 两种；当设备的直径超过 900mm 时，应开设人孔。人孔的形状有圆形和椭圆形。人孔的大小在 400~600mm，压力较高的设备，一般选用直径为 400mm 的人孔，压力不大的设备选用直径为 450mm；严寒地区的室外设备或有较大内件要从人孔取出的设备，可选用直径为 500mm 或 600mm 的人孔。

（五）支座

支座是用来支承设备和固定设备位置的，它分为立式设备支座、卧式设备支座和球形容器支座。

四、化工设备的尺寸及标注

（一）尺寸种类

化工设备的尺寸种类一般有规格性能尺寸、装配尺寸、外形尺寸、安装尺寸、其他尺寸：

（1）规格性能尺寸是反映化工设备的规格、性能、特征及生产能力的尺寸，如容器内径。

（2）装配尺寸是反映零部件在设备中的装配位置的尺寸，如液面计接管的定位尺寸、伸出长度等。

（3）外形尺寸又称总体尺寸，是表示设备总长、总高、总宽的尺寸，用于确定设备所占空间，如容器总长 2800mm 等。

（4）安装尺寸是化工设备安装在基础或其他构件上所需的尺寸，如支座上地脚螺栓孔的相对位置尺寸为 600mm。

（5）其他尺寸是根据需要应注出的尺寸，如设计计算确定的尺寸。

（二）尺寸基准

化工设备图中标注尺寸常用的尺寸基准有以下几种：（1）设备筒体和封头的轴线；（2）设备筒体和封头焊接时的环焊缝；（3）设备容器法兰的端面；（4）设备支座的地面。

（三）管口表

管口表是说明设备上所有管口的符号、公称尺寸、连接尺寸及标准、连接面形式、用途或名称等内容的一种表格，供配料、制造、检验、使用时参阅。管口表形式如表 1-5 所示。

表 1-5　管口表形式

符号	公称尺寸	连接尺寸及标准	连接面形式	用途或名称

填写管口表要注意以下事项：

（1）"符号"栏中的字母符号，应与视图中各管口的符号相同，用小写拉丁字母按顺序自上而下填写。当管口规格、标准、用途、连接面形式完全相同时，可合并成一项，如"b_{1-3}"。在视图中，管口符号在主视图的左下方开始按顺时针方向依次填写，其他视图上的管口符号则应根据主视图中对应的符号进行标注。

（2）"公称尺寸"栏按管口的公称直径填写。若无公称直径的管口，可按实际内径填写。

（3）"连接尺寸及标准"栏填写对外连接管口的有关尺寸和标准。

（4）"连接面形式"栏填写对外连接管口的结构形式，如法兰连接是法兰的密封面形式。

（5）"用途或名称"栏填写管口的用途名称、标准名称或习惯性名称。

五、化工设备图的表达方法

（一）基本视图的选择与配置

由于化工设备的主体结构多为回转体，其基本视图常采用两个视图。立式设备通常采用主、俯两个基本视图；卧式设备通常采用主、左两个基本视图。主视图一般应按设备的工作位置选择，并采用剖视图的表达方法，以使主视图能充分表达其工作原理、主要装配关系及主要零部件的结构形状。对于形体狭长的设备，当主、俯（或主、左）视图难以同时安排在基本视图位置时，可以将俯（或左）视图配置在图样的其他位置，用向视图的方法表达。某些结构形状简单、在装配图上易于表达清楚的零部件，其零件图可与装配图画在同一张图样上。

（二）多次旋转的表达方法

设备壳体周围分布着较多的管口及其他附件，为了在主视图上清楚地表达它们的结构形状及位置高度，主视图可采用多次旋转的表达方法，即假想将设备周向分布的接管及其他附件分别旋转到与主视图所在的投影面平行的位置，然后进行投影，得到视图或剖视图。在采用多次旋转的画法时，不能使视图上出现图形重叠的现象。同时，为避免混乱，在不同的视图中，同一接管或附件用相同的小写拉丁字母编号。规格、用途相同的接管或附件可共用同一字母，用阿拉伯数字作为脚标，以示个数。

注意： 在采用多次旋转的画法时，不要进行任何标注，周向方位必须以管口方位（或左视图、俯视图）为准。

（三）管口方位的表达方法

管口方位图用于表达管口在设备中的周向方位，在主视图和管口方位图上对应的管口用相同的小写拉丁字母标明；当俯（左）视图已将各管口的管口方位表达清楚时，可不必画出管口方位图。若设备上各管口或附件的结构形状已在主视图（或其他视图）上表达清楚，则设备的俯（左）视图可简化成管口方位图。

（四）局部结构的表达方法

对于设备上的某些细部结构，按总体尺寸所选定的绘图比例无法表达清楚时，可采用局部放大画法。

（五）夸大的表达方法

对于设备上某些过小的结构，按选定的绘图比例无法画出时，可采用夸大画法，即不按比例，适当夸大地画出它们的厚度或结构。

（六）断开和分段（层）的表达方法

对于过高或过长的化工设备，且沿轴线方向有相当部分的形状和结构相同或按规律变化时，可采用断开画法，使图形缩短，合理地使用图纸幅面；对于较高的塔设备，又不适合用断开画法时，可采用分段的表达方法，把整个设备分成若干段（层）画出。

六、读化工设备图

（一）读化工设备图的要求

在阅读化工设备图过程中，应从化工设备的结构特点、各种表达方法、简化画法及技术要求等方面入手，阅读时应达到以下要求：

（1）了解设备的用途、工作原理和结构特点。

（2）了解各零部件的作用、装配关系，进而了解整个设备的结构。

（3）了解设备上的开口方位及制造、检验、安装等方面的技术要求。

（二）读化工设备图的方法和步骤

（1）概况了解：由标题栏可了解设备的名称、规格、绘图比例等内容；由明细栏可了解设备各零部件的数量、材料、规格，以及哪些是标准件和外购件；概括了解设备的管口

表、技术特性表及技术要求。

（2）视图分析：通过读图，了解设备图上视图的数量，分析哪些是基本视图，哪些是其他视图，以及各视图采用的表达方法及所起的作用等，进一步分析设备的结构特点。

（3）零部件分析：以设备的主视图为主，结合其他视图，对照明细栏中的序号，将零部件逐一从视图中找出，了解其名称、数量、材料及在设备图的位置，分析其结构、在设备中所起的作用、与主体或其他零部件的装配关系，对标准零部件还应查阅相关的标准。

（4）尺寸分析及其他：找出设备在长、宽、高 3 个方向的尺寸基准；对设备图上的规格性能尺寸、装配尺寸、外形尺寸、安装尺寸进行分析，明确它们的作用和含义；了解设备上所有管口的结构、形状、数目、大小和用途，以及管口的周向方位、轴向距离、外接法兰的规格和形式。

（5）归纳总结：通过对视图、零部件及尺寸的分析，了解每一零部件在设备中的位置及其相互之间的装配关系，从而对设备有一个较为完整的认识，综合标题栏、明细栏、管口表、技术特性表、技术要求及有关技术资料，进一步了解设备的结构特点、工作特性、操作原理及物料的进出流向。

第四节　化工工艺流程图的识读与画法

化工工艺流程图是表达化工生产过程及联系的图样，它不仅是化工工艺人员进行工艺设计的主要内容，也是进行工艺安装和指导生产的技术文件；化工工艺流程图由框图、首页图、方案流程图、物料流程图、工艺管道及仪表流程图组成。

一、化工工艺流程图基本知识

（一）框图

框图是表达化工产品生产方案的，它包含生产原理和处理过程。每一个框可以是一个工序，也可以是一个工段，一个或几个工段组成一个车间，通过线条和箭头将各个工段连接起来。框图属于原理图，是用来简单描述一个生产过程的基本原理及所用方案的图样。用框表示一个处理步骤，箭头表示原料、辅料、产品、能源、废料等物料的流向，基本可以将生产的主要过程表达清楚。

（二）首页图

放在化工工艺流程图册第一页的图样，称为首页图，它有以下几方面的内容：工艺管道及仪表流程图中所采用的图例、符号、设备位号、物料代号和管道编号等；装置及工段的代号和编号；自控（仪表）专业在工艺过程中所采用的检测和控制系统的图例、符号、代号等；其他有关需要说明的事项。

（三）方案流程图

方案流程图又称流程简图，是用来表达整个工厂、车间或工序的生产过程概况的图样，即主要表达物料由原料转变为成品或半成品的来龙去脉，以及采用何种化工过程及设备。它一般包括以下内容：

（1）图形：生产用设备的示意图和工艺流程线。

（2）标注：设备的位号、名称；物料来源去处的说明。

（3）标题栏：注写图号、图名、设计阶段、签名等。

（四）物料流程图

物料流程图是在方案流程图的基础上，采用图形与表格结合的形式，来反映设计计算某些结果的图样，可供生产操作时参考。它主要是在初步设计阶段，完成物料衡算、热量衡算时绘制的。

（五）工艺管道及仪表流程图

工艺管道及仪表流程图（也称 PID、施工流程图、生产控制流程图、带控制点的工艺流程图），是在方案流程图基础上绘制的，是内容更为详细的工艺流程图。它要显示所有生产设备、机器和管道，以及各种仪表控制点和管件、阀门等有关图形符号；也是设备布置、管道布置的原始依据及施工的参考资料，以及生产操作的指导性技术文件。它一般以工艺装置的工段或工序为单元绘制，也可以装置为单元绘制。另外，还配有辅助系统，如辅助系统管道图、仪表控制系统图、蒸汽伴热系统图、消防水、汽系统图等。

二、化工工艺流程图的画法

（一）比例与图幅

工艺管道及仪表流程图不按比例绘制。一般根据设备的大小、多少及流程线的复杂程度选择 A1～A3 图幅横放，如有需要也可采用加长图幅。

（二）设备的画法

（1）用细实线（$d/4$，0.15～0.3mm，d 表示线的宽度）根据流程顺序从左至右逐个绘制出能够显示其形状特性的主要轮廓。设备图形不按比例画，但要保持它们的相对大小及位置高低，相互间高低相对位置要与设备实际布置相吻合，如有可能，设备、机器上全部接口（包括人孔、手孔、卸料口等）均应画出，其中与配管有关及与外界有关的管口（如直连阀门的排液口、排气口、放空口及仪表接口等）必须画出。

（2）设备上物料进、出管口的位置，应大致符合实际情况，需大致反映物料从设备的何处进、出，在何处连接。

（3）设备、机器的位置安排应保留适当距离，以便于布置流程线和标注。

（4）两个或两个以上的相同设备，可以只画出一套，备用设备可以省略不画。

（三）设备的标注

设备上应标注设备位号和名称，标注的设备位号在整个车间内不得重复，两台或两台以上相同设备并联时，在位号尾部加注 A、B、C 等字样作为设备的尾号。一般要在两个地方标注设备位号：第一是在图的上方或下方，要求排列整齐，并尽可能正对设备，用粗实线画一水平位号线，在位号线的上方标注设备位号，在位号线的下方标注设备名称；第二是在设备内或其近旁，用粗实线画一水平位号线，在位号线的上方标注设备位号，此处仅注位号，不注名称。当几个设备或机器为垂直排列时，它们的位号和名称可以由上而下按顺序标注，也可水平标注：

（1）将设备的名称和位号在流程图上方或下方靠近设备示意图的位置排成一行。

（2）标注设备位号和名称时，在水平线的上方标注设备位号，下方标注设备名称。

（3）设备位号由设备类别代号（表1-6）、工段号、同类设备顺序号和相同设备数量尾号 4 部分组成。

表 1-6 设备类别代号 （摘自 HG/T 20519. 31—1992）

设备类别	塔	泵	工业炉	换热器	反应器	起重设备	压缩机	火炬烟囱	容器	其他机械	其他设备	计量设备
代号												

（四）管道流程线的画法

（1）用粗实线（0.9~1.2mm）画出各设备之间的主要物料流程线。

（2）用中粗线（0.5~0.7mm）画出其他辅助物料的流程线。

（3）流程线一般画成水平线和垂直线，不用斜线转弯，一律画成直角。

（4）流程线之间或流程线与设备之间发生交叉时，应将其中一线断开或绕弯通过，断开处的间隙应是线粗的 5 倍左右。同一物料线交错，按流程顺序一般将后一流程线断开，即"先不断、后断"；不同物料线交错时，主物料线不断，辅助物料线断，即"主不断、辅断"。

（5）在两设备之间的流程线上，至少应有一个流向箭头。

（6）平行线之间的距离至少应大于 1.5mm，以保证复制件上的图线不会区分不清或重叠。

（五）管道的标注

（1）图上的管道与其他图样有关时，一般将其端点绘在图的左方或右方，以图纸接续标志标出物流方向（入或出）。图纸接续标志内填写接或续的图纸编号，在其上方注明来或去的设备位号或管道号或仪表位号。图纸接续标志用细实线绘制。

（2）工艺管道及仪表流程图中全部管道都要标注管道组合号。横向管道标注在管道的上方，竖向管道标注在管道的左方，也可用指引线引出标注。管道组合号由管道号、管径、管道等级和隔热或隔声 4 部分组成。管段号和管径为一组，用短横线隔开；管道等级和隔热或隔声为一组，用短横线隔开，两组间留适当的空隙。也可将管道等级和隔热或隔声标注在管道的下方。

（3）管道号由物料代号、工段号和管段序号组成。物料代号按物料的名称和状态取其英文名词的字头组成。工段号与设备的工段号相同。管道序号按工艺生产流程输送同种物料管段依次编号，用两位数表示，如 01、02 等。物料名称及代号如表 1-7 所示。

表 1-7 物料名称及代号

工艺物料代号	物料名称	空气、蒸汽物料代号	物料名称	工业用水物料代号	物料名称
PA	工艺空气	AR	空气	BW	锅炉给水
PG	工艺气体	CA	压缩空气	CWR	循环冷却回水
PGL	气、液两相流工艺物料	IA	仪表空气	CWS	循环冷却上水
PGS	气、固两相流工艺物料	HS	高压蒸汽	DNW	脱盐水
PL	工艺液体	MS	中压蒸汽	DW	饮用水
PS	工艺固体	LS	低压蒸汽	FW	消防水
PLS	液、固两相流工艺物料	HUS	高压过热蒸汽	RW	原水、新鲜水
PW	工艺水	LUS	低压过热蒸汽	SW	软水
		TS	伴热蒸汽	WW	生产废水
		SC	蒸汽冷凝水	CSW	化学污水

（4）管道尺寸一般标注公称直径，不标注单位。无缝钢管标注外径×壁厚。

（5）工艺流程简单、管道品种规格不多时，管道等级和隔热或隔声可以省略。

（6）管道编号应注意以下事项：

1）在满足设计、施工和生产方面的要求，并不会产生混淆和错误的前提下，管道号的数量应尽可能少。

2）同一根管道在进入不同工段时，其管道组合号中的工段号和顺序号均要变更。在图样上要注明变更处的分界标志。

3）装置外供给的原料，其工段号以接受方的工段号为准。

4）放空和排液管道若有管件、阀门和管道，则要标注管道组合号。若放空和排液管道是排入工艺系统自身，则其管道组合号按工艺物料编制。

5）一个设备管口到另一个设备管口之间的管道，无论其规格或尺寸改变与否，均要编一个号；一个设备管口与一个管道之间也要编一个号；两个管道之间的连接管道也要编一个号。

6）一根管道与多个并联设备相连时，若此管道作为总管道出现，则总管道编一个号，总管道到各设备的连接支管道也要分别编号；若此管道不作为总管道出现，一端与设备直接相连（允许有异径管道），则此管道到离其最远设备的连接管编一个号，与其余各设备间的连接管道也分别编号。

7）界外管道作为厂区外管或另有单独工段号，其编号中的工段号要以界外管道工段为准。

（六）阀门、管件、仪表控制点的画法

略。

（七）仪表及仪表位号的标注

在检测控制系统中构成一个回路的每个仪表或元件，都应有自己的仪表位号。仪表位号由字母代号组合与阿拉伯数字编号组成：第一位字母表示被测变量，后继字母表示仪表的功能（可为一个字母或由多个字母组合，最多不超过 5 个），字母代号组合如表 1-8 所示；用两位数字表示工段号，用两位数字表示仪表序号。

表 1-8　被测量及仪表功能字母代号组合示例

仪表功能 ＼ 被测量	温度 T	温差 TD	压力 P	压差 PD	流量 F	物位 L	分析 A	密度 D
指示 I	TI	TDI	PI	PDI	FI	LI	AI	DI
记录 R	TR	TDR	PR	PDR	FR	LR	AR	DR
控制 C	TC	TDC	PC	PDC	FC	LC	AC	DC
变送 T	TT	TDT	PT	PDT	FT	LT	AT	DT
报警 A	TA	TDA	PA	PDA	FA	LA	AA	DA
开关 S	TS	TDS	PS	PDS	FS	LS	AS	DS
指示控制 IC	TIC	TDIC	PIC	PDIC	FIC	LIC	AIC	DIC
指示开关 IS	TIS	TDIS	PIS	PDIS	FIS	LIS	AIS	DIS
记录报警 RA	TRA	TDRA	PRA	PDRA	FRA	LRA	ARA	DRA
控制变送 CT	TCT	TDCT	PCT	PDCT	FCT	LCT	ACT	DCT

（八）画出图例、标注标题栏

工艺管道及仪表流程图中所采用的管件、阀门、仪表控制点的图例、符号、代号及其他标注（如管道编号、物料代号）等说明，应以图标的形式单独绘制成首页图。若流程比较简单，所用图例不多，也可将其放在图形的下方或右方空白处。

三、工艺管道及仪表流程图的识读

阅读工艺管道及仪表流程图的方法、步骤如下：

（1）了解设备的数量、名称和位号。

（2）了解主要物料的工艺流程。

（3）了解动力或其他物料的工艺流程。

（4）了解阀门、仪表控制点的情况。

（5）了解故障处理流程线。

第五节 设备布置图的识读与画法

设备布置图是设备布置设计中的主要图样，在初步设计阶段和施工设计阶段中都要进行绘制。不同阶段的设备布置图，其设计深度和表达内容各不相同，一般来说，它是在厂房建筑图上以建筑物的定位轴线或墙面、柱面等为基准，按设备的安装位置，绘出设备的图形或标记，并标注其定位尺寸。

一、设备布置图的基本知识

（一）设备布置图的概念

设备布置图是用来表示设备与建筑物、设备与设备之间的相对位置，能直接指导设备安装的图样。它是进行管道布置设计、绘制管道布置图的依据。需要注意的是，设备布置图中设备的图形或标记可能和工艺流程图中设备的图形或标记基本相仿，但在工艺流程图中只是示意，无须标注具体的大小，而在设备布置图中，必须标注和建筑物绘制保持一致比例的、精确的安装尺寸及设备的主要外轮廓线尺寸。

（二）设备布置图的内容

设备布置图是按正投影原理绘制的，图样一般包括以下几项内容：

（1）一组视图：表示厂房建筑的基本结构和设备在厂房内外的布置情况。

（2）尺寸及标注：在图形中标注与设备布置有关的尺寸，以及建筑物轴线的编号、设备的位号及名称等。

（3）安装方位标：指示安装方位基准和图标。

（4）说明与附注：对设备安装布置有特殊要求的说明。

（5）设备一览表：列表填写设备位号、名称等。

（6）标题栏：注写图名、图号、比例、设计阶段等。

（三）设备布置图与厂房建筑图的关系

设备布置图与厂房建筑图之间有着相互依赖的关系，设备布置图是厂房建筑图的前提，厂房建筑图是绘制设备布置图的依据。因为厂房建筑的面积、层数、层高、跨度、内部分隔、门窗位置及与设备安装有关的操作平台、预留孔洞等都是根据设备布置需要而定的；厂房建筑图完成后，再根据厂房建筑图完成设备布置图。

厂房建筑图的内容如下：

（1）平面图。假想用一水平的剖切平面沿门、窗等位置将建筑物剖切后，对剖切平面以下部分所作出的水平剖视图为平面图。

（2）立面图。在与建筑物立面平行的投影面上所作出的建筑物正投影图为立面图，其反映的是厂房建筑外部形状、门窗、台阶等细部形状和位置等。

（3）剖视图。沿铅垂方向剖切建筑物所得的视图为剖视图，其主要表示建筑内部高度方向的结构形状。

（4）详图。详图是局部放大图，是用较大比例画出细部结构的视图。

二、设备布置图的画法

（1）考虑设备布置图的视图配置。

（2）选定绘图比例。

（3）确定图纸幅面。

（4）画平面图。从底层平面起逐个画出：

1）画建筑定位轴线。

2）画与设备安装布置有关的厂房建筑基本结构。

3）画设备中心线。

4）画设备、支架、基础、操作平台等的轮廓形状。

5）标注尺寸。

6）标注定位轴线编号及设备位号、名称。

7）图上如果分区，还需画出分界线并做标注。

（5）画剖视图。步骤与平面图大致相同，逐个画出各剖视图。

（6）画方位标。

（7）编制设备一览表，注写有关说明，填写标题栏。

（8）检查、校核，最后完成图样。

三、设备布置图的识读

读图的目的是了解设备在工段（装置）的具体布置情况，指导设备的安装施工，以及开工后的操作、维修或改造，并为管道布置建立基础。读图的步骤一般如下：

（1）了解概况。主要了解图形的类型、数量，以及设备的类型、数量等。

（2）了解建筑物尺寸及定位。

（3）掌握设备布置情况。

第六节　管道布置图的识读与画法

化工产品的生产、储存，建筑工程中的供水、供气等都离不开管道，因此，管道工程

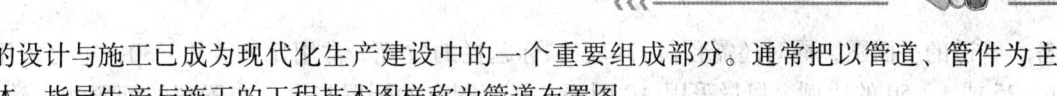

的设计与施工已成为现代化生产建设中的一个重要组成部分。通常把以管道、管件为主体，指导生产与施工的工程技术图样称为管道布置图。

一、管道布置图基本知识

管道布置图又称配管图，主要表达管道及其附件在厂房建筑物内外的空间位置、尺寸和规格，以及与有关机器、设备的连接关系，它是管道安装施工的重要技术文件。管道布置图主要以工艺管道及仪表流程图和设备布置图为基础，设计绘制出的管道布置图用来指导工程的施工安装。管道布置图需要用标注所规定的符号表示出管道、建筑、设备、阀件、仪表、管件等的相互位置关系，要求标注有准确的尺寸和比例。图样上必须要注明施工数据、技术要求、设备型号、管件规格等。

（一）管道布置图的内容

（1）一组视图：包括平面图、剖视图，可完整、清晰地表达出设备、管道、阀门等安装位置关系。

（2）尺寸和标注：可正确、完整、清晰、合理地标注出各个管道、阀门、管件等安装时所需的全部尺寸。

（3）管口表：用规定的代号和文字在表中注明各个设备在安装、连接时的各项要求，如管口长度、标高、方位、直径、压力、连接及密封形式等。

（4）标题栏：填写视图名称、比例及设计人、审核人等。

（二）管道布置图的绘图类型

（1）管道平面布置图：表达车间（装置）内管道空间位置等的平、立面布置情况的图样，是管道布置设计中的主要图样。

（2）蒸汽配管系统布置图：表达车间内各蒸汽分配管与冷凝液收集管系统平、立面布置的图样。

（3）管段图：表达一个设备至另一设备（或另一管道）间的一段管道的立体图样。

（4）管架图：表达管架的零部件图样。

（5）管件图：表达管件的零部件图样。

二、管道布置图的画法

（一）确定管道布置图的表达方案

管道布置图可以车间（装置）或工段为单元进行绘制。一般只绘平面图，当平面图中局部表示不清楚时，可按需要绘制剖视图或轴测图。该剖视图或轴测图可画在管道平面图边界以外的空白处（不允许在管道平面图内的空白处再画小的剖视图或轴测图），或绘制在单独的图纸上。绘制剖视图时要按比例画，可根据需要标注尺寸。轴测图可不按比例，但应标注尺寸。剖视图符号规定用 *A—A*、*B—B* 等大写拉丁字母表示，平面图上要表示所剖视截面的剖切位置、方向及编号。多层建筑要依次分层绘制各层管道布置图。平面图要求将楼板以下与管道布置安装有关的建筑物、设备和管道全部画出。

（二）选比例、定图幅、合理布图

根据设备和管道的相关尺寸选择合适的图幅，在所选图幅中应能够按比例绘出所有设备、管道的平面图，同时还需预留管口表和标题栏的位置。常用比例为 1：30，也可采用 1：25 或 1：50 的比例。尽量采用 A0 图幅。平面图有的配置与设备布置图的配置相一致，各平面图下方都标注"EL100.00 平面图"或"EL×××.×××平面图"等。剖视图下方用"A—A 剖视图"等表示。

（三）绘制视图

（1）用细实线按比例根据设备布置图画出墙、柱、门、窗、楼板等建筑物。

（2）用细实线按比例以设备布置图所确定的位置画出带管口设备的简单外形轮廓和基础、平台、梯子等。驱动设备可只画基础，如驱动机位置及特殊管口。

按比例画出卧式设备的支撑底座并标注固定支座的位置，支座下为混凝土基础时，应按比例画出基础的大小，不需要标注尺寸。对于立式容器，还应表示出裙座人孔的位置及标记符号。对于工业炉，凡是与炉子平台有关的柱子及炉子外壳和总管联箱的外形，以及风道、烟道等，均应标出。

（3）根据管道的图示方法按流程顺序、管道布置原则画出全部工艺物料管道、辅助管线，管道公称直径的弯头用直角表示。在适当位置画出箭头表示物料流向。各种管件连接形式需表达清楚。

（4）用细实线按规定符号画出管道上的管件、阀门、管道附件、特殊管件、仪表控制点等。控制点的符号和编号与工艺管道及仪表流程图相同。

（5）几套设备的管道布置完全相同时，允许只绘制一套设备的管道布置图。

（四）标注尺寸、编号等

管道布置图中需标注安装定位尺寸和标高，以及管子的公称直径。标高以 m 为单位，小数点后取三位数。管子的公称直径及其他尺寸一律以 mm 为单位，只注数字，不注单位。

（1）标注建筑定位轴线的标号、编号及定位轴线间距离尺寸，标注地面、楼面、平台等建筑物标高。

（2）设备中心线上方标注与工艺管道及仪表流程图一致的设备位号，下方标注支撑点的标高或主轴中心线的标高。剖视图上的设备位号标注在设备近侧或设备内。按设备布置图标注设备的定位尺寸。

（3）按设备图用 5mm×5mm 的方块标注设备管口，以及管口定位尺寸。

（4）按产品样本或制造商提供的图样标注泵、压缩机、透平机及其他设备机械的管口定位尺寸或角度，并给出管口符号。

（5）在管道布置图上标注标高的规定如下：

1）用单线表示的管道，在其上方标注与工艺管道及仪表流程图一致的管道代号，在下方标注管道标高；用双线表示的管道，在中心线上方标注管道代号和管道标高。

2）当标高以管底为基准时，加注管底代号。

3）当管道之间间隔小时，允许引出标注。

4）在管道的适当位置画箭头表示物料流向。

5）在平面图上标注出管道定位尺寸。

 **练习题**

1. 图线类型有哪几种?
2. 化工设备图包含哪些内容?
3. 化工工艺流程图由哪几部分组成?
4. 简述设备布置图的画法。
5. 简述管道布置图的画法。

第二部分
化工基础知识

HUAGONG JICHU ZHISHI

本部分通过介绍化工过程的组成、操作方式、化学反应器、生产工艺参数及影响因素，对转化率、产率、收率、原料消耗定额、催化剂进行讨论，帮助大家奠定必要的化工基础知识。

第二章 化工生产过程

将原料转化为产品，需要经过一系列化学和物理的加工工序。化工生产过程（简称化工过程）就是若干个加工程序（简称工序）的有机组合，而每一个工序又由若干个（组）设备组合而成。物料通过各个设备完成某种化学或物理的加工，最终转化为合格的产品，此即化工生产过程。

一、世界化工生产技术发展史

18~19 世纪：人们长时间把硫酸产量作为一个国家化工发展的标志。
20 世纪：乙烯成为化工的标志性产品，人们把乙烯作为一个国家化工发展的标志。
21 世纪：目前精细化工成为一个国家化工发展的标志。

二、我国化工生产技术发展史

20 世纪 50 年代，无机化学初具规模，但工艺落后，有机化学在工业体系中微不足道。
20 世纪 60 年代初，石油化工成为我国国民经济的主要支柱产业之一。
20 世纪 60 年代末，合成氨工艺促进了农业的发展，化工起步真正开始。
20 世纪 80 年代以来，随着科学技术的进步，石油化工企业的利润大大提高。

第一节 化工生产概述

一、化工生产的组成

化工生产是将若干个单元反应过程、若干个化工单元操作，按照一定的规律组成生产系统，这个系统包括化学、物理的加工工序。

二、化工生产的工序

化学工序：以化学的方法改变物料化学性质的过程，如磺化、硝化、氧化、加氢、酰化、还原、水解、裂解等。
物理工序：只改变物料的物理性质而不改变其化学性质，也称化工单元操作，如流体输送、传热、精馏、萃取、吸收解吸、蒸发、干燥、结晶等。

三、化工生产的主要操作

化工生产的操作，按其作用可归纳为化学反应、分离与提纯、改变物料的温度和压力、物料的混合等。

（一）化学反应

化学反应是化工生产过程的核心部分，通过化学反应实现原料到产物的转化过程。化学反应的好坏，直接影响着生产的全过程。

1. 化学反应的种类

化学反应种类很多，按反应体系中物料相态的不同，可分为均相反应和非均相反应；按催化剂的使用与否，可分为催化反应和非催化反应。当催化剂与反应物处于同一相态时称为均相催化反应，当催化剂与反应物处于不同相态时称为非均相催化反应。

2. 化学反应的类型

化学反应的类型按反应相分，可分为气-固相反应、气-液相反应、液-液相反应、气-液-固相反应；按化学反应的特性分，可分为氧化反应、还原反应、加氢或脱氢反应、聚合反应、缩合反应、重排反应、烃化反应、酰化反应、重氮化反应、硝化反应、磺化反应、歧化反应、异构化反应等。

（二）分离与提纯

分离与提纯主要用于反应原料的净化、产品的分离和提纯。它是根据物料的物理性质（如熔点、沸点、溶解度、密度等）的差异，将含有两种或两种以上组分的混合物分离成纯的或比较纯的物质，如蒸馏、吸收、吸附、萃取等化工单元操作。

（三）改变物料的温度

改变物料的温度的操作是热量交换的操作过程。化学反应速率、物料聚集状态的变化（如蒸汽的冷凝、液体的汽化或凝固、固体的熔化）及其他物理性质的变化均与温度有着密切的关系。改变温度，可以调节上述性质以达到生产所需的条件。温度的改变，一般是通过换热器实现的。热量从热流体转移到冷流体，冷、热流体由易导热的材料隔开，传递的热量取决于两流体的温度差、传热面积和两流体的相对密度。

（四）改变物料的压力

改变物料的压力的操作是能量交换的操作过程。反应过程中有气相反应物时，改变压力可以改变气相反应物的浓度，从而影响化学反应速率和产品的收率。蒸汽的冷凝或者气体的液化等相变化过程与压力有着密切的关系。改变压力可以改变相变的条件。此外，流动物料的输送，需要增加流体的压力以克服设备和管道的阻力。

增加流体压力的途径：用泵、压缩机来改变物料的内能。

（五）物料的混合

物料的混合是将两种或两种以上的物料按照配比混合的操作，以达到生产需要的浓度。

四、化工生产过程的组成

化工产品种类繁多，性质各异。不同的化工产品，其生产过程不尽相同；同一产品，原料路线和加工方法不同，其生产过程也不尽相同。但是，一个化工生产过程，一般包括原料的净化与预处理、化学反应过程、产品的分离与提纯、综合利用及"三废"的处理等。

（一）原料的净化与预处理（原料工序）

在化工生产中，当一个反应确定之后，它就必须对原料有一定的要求，原料预处理的目的是使其达到化学反应所需的条件。例如，对固体原料需要进行粉碎、筛选，除去部

分杂质；对液体原料一般需要配制成一定的浓度，再进行加热或汽化；对气体原料通常需要一定的温度和压力等。

1. 化工原料

化工原料是指化工生产中能全部或部分转化为化工产品的物质。起始原料是人类通过开采、种植、收集等方法得到的，包括基础有机化工原料和基础无机化工原料。

基础有机化工原料主要包括炔烃及衍生物、醇类、酮类、酚类、芳香烃及衍生酸酐等。其产品主要有醋酸、乙烯、苯乙烯、三苯、甲醇、乙醇等。

基础无机化工原料包括无机酸、无机碱、无机盐、氧化物、单质、工业气体和其他种类。

2. 原料的选择和利用

（1）降低成本，尽可能选用价廉易得的原料。

（2）选择合适的工艺流程和最优的工艺条件，尽可能地提高原料的转化率、反应的选择性和目的产物的收率。

3. 对原料规格的要求

（1）固体物料：一类是直接参与气-固相反应的固体物料的规格要求；一类是先溶解于溶剂中再参与液相或气-液相反应的固体物料的规格要求。

（2）液体物料：反应对原料纯度的要求。

（3）气体物料：反应对原料纯度的要求。

（二）化学反应过程（反应工序）

化学反应过程是化工生产过程的核心部分，通过化学反应实现原料到产物的转化过程。

反应过程以化学反应为主，同时还包括反应条件的准备，如原料的混合、预热、汽化，产物的冷凝或冷却及输送等操作。

实现化学反应通常需要一定的条件，如反应的温度、压力、催化剂、溶剂，以及原料投料配比、反应停留时间。所以如何使反应过程进行得较为合理，是化工工艺所要讨论的重点内容。

（三）产物的分离与提纯（分离工序）

当一个反应过程确定后，它所生成的产物也就基本上确定了。但是在多数反应过程中，由于原料的组成、副反应的发生等原因，这些反应物并不一定都是目标产物，即使是目标产物，通常也不是符合质量要求的目标产物，因此必须进行分离和精制。对反应产物分离精制的目的是得到合格的产品，同时回收和利用副产物，以提高原料的利用率。

分离与提纯的方法和技术有多种，基本属于单元操作，工业上常用的有精馏、蒸发、萃取、吸收、干燥、结晶、过滤、冷凝、冷冻、渗透（膜分离）、反渗透等。由于分离与提纯的途径不是唯一的，所以其设备也不是唯一的。分离技术应用是否恰当，对产品技术的先进性和经济有利性有十分重要的意义。

（四）综合利用（回收工序）

综合利用是指对反应生成的副产物、未反应的原料、溶剂、催化剂等进行分离提纯、精制处理，以利于回收使用。

（五）"三废"的处理（辅助工序）

在化工生产中，必然产生废水、废气和废渣，这些废弃物通常不能直接排放，需要进行综合治理，以达到排放要求。"三废"处理的主要方法有物理法、化学法、物理化学法、生物化学法等，也可以根据具体情况选择一种或几种方法组合处理，以达到预期的目的。

1. 废水的处理方法

工业上对废水的处理方法有物理法、化学法和生物法3种。化工生产过程中典型的废水有含硫废水，含酚、氰有毒废水。含硫废水的处理方法主要有空气氧化法和水蒸气氧化法。

2. 废气的处理方法

废气的常用处理方法有冷凝法、吸收法、吸附法、直接燃烧法、催化燃烧法5种。化工生产过程中典型的废气处理方法主要有烟气脱硫和烟气脱硝两种方法。

3. 废渣的处理方法

化工生产过程中排出的废渣，除少数组分回收利用外，大部分采用堆放处理、化学和生物处理。用化学和生物方法处理化工废渣，主要有中和、氧化、还原、水解、化学固定等方法。

化工生产过程的组成如图2-1所示。

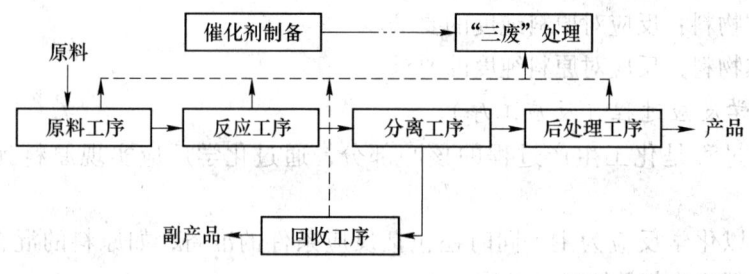

图 2-1 化工生产过程的组成

五、化工生产的操作方式

（一）间歇操作

间歇操作是指物料一次性加入设备，在反应过程中，既不投入物料，也不排出物料，待达到生产要求后放出全部物料，设备清理后进行下一批次的操作。在间歇操作中，温度、压力和组成等随时间变化。间歇操作包括投料、卸料、加热（加压）、清洗等非生产性操作。间歇操作开、停工比较容易，生产批量的伸缩余地大，品种切换灵活，适用于小批量、多品种的精细化学品或反应时间比较长的生产过程。

（二）连续操作

连续操作是指连续不断地向设备中投入物料，同时连续不断地从设备中取出同样数量物料的操作。连续操作的条件不随时间变化。连续操作产品质量稳定，易于实现自动化控制，生产规模大，生产效率高。

（三）半连续（半间歇）操作

半连续操作是指预先将部分反应物在反应前一次加入反应器，其余的反应物在反应过

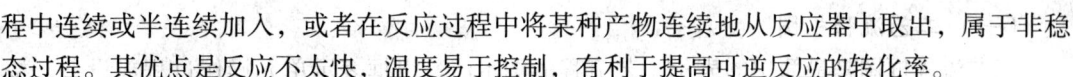

程中连续或半连续加入，或者在反应过程中将某种产物连续地从反应器中取出，属于非稳态过程。其优点是反应不太快，温度易于控制，有利于提高可逆反应的转化率。

半连续操作有以下 3 种情况：

（1）一次性向设备投入物料，连续不断地从设备中取出产品，如图 2-2（a）所示。

（2）连续不断地加入物料，在操作一定时间后，一次性取出产品，如图 2-2（b）所示。

（3）一种物料分批加入，而另一种物料连续加入，根据生产需要连续或半连续地取出产品，如图 2-2（c）所示。

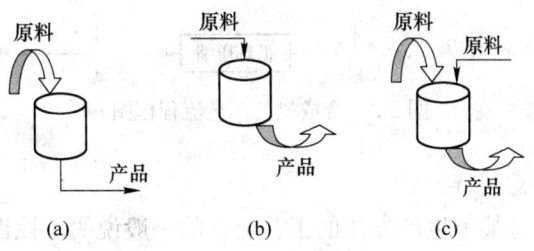

图 2-2　半连续操作

第二节　化工生产工艺流程

工艺流程是指原料转化为产品，经历各种反应设备和其他设备及管路的全过程，反映了原料转化为产品采取的物理和化学工序的全部措施，是原料转化为产品所需单元反应、化工单元操作的有机结合。

一、工艺流程图

表达某一化工产品生产过程的工艺流程多采用图示的方法，这种表达方式称为工艺流程图。

通常将各功能单元用框图或以设备示意图表示，各单元之间用带箭头的直线连接，箭头表示物料的流向和操作顺序。

将化工原料转化为化工产品的工艺流程图称为化工生产工艺流程图。

通过工艺流程图，可以简明地表示出由原料到产品的过程中各物料的流向和经过的加工步骤，以及主要的工艺参数，从中可以了解各个操作单元或设备的功能及相互间的关系、能量的传递和利用情况、物料衡算、主副产品和"三废"的处理及排放等重要的工艺过程。

由于化工生产的多样性，不同产品的工艺流程不同；同种产品采用不同的原材料，其工艺流程也不相同；即使原材料相同，产品也相同，但采用的工艺路线或加工方法不同，流程也有区别。

工艺流程图一般可以分为工艺流程框图、工艺流程示意图、物料流程图及带有控制点的工艺流程图。

（一）工艺流程框图

工艺流程框图是最简单的表示工艺流程的图示法。以框表示单元操作过程或设备，按顺序排列，框之间用箭头表示物料的流向，并注明原辅料的来源，以及产物、副产物、残渣、残液和尾气的去向。

合成氨的工艺流程框图如图 2-3 所示。

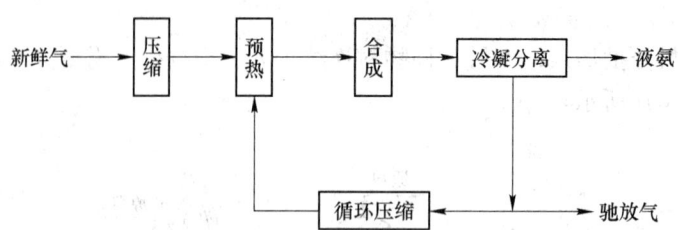

图 2-3 合成氨的工艺流程框图

（二）工艺流程示意图

工艺流程示意图是对某个生产方法的工艺流程的一般说明。该图以设备现状或图示符号示意各个主要设备，不仅按流程顺序排列，还有高低位置的区别；用箭头表示物料及载能介质的流向，并标出名称；按流程顺序标注各设备的位号，并在图下方注明各位号的设备名称。

裂解气顺序深冷分离的工艺流程示意图如图 2-4 所示。

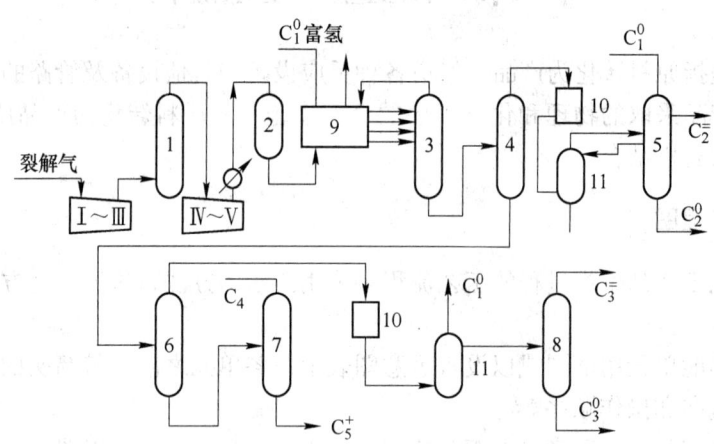

图 2-4 裂解气顺序深冷分离的工艺流程示意图

1—碱洗塔；2—干燥器；3—脱甲烷塔；4—脱乙烷塔；5—乙烯塔；6—脱丙烷塔；7—脱丁烷塔；
8—丙烯塔；9—冷箱；10—加氢脱炔反应器；11—绿油塔；C—碳；Ⅰ～Ⅴ—压缩机第 1 段～第 5 段

（三）物料流程图

物料流程图由框图、图例和经过各工序（设备）的物料名称及数量组成，表示所加工物料的数量关系。每个框表示过程的名称、流程序号及物料组成和数量。

（四）带有控制点的工艺流程图

带有控制点的工艺流程图也称为施工流程图，常常是生产厂家的经典流程图，是组织、实施和指挥生产的技术性文件。

带有控制点的工艺流程图的主要内容有设备图形、管线、控制点和必要的数据、图例、标题等。它表示了全部工程设备及其纵向关系，物料和管道及其流向，冷却水、加热蒸汽、真空、压缩空气和冷冻盐水等的辅助管路及其流向，阀门与管件，计量-控制仪表，测量-控制点和控制方案，地面及厂房各层标高。

二、绘制工艺流程图的一般规定

作为组织、实施和指挥生产的技术性文件，同时为了使设计单位与生产部门的执行统一，在工艺流程图的绘制中，对于线条、设备、管件及工艺控制参数的表示方法必须有严格的规定。

三、化工生产的特点

（1）品种多。这是化工生产的最大特点，与其他行业只涉及几十种化合物不同，化工生产所涉及的品种远远超过万种。不同化合物各有特点，有不同的物理和化学性质，有不同的制备方法和用途，不得不进行更多的实验及更多的计算。

（2）原料、生产方法和产品的多样性和复杂性。可以从不同原料出发制造同一产品，也可用同一原料制造许多不同产品，同一原料制造同一产品还可采用许多不同的生产路线。

（3）化工是耗能大户。在大吨位产品中，除了靠提高产率外，节能也常常是企业竞争中获胜的保证。

（4）化工生产过程条件变化大。化工生产过程中高温可达1000℃以上，低温可达−200℃以下，高压可达几百兆帕，低压可至几帕，经常要处理强腐蚀性化合物，这种严峻的条件不但使设备的设计难度增加，而且由于物质的物理化学性质的极端变化，需要掌握更多的规律性。

（5）知识密集、技术密集和资金密集。由于化工的复杂性，往往需要多学科合作，成立知识密集型的生产部门，进而又导致资金密集，加上技术复杂、更新快、投资多，所以研究费用多，开发人员多。

（6）实验与计算并重。在100年前，化学、化工都还是经验性学科，一切进展依靠实验。随着化学、化工各种规律被掌握，微观的定量关系已深入原子、分子，"分子设计"概念已被提出，宏观定量关系就用得更多了。化工计算越来越广泛和深入，对改善操作、降低成本、提高产品的质量、减少生产过程中的盲目性具有重要作用。

（7）使用外语多。为进行科学研究或开展技术革新，查阅国内外文献是必不可少的。

第三节　化工过程参数

化工过程参数是指在化工生产过程中，能影响过程运行和状态的物理量。在指定条件下，化学过程参数的数值恒定；条件改变，其数值也随之变化。

一、温度

温度：表示物体冷热程度的物理量。

温标：为度量物体的温度而对温度的零点和分度方法做的规定。

（一）摄氏温标（常用温标）

摄氏温标 T_C 以水的正常冰点作为零点（0℃），正常沸点作为 100℃，单位为摄氏度（℃）。

（二）开氏温标

开氏温标 T_K 以理想气体定律和热力学第二定律为基础，规定分子运动停止时的温度为最低理论温度或绝对零度。指定水的三相点为 273.16K，水的正常冰点为 273.15K，沸点为 373.15K，单位为开尔文（K）。平时说的 0℃ 即 273K。

（三）华氏温标

华氏温标 T_F 将冰盐混合物的温度定为 0℉，将健康人的血液温度定为 96℉，单位为华氏度（℉）。

（四）兰金温标

兰金温标 T_R 以最低理论温度为零点，单位为兰金度（°R）。分度方法同华氏温标，°R 为 -459.6℉（取 -460℉）。

4 种温标之间的关系为（图 2-5）：

$$T_F = 1.8 T_C + 32, \quad T_K = T_C + 273$$
$$T_R = T_F + 460, \quad T_R = 1.8 T_K$$

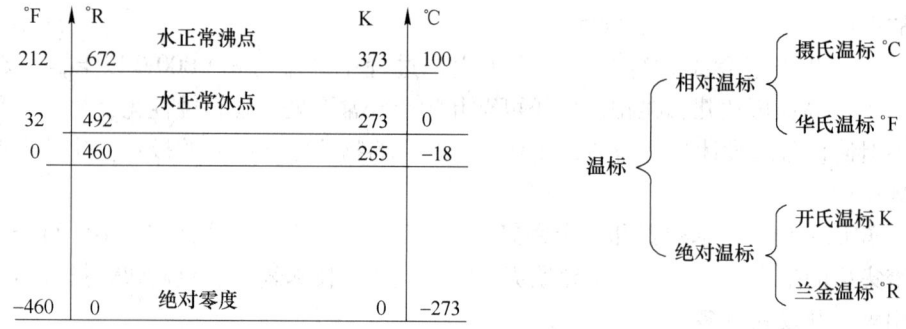

图 2-5　4 种温标之间的关系

二、压力

压力：垂直作用于单位面积上的力。

压力的高低反映了设备内物质的量及其能量的大小。

单位：Pa（帕斯卡）、atm（标准大气压）、mmHg（毫米汞柱）、at（工程大气压）、lbf/in^2（磅力/英寸）、kgf/cm^2（千克力/厘米²）。

换算关系为：

$$1atm = 760mmHg = 10336mmH_2O = 101.3kPa = 14.7lbf/in^2$$
$$1at = 1kgf/cm^2 = 10mH_2O = 735.6mmHg = 98kPa$$

常用压力的表示方法有：

（1）绝对压力：流体的真实压力。

（2）大气压力：围绕我们周围的大气的压力。

（3）表压：工业上所用压力表的指示值。

绝对压力、大气压力、表压三者之间的关系为：

$$绝对压力 = 表压 + 大气压力$$

（4）真空度：当被测压力小于大气压时，大气压与绝对压力的差值。

$$真空度 = 大气压力 - 绝对压力$$

三、流量

流量：单位时间内流过管道（设备）某一截面的流体量。

以物料的体积表示的流量称为体积流量，单位为 m^3/s，符号为 V_s。

以物料的质量表示的流量称为质量流量，单位为 kg/s，符号为 m_s。

$$m_s = \rho V_s$$

流体的密度随着温度、压力的变化而变化。以体积流量表示时，必须注明流体的温度和压力。气体的密度受温度、压力的变化影响较大，其流量常以标准状况（0℃，101.3kPa）下的体积流量表示。液体的密度受温度、压力的变化影响较小，一般温度变化不大时，可忽略不计。质量流量不受温度和压力的影响。

四、流速

流速：流体在单位时间内流过的距离。生产中常以流体的体积流量与管道截面面积的比值表示流速：

$$u = V_s/A$$

式中　u——流体的流速；

　　　V_s——体积流量；

　　　A——管路的截面面积。

流量的高低反映了设备生产负荷的大小；流速的大小表现了物料在设备内的流动状态、质量和热量的传递情况。

五、干基与湿基

干基：不包括水蒸气在内求得的组成含量。

湿基：包括水蒸气在内求得的组成含量。

第四节　化学反应器

化学反应器是实现反应过程的设备，广泛应用于化工、炼油、冶金、轻工等工业部门。化学反应工程以工业反应器中进行的反应过程为研究对象，运用数学模型方法建立反应器数学模型，研究反应器传递过程对化学反应的影响及反应器动态特性和反应器参数敏感性，以实现工业反应器的可靠设计和操作控制。化学反应器的设计选择十分重要，它关系到生产的进步与否，所以应该慎重选择化学反应器。

一、釜式反应器

（一）反应器的简介

釜式反应器是一种低高径比的圆筒形反应器，用于实现液相单相反应过程和液-液、气-液、液-固、气-液-固等多相反应过程，如图2-6所示。器内常设有搅拌（机械搅拌、气流搅拌等）装置。在高径比较大时，可用多层搅拌桨叶。当反应过程中物料需加热或冷却时，可在反应器壁处设置夹套，或在器内设置换热面，也可通过外循环进行换热。

（二）反应器的特点

反应器中物料浓度和温度处处相等，并且等于反应器出口物料的浓度和温度。物料质点在反应器内停留时间有长有短，存在不同停留时间物料的混合，即返混程度最大。反应器内物料所有参数，如浓度、温度等都不随时间变化，从而不存在时间这个自变量。

优点：适用范围广泛，投资少，投产容易，可以方便地改变反应内容。

缺点：换热面积小，反应温度不易控制，停留时间不一致，绝大多数用于有液相参与的反应，如液-液、液-固、气-液、气-液-固相反应等。

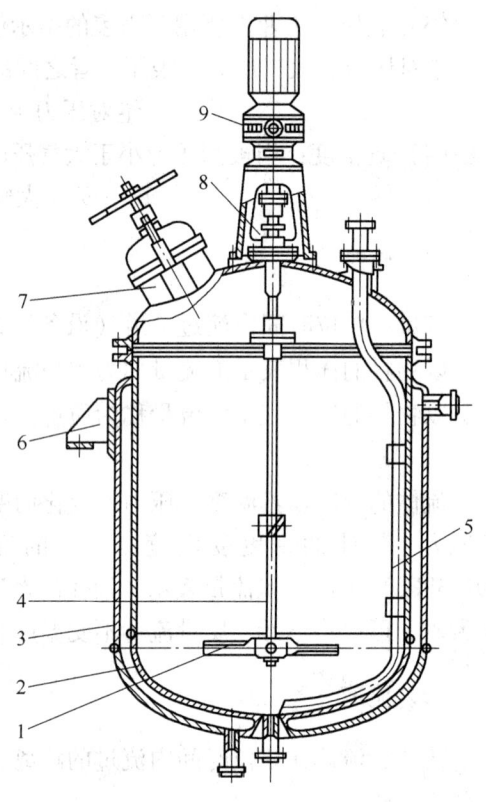

图 2-6 釜式反应器
1—搅拌器；2—罐体；3—夹套；4—搅拌轴；
5—压出管；6—支座；7—入孔；
8—轴封；9—传动装置

（三）典型反应

在等温间歇反应器中进行乙酸乙酯皂化反应：

$$CH_3COOC_2H_5 + NaOH \longrightarrow CH_3COONa + C_2H_5OH$$

二、管式反应器

（一）反应器的简介

管式反应器是一种呈管状、长径比很大的连续操作反应器。这种反应器可以很长，如丙烯二聚的反应器管长以千米计。反应器的结构可以是单管，也可以是多管并联；可以是空管（如管式裂解炉），也可以是在管内填充颗粒状催化剂的填充管，以进行多相催化反应（如列管式固定床反应器）。通常，反应物处于湍流状态时，空管的长径比大于50；填充段长与粒径之比大于100（气体）或200（液体），物料的流动可近似地视为平推流。

（二）反应器的特点

（1）由于反应物的分子在反应器内停留时间相等，所以在反应器内任何一点上的反应物浓度和化学反应速率都不随时间而变化，只随管长变化。

（2）管式反应器具有容积小、比表面积大、单位容积的传热面积大的特点，特别适用于热效应较大的反应。

（3）由于反应物在管式反应器中反应速率快、流速快，所以生产能力高。

（4）管式反应器适用于大型化和连续化的化工生产。

（5）和釜式反应器相比较，其返混程度较小，在流速较低的情况下，其管内流体流型接近于理想流体。

（6）管式反应器既适用于液相反应，又适用于气相反应，用于加压反应尤为合适。

（三）典型反应

（1）将乙烷热裂解以生产乙烯：

$$C_2H_6 \Longrightarrow C_2H_4 + H_2$$

（2）二氟一氯甲烷分解反应：

$$2CHClF_2(g) \longrightarrow C_2F_4(g) + 2HCl(g)$$

三、塔式反应器

（一）反应器的简介

1. 填料塔

填料塔结构简单，耐腐蚀，适用于快速和瞬间反应过程，轴向返混程度可忽略；能获得较大的液相转化率；由于气相流动压降低，降低了操作费用，因此特别适宜于低压和介质具有腐蚀性的操作；但液体在填料床层中停留时间短，不能满足慢反应的要求，且存在壁流和液体分布不均等问题，故其生产能力低于板式塔。

填料塔要求填料比表面积大、空隙率高、耐蚀性强、强度和润湿等性能优良。常用的填料有拉西环、鲍尔环、矩鞍环等，材质有陶瓷、不锈钢、石墨和塑料。

2. 板式塔

板式塔适于快速和中速反应过程，具有逐板操作的特点，各板上维持相当的液量，以进行气-液相反应；由于采用多板，可将轴向返混程度降到最低，并可采用最小的液流速率进行操作，从而获得极高的液相转化率；气-液剧烈接触，气-液相界面传质和传热系数大，是强化传质过程的塔型，因此适用于传质过程控制的化学反应过程；板间可设置传热构件，以移出和移入热量；但反应器结构复杂，气相流动压降大，且塔板需用耐蚀性材料制作，因此大多用于加压操作过程。

3. 喷雾塔

喷雾塔是气膜控制的反应系统，适用于瞬间反应过程；塔内中空，特别适用于有污泥、沉淀和生成固体产物的体系；但储液量低，液相传质系数小，且雾滴在气流中存在浮动和气流沟流现象，气-液两相返混程度严重。

4. 鼓泡塔

鼓泡塔储液量大，适用于速度慢和热效应大的反应；液相轴向返混程度严重，连续操作型反应速率明显下降，在单一反应器中，很难达到高的液相转化率，因此常用多级鼓泡塔串联或采用间歇操作方式。

（二）典型反应

用全回流塔式反应器制备二氢月桂烯醇：

四、固定床反应器

（一）固定床反应器的简介

固定床反应器又称填充床反应器，是装填有固体催化剂或固体反应物用以实现多相反应过程的一种反应器。固体物通常呈颗粒状，粒径为 2～15mm，堆积成一定高度（或厚度）的床层。床层静止不动，流体通过床层进行反应。它与流化床反应器及移动床反应器的区别在于固体颗粒处于静止状态。固定床反应器主要用于实现气-固相催化反应，如氨合成塔、二氧化硫接触氧化器、烃类蒸汽转化炉等。用于气-固相或液-固相非催化反应时，床层则填装固体反应物。滴流床反应器也可归属于固定床反应器，气、液相并流向下通过床层，呈气-液-固相接触。

（二）固定床反应器的特点

1. 固定床反应器的优点

（1）返混程度小，流体同催化剂可进行有效接触，当反应伴有串联副反应时可得较高选择性。

（2）催化剂机械损耗小。

（3）结构简单。

2. 固定床反应器的缺点

（1）传热差，反应放热量很大时，即使是列管式反应器也可能出现飞温（反应温度失去控制，急剧上升，超过允许范围）。

（2）操作过程中催化剂不能更换，催化剂需要频繁再生的反应一般不宜使用，常代之以流化床反应器或移动床反应器。

固定床反应器中的催化剂不限于颗粒状，网状催化剂早已应用于工业上。目前，蜂窝状、纤维状催化剂也已被广泛使用。

（三）典型反应

乙苯脱氢制苯乙烯：

主反应：

副反应：

五、流化床反应器

（一）反应器的简介

流化床反应器是一种利用气体或液体通过颗粒状固体层而使固体颗粒处于悬浮运动状态，并进行气-固相反应过程或液-固相反应过程的反应器。在用于气-固系统时，又称沸腾床反应器。流化床反应器在现代工业中的早期应用为 20 世纪 20 年代出现的粉煤汽化；但现代流化反应技术的开拓，是以 20 世纪 40 年代石油催化裂化为代表的。目前，流化床反应器已在化工、石油、冶金、核工业等部门得到广泛应用。

（二）反应器的特点

1. 流化床反应器的优点

（1）由于可采用细粉颗粒，并在悬浮状态下与流体接触，流-固相截面面积大（可高达 $3280 \sim 16400 m^2/m^3$），有利于非均相反应的进行，提高了催化剂的利用率。

（2）由于颗粒在床内混合激烈，颗粒在全床内的温度和浓度均匀一致，床层与内浸换热表面间的传热系数很高（$200 \sim 400 W/(m^2 \cdot K)$），全床热容量大，热稳定性高，这些都有利于强放热反应的等温操作。这是许多工艺过程的反应装置选择流化床的重要原因之一。

流化床内的颗粒群有类似流体的性质，可以大量地从装置中移出、引入，并可以在两个流化床之间大量循环。这使一些反应-再生、吸热-放热、正反应-逆反应等反应耦合过程和反应-分离耦合过程得以实现，使易失活催化剂能在工程中使用。

2. 流化床反应器的缺点

（1）气体流动状态与活塞流偏离较大，气流与床层颗粒发生返混，以致在床层轴向没有温度差及浓度差，加之气体可能成大气泡状态通过床层，使气-固相接触不良，反应的转化率降低，因此流化床一般达不到固定床的转化率。

（2）催化剂颗粒间相互剧烈碰撞，造成催化剂的损失和除尘困难。

（3）由于固体颗粒的磨蚀作用，管子和容器的磨损严重。

虽然流化床反应器存在着上述缺点，但其优点是主要的。流态化操作总的经济效果是有利的，特别是传热和传质速率快、床层温度均匀、操作稳定的突出优点，对于热效应很大的大规模生产过程特别有利。

（三）典型反应

自由流化床合成乙酸乙烯：

$$CH_2CH_2 + CH_3COOH \Longrightarrow CH_3COOCH_2CH_3$$

 **练习题**

1. 化工生产的操作方式有_____、_____、_____。

2. 原料预处理的目的是_____。

3. 摄氏温标和开氏温标单位分别是_____和_____，它们的关系是_____。绝对压力、表压和大气压力之间的关系是_____。

4. 什么叫化工生产过程？

5. 化工过程的组成有几个，分别是什么？

6. 化工过程常用反应器有哪些？

7. 什么是化工生产工艺流程图？

8. 什么是半连续（半间歇）操作？

第三章　化工过程的指标与影响因素

安全、优质、高产和低消耗是化工生产的目标。评价化工生产的效果和工艺技术经济的优劣有多种指标。反应过程是化工生产的中心环节，影响反应和生产效果的因素有多种。要使化工过程有效控制和平稳操作，必须掌握各种工艺指标和主要影响因素。

第一节　转化率、产率和收率

一、转化率

转化率是指给定的反应组分转化成产物的量和加入量之比，常用 X 表示：

X（转化率）=（发生反应的反应物的量／起始的反应物的量）× 100%

例如，反应 $A \rightarrow B + C$。设 A 的起始物质的量为 N_{A0}，反应后剩余的物质的量为 N_A，则反应物 A 的转化率 X_A 为

$$X_A = \frac{N_{A0} - N_A}{N_{A0}} \times 100\%$$

转化率表征的是原料的转化程度，反映的是反应进度。对于同一反应，不同反应组分其转化率可能不同。

当物料有循环时，转化率可用单程转化率、总转化率、平衡转化率和实际转化率 4 种形式表示。

（一）单程转化率

单程转化率是指以反应器为研究对象，参加反应的原料量占通入反应器原料总量的百分数。

（二）总转化率

总转化率是指以包括循环系统在内的反应器、分离设备的反应体系为研究对象，参加反应的原料量占进入反应体系总原料量的百分数。

单程转化率较低，总转化率较高。

（三）平衡转化率

平衡转化率是指可逆反应达到平衡时的转化率。平衡转化率与平衡条件（温度、压力、反应物浓度等）密切相关，它表示某反应物在一定条件下，可能达到的最高转换率，实际生产中并不追求平衡转化率。

（四）实际转化率

实际转化率是指实际生产中原料的转化率。

二、产率

(一) 理论产量

理论产量是指按化学方程式计算的产物产量。

有机化学反应比较复杂，其反应分子中各个原子或原子团之间都可能发生反应，除参加主反应以外，同时还参加一些副反应，生成一些副产物。目的产物的实际产量比理论产量要少。某反应物参加主反应的量越多，则由该反应物所生成的目的产物的实际产量占理论产量的百分比越大；该反应物参加副反应的量越少，则由该反应物所生成的副产物的实际产量占理论产量的百分比越少。

(二) 产率的定义

产率是指某一产物的实际产量占按某一反应物参加反应的总量计算所得到的该产物的理论产量的百分率。计算公式如下：

$$Y(产率) = \frac{生成的目的产物的实际质量}{按参加反应的反应物的量计算的理论产量} \times 100\%$$

产率又分为主产率和副产率。

1. 主产率

主产率是指主产物的产率，又可用某反应物参加主反应的量占该反应物总反应量的百分率表示。

2. 副产率

副产率是指副产物的产率。

在一个反应体系中，主产率和各副产率之和为 1，即产率的实质是某反应物发生主、副反应的分配率。

三、收率

收率是指生成目的产物所转化的某反应物的量占该反应物投入量的百分比。

$$Y(收率) = \frac{转化为目的产物的某反应物的量}{某反应物的投入量} \times 100\%$$

收率可用单程收率、总收率和质量收率 3 种形式表示。

(一) 单程收率

单程收率是指原料一次通过催化剂床层所得到的目的产物与原料总投入量的百分比。

(二) 总收率

总收率是指各工序收率的乘积。

(三) 质量收率

质量收率是指投入单位质量的某原料所能生产的目的产物的质量。

质量收率也是常用指标之一。

第二节　生产能力与生产强度

生产能力与生产强度是评价化工生产效果的两个重要指标。

一、生产能力

生产能力指一个设备、一套装置或一个工厂在单位时间内生产的产品量，或在单位时间内处理的原料量。其单位为 kg/h、t/d、kt/a、万 t/a。例如，一台管式裂解炉一年可生产乙烯产品 5 万 t，即 50kt/（a·台）。原料处理量也称为加工能力。

由于化工生产过程是一个包括化学反应及热量、质量和动量传递的过程，因此在生产过程中受到的影响因素比较多，需要对各影响因素进行综合考虑并进行优化组合，找出最佳操作条件，使总的生产过程速度加快，有效地提高设备的使用效率。生产能力分为设计能力、核定能力、现有能力：

（1）设计能力是设备或装置在最佳条件下可达到的最大生产能力，即设计任务书规定的生产能力。

（2）核定能力是在现有条件的基础上，结合实现各种技术、管理措施确定的生产能力。

（3）现有能力也称为计划能力，是根据现有生产技术条件和计划年度内能够实现的实际生产效果，按计划产品方案计算确定的生产能力。

设计能力和核定能力是编制企业长远规划的依据，而现有生产能力则是编制年度生产计划的重要依据。

二、生产强度

生产强度为设备单位特征几何量的生产能力，即设备单位体积的生产能力，或单位面积的生产能力。其单位有 $kg/(h·m^3)$、$t/(h·m^3)$、$kg/(h·m^2)$、$t/(h·m^2)$。

生产强度用于比较那些反应过程或物理加工过程相同的设备或装置的优劣。设备中进行的过程速率越高，其生产强度就越高，设备生产能力就越大。

三、消耗定额

消耗定额：指生产单位产品所消耗的各种原料及辅助材料的数量。消耗定额越低，生产过程越经济，产品的单位成本就越低。

（一）原料消耗定额

原料消耗定额分为理论消耗定额和实际消耗定额。

（1）理论消耗定额（$A_{理}$）：以化学反应方程式的化学计量为基础计算的消耗定额，是生产单位产品必须消耗的原料量的理论值。

（2）实际消耗定额（$A_{实}$）：以生产中实际消耗的原料量为基础计算的消耗定额。

理论消耗定额与实际消耗定额的大小关系为：

$$A_{实} > A_{理}$$

（二）公用工程的消耗定额

公用工程指的是化工生产必不可少的供水、供热、供电、供气、低温冷却等。公用工程的消耗定额是指生成单位产品所消耗的水、蒸汽、电及燃料的量。

（1）供水工业用水分为工艺用水和非工艺用水。

工艺用水：主要生产用水的组成部分。它是指在工业生产中用来制造、加工产品及与制造、加工工艺过程有关的这部分用水。

非工艺用水：冷却水等。

（2）供热。

供热载体：水蒸气（<200℃）、导热油（200~350℃）、熔盐混合物（>350℃）。

（3）低温冷却。

冷却介质：低温水（使用温度>5℃）、盐水（0~15℃）、NaCl溶液（0~45℃）、CaCl₂溶液、有机物等。

降低消耗的主要措施：选择性能优良的催化剂；改善温度、压力、物料配比、反应物浓度等工艺参数和操作条件；加强设备的维护和巡回检查，减少和避免物料的跑、冒、漏、滴现象；加强生产操作的管理，防止和避免生产事故的发生。

四、化学反应的限量反应物与过量反应物

生产中，物料并不都是按化学计量系数投料的。通常，按最小化学计量系数投料的反应物，称为限量反应物。超过限量反应物完全反应的另一反应物，称为过量反应物。一般将价格昂贵或难以得到的反应物作为限量反应物，使其更多地转化为目的产物，而使价廉易得的反应物过量。

第三节　化学反应的工艺影响因素

化学反应过程是复杂的，在生成目的产物的同时，还存在着副反应，可能生成多种副产物。提高反应的选择性，减少副产物的生成，降低原料的消耗，增加目的产物的收率是十分重要的。

影响反应的因素是多方面的，有原料纯度、催化剂、反应器形式与结构、温度、压力、浓度、反应时间等。不同的反应过程，其影响因素也不尽相同。掌握主要因素对反应的影响规律，维持正常的反应条件，使生产装置在最佳的条件下运行，是实现安全、优质、高产和低耗生产追求的目标。

一、温度的影响

温度会影响化学平衡和化学反应速率。对于不可逆反应，可以不考虑温度对化学平衡的影响；而对于可逆反应，温度的影响很大。化学平衡常数与温度的关系如下：

$$\lg K = -\frac{\Delta H}{2.303RT} + C$$

式中　K——化学平衡常数；

ΔH——摩尔蒸发热；

R——摩尔气体常数，$R=8.3192J/(mol \cdot K)$；

T——反应温度，K；

C——积分常数。

对于吸热反应，化学平衡常数 K 的值随着温度的升高而增大，同时产物的平衡产率增加，提高温度有利于反应；对于放热反应，化学平衡常数 K 的值随着温度的升高而减少，同时产物的平衡产率下降，降低温度有利于反应。

一般来说，温度每升高 $10℃$，反应速率常数增大 $2~4$ 倍，而且在低温范围增长的幅度大于在高温范围增长的幅度。活化能大的反应其反应速率常数也较大。温度对主、副反应及正、逆向速率的影响，取决于各个反应活化能数值的大小。

生产上正是利用温度对具有不同活化能的反应的反应速率有不同影响这一特点，争取选择、确定并严格控制反应温度，以加快主反应速率，增大目的产物的生产量，提高反应过程的效率。

二、压力的影响

反应物料的聚集状态不同，压力对其影响也不同。压力对于液相、液-液相、液-固相反应的影响较小，所以这些反应多在常压下进行。对气-液相反应，为维持反应在液相中进行，需略增加压力。气体反应物可压缩性很大，压力对气相反应的影响很大，一般规律如下：

（1）对于反应后分子数增加的反应，降低压力可以提高反应的平衡产率。

（2）对于反应后分子数减少的反应，增加压力可以提高反应的平衡产率。

（3）对于反应前后分子数没有变化的反应，压力对反应的平衡没影响。

在一定的压力范围内，适当加压有利于加快反应速率，但是压力过高，动能消耗增大，对设备的要求会提高，而且效果有限。

若反应过程中有惰性气体存在，当操作压力不变时，提高惰性气体的分压，可以降低反应物的分压，有利于提高分子数增多的反应的平衡产率，但不利于反应速率的提高。

三、反应物浓度的影响

一般来说，反应物浓度越高，反应速率越快，即提高反应物浓度可加快反应速率。提高反应物浓度的措施有多种：

（1）对于液相反应，可增加反应物在溶剂中的溶解度，或从中蒸发出部分溶剂。

（2）对于气相反应，可适当增加压力或降低惰性气体的分压，以提高反应物的浓度。

间歇操作的反应初期，反应物浓度越高，反应速率越快；随着反应的进行，反应物不断消耗，其浓度逐渐下降，反应速率也随之降低。

对于可逆反应过程，可不断取出生成的产物，增大反应物的浓度，使反应不断向生成物方向移动，加快反应的速率。

四、空间速度的影响

空间速度简称空速，是指在标准状态下单位时间内通过单位体积催化剂的反应混合气的体积，或者是通过单位体积催化剂的反应混合气在标准状态下的体积流量。

空间速率增大，反应物的转化率降低，深度副反应的产率降低，主产物的产率相对增加。

 练习题

1. 当物料有循环时，转化率又分为 _____ 和 _____，它们的大小关系是_____。

2. 原料消耗定额分为_____和_____，它们的大小关系是_____。

3. 化学反应的影响因素有哪些？

4. 什么是生产能力，什么是生产强度？

5. 什么是理论产量？

6. 什么是转化率，什么是产率？

第四章 催 化 剂

催化剂是一种能够改变一个化学反应的反应速率，却不改变化学反应热力学平衡位置，本身在化学反应中不被明显消耗的化学物质。

催化剂是化工技术的核心，80%化工过程（石油加工、传统化工、食品工业、建材工业、精细化学品工业、环保产业等）是采用催化过程来实现的。

第一节 催化剂的分类、作用及性能

有机合成反应若要实现工业化，就要求在单位时间内获得足够量的产品。仅采用增加反应物浓度和升高反应温度的方法，往往达不到工业生产的要求，因此，采用催化剂可选择性地加快主反应速率，是极为有效的方法。

一、催化剂的分类

（一）按元素周期律分类

元素周期律把元素分为主族元素（A）和副族元素（B）：

（1）用作催化剂的主族元素多以化合物形式存在。主族元素的氧化物、氢氧化物、卤化物、含氧酸及氢化物等由于在反应中容易形成离子键，主要用作酸碱型催化剂。但是，第Ⅳ～Ⅵ主族的部分元素，如铟、锡、锑和铋等氧化物也常用作氧化还原型催化剂。

（2）副族元素无论是金属单质还是化合物，由于在反应中容易得失电子，主要用作氧化还原型催化剂。特别是第Ⅷ过渡族金属元素及其化合物是最主要的金属催化剂、金属氧化物催化剂和络合物催化剂。但是副族元素的一些氧化物、卤化物和盐类也可用作酸碱型催化剂，如 Cr_2O_3、$NiSO_4$、$ZnCl_2$ 和 $FeCl_3$ 等。

（二）按类别和形态分类

表4-1为催化剂按类别和形态的分类。

表4-1 催化剂按类别和形态的分类

类别	化学形态	催化剂举例	催化反应举例
导体	过渡金属	Fe、Ni、Pd、Pt、Cu	加氢、脱氢、氧化、氢解
半导体	氧化物或硫化物	V_2O_5、Cr_2O_3、MoS_2、NiO、ZnO、Bi_2O_3	氧化、脱氢、加氢、氨氧化
绝缘体	氧化物	Al_2O_3、TiO_2、Na_2O、MgO、分子筛	脱水、异构化、聚合、烷基化、脂化、裂解
	盐	$NiSO_4$、$FeCl_3$、分子筛、$AlPO_4$	

二、催化剂的作用及对化学平衡的影响

（一）催化剂的作用

（1）提高反应速率和选择性，提高生产能力。

（2）缓和操作条件，降低对设备的要求。

（3）使反应定向进行，选择性地加快主反应的速率，抑制副反应，提高目的产物的产率。

（4）扩大原料利用途径，综合利用资源。同一种反应物，采用不同的催化剂可以发生不同反应，得到多种化工产品，可以有效地回收利用副产物，改善环境。

（5）简化操作步骤，降低产品成本。

（6）催化剂有助于开发新的反应过程，发展新的化工技术。

（7）催化剂在能源开发和消除污染中可发挥重要作用。

（二）催化剂对化学平衡的影响

催化作用是指催化剂对化学反应所产生的效应。催化作用不能改变化学平衡，但可以对化学平衡产生影响。表 4-2 为催化剂对化学平衡的影响。

表 4-2　催化剂对化学平衡的影响

催化剂	催化剂在反应体系中的含量	达到平衡时的体积增量
SO_2	0.02	8.19
SO_2	0.063	8.34
SO_2	0.079	8.20
$ZnSO_4$	2.7	8.13
HCl	0.15	8.15
草酸	0.52	8.27
磷酸	0.54	8.10
平　　均		8.19

三、催化剂的性能

（一）活性

催化剂的活性是指催化剂改变化学反应速率的能力，其活性不仅取决于催化剂的化学本性，还取决于催化剂的孔结构等物理性质。催化剂的活性可以用以下几种方式表示：

（1）转化率。工业上常用转化率表示催化剂的活性。在一定接触时间内，一定反应温度和反应物配比的条件下，转化率越高，说明反应物反应程度越高，催化剂活性越好；完成给定的转化率所需的温度越低，活性越高；完成给定的转化率所需的空间速度越大，活性越高。

（2）空时产量。生产和科研部门常用空时产量表示催化剂的活性。空时产量是指在一定反应条件（温度、压力、进料组成等均一定）下，单位时间内在单位体积的催化剂上生成目的产物的数量。

（3）比活性。科研部门常用比活性来表示催化剂的活性。比活性是指催化剂单位活性表面积上进行反应的反应速率常数。

（4）选择性。选择性是指反应所消耗的原料中有多少转化为目的产物。

$$S(选择性) = \frac{目的产物的实际产量}{以参加反应的某种原料计的目的产物量} \times 100\%$$

（二）活性位

活性位是指催化剂中具有催化活性的部位，如催化剂表面的酸、碱中心，原子簇等。

第二节　催化剂的组成及物理性能

基本有机化工中常用的催化剂是固体催化剂和液体催化剂。

一、固体催化剂

固体催化剂在反应条件下，一般不发生汽化或液化，只在固体范围内发生变化。固体催化剂按组成可分为单组元固体催化剂和多组元固体催化剂。

（一）固体催化剂的组成

固体催化剂一般可以包括以下 3 个组分。

1. 活性组分

催化剂所含物质中，对一定化学反应有催化活性的主要物质称为这一催化剂的活性组分，又称为主催化剂。活性组分是催化剂中心必须具备的物质，活性组分可以是一种物质，也可以是多种物质。活性组分是多种物质的混合物时，这种活性组分是多种物质的催化剂，称为多组元催化剂。多组元催化剂中任一组分单独使用时都没有活性或活性很低，必须把它们复合在一起后，才具有较高的活性。

某些重要反应单元所用催化剂的活性组分如表 4-3 所示。

表 4-3　某些重要反应单元所用催化剂的活性组分

反应单元	催化剂活性组分
烷基化	$AlCl_3$、BF_3、$BiO_2\text{-}Al_2O_3$
脱氢	Cr_2O_3、ZnO、Fe_2O_3、Pd、Ni
加氢	Ni、Pd、Cu、NiO、MoS_2、WS_2
氧化	V_2O_5、MoO、CuO、Co_3O_4、Ag、Pd、Pt
水合	H_3PO_4、H_2SO_4、$HgSO_4$、ZnO、WO_3
卤化	$AlCl_3$、$FeCl_3$、$CuCl_2$、$HgCl_2$
裂解	$SiO_2\text{-}Al_2O_3$、$SiO_2\text{-}MgO$

2. 助催化剂

单独存在时没有催化性能，而将其少量添加到催化剂中，会明显提高催化剂的活性、选择性和稳定性的物质，称为助催化剂。

一种助催化剂，既可以对催化剂产生提高其活性、选择性、稳定性 3 种作用中的某一种作用，也可以产生多种作用。助催化剂可以是单质，也可以是化合物，有时只是一种物质，而多数情况下是多种物质。

3. 载体

负载催化剂活性组分、助催化剂的物质称为载体，通常采用具有足够机械强度和多孔性的物质作为载体，它是催化剂组成中含量最多的组分。载体的作用有以下几点：

（1）增大活性表面和提供适宜的空间结构，提供催化剂的活性和选择性。实验证明：催化剂在反应中，只有表面上 $0.2\sim0.3mm$ 的薄层才起催化作用，而大量的催化剂不起作用。催化剂活性组分借助负载于多孔载体的方法，可以得到较大的活性表面和适宜的孔结构，从而提高催化剂的活性和选择性。

（2）提高催化剂的机械强度。某些催化剂需要把活性组分负载于载体后，才能使催化剂获得足够的机械强度，以便在各种反应床上应用。

（3）提高催化剂的导热性和热稳定性。载体一般具有较大的比热容和比表面积，把活性组分负载于载体上，可以提高活性组分的分散度，防止催化剂颗粒变大；可以使反应热及时发散，避免因局部过热而引起催化剂熔结，失去活性，提高了催化剂的热稳定性，延长了催化剂的寿命。

（4）节省活性组分用量，降低成本。活性组分负载于多孔载体上，用少量活性组分就可以得到很大的活性表面，从而可节省活性组分用量，降低成本，特别是对贵金属催化剂。

固体催化剂也可以用图 4-1 表示其组成，其中，次级粒子和初级粒子的大小如图 4-2 所示。

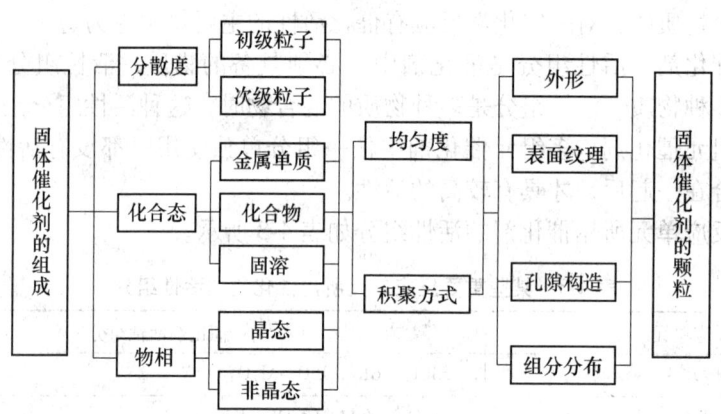

图 4-1　固体催化剂的组成

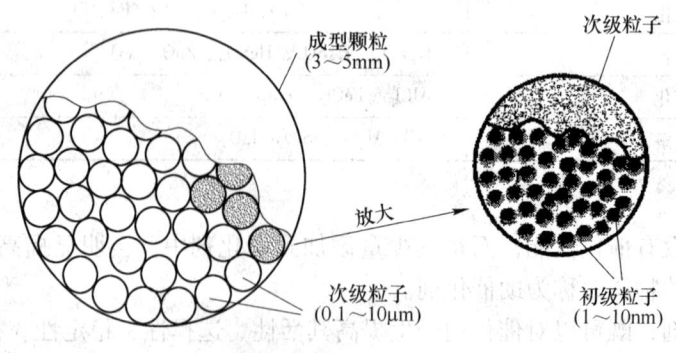

图 4-2　粒子的大小

（二）固体催化剂的物理性能

固体催化剂多为海绵状多孔性物质，其外表面形态不均匀，凹凸不平。催化剂的内部贯穿着数量繁多、用肉眼无法看见的纵横交错的微细孔道。催化剂中孔道的大小、形状和长度都是不均一的，催化剂孔道半径可分成 3 类：

（1）微孔：孔半径为 1nm 左右的孔。

（2）中孔：孔半径为 1~25nm 的孔。

（3）大孔：孔半径大于 25nm 的孔。

催化剂内部由微孔道构成的表面称为内表面。催化剂的活性表面大部分藏在空隙中，即以内表面的形式存在。反应物必须进入孔中，才能与活性表面接触。

催化剂的物理性能决定了催化剂的使用性能。这些物理性能包括比表面积、堆密度、颗粒密度、真密度、空隙率、孔容积、孔率、粒度、机械强度等。

1. 比表面积

比表面积指 1g 催化剂所具有的表面积，单位为 m^2/g。

比表面积的大小影响催化剂的活性和催化反应的速率。性能优良的催化剂必须有足够大的比表面积，以提供更多的活性中心。各种催化剂的比表面积的大小不等。

测定比表面积：一般用 BET 法和色谱法。

2. 密度

（1）堆密度。催化剂颗粒堆积时（包括颗粒内孔和颗粒空隙）的外观体积称为堆积体积，又称填充体积。催化剂单位堆积体积的质量称为堆密度。

催化剂的堆密度影响反应器的装填量。堆密度越大，单位体积反应器装填的催化剂质量就可以多些，设备利用率就大些。

（2）颗粒密度。催化剂单位颗粒体积的质量称为颗粒密度，或称表观密度。颗粒体积包括催化剂颗粒中的内孔容积，即催化剂颗粒所占的体积，又称假体积。

（3）真密度。除去催化剂颗粒之间的空隙和颗粒中的内孔容积，余下的体积称为催化剂的真实体积，或称骨架体积。催化剂单位真实体积的质量称为真密度。

3. 空隙率、孔容积和孔率

（1）空隙率。空隙率是指催化剂床层中颗粒之间的空隙体积与整个催化剂床层体积（即堆积体积）之比。粒状催化剂的空隙率一般为 0.26~0.57。

（2）孔容积。孔容积是指每克催化剂内部所占孔道的体积，单位为 cm^3/g。

（3）孔率。孔率是催化剂颗粒的孔容积和颗粒的体积之比。

4. 粒度

粒度是指催化剂颗粒的大小，常用筛目表示。筛目是指 25.4mm 筛的孔边长度内所具有的筛孔数，或称为筛号。

5. 机械强度

（1）耐压强度。耐压强度分为正压强度和侧压强度。正压强度又称为垂直耐压力，是指在柱状催化剂颗粒的端面上施加力，催化剂颗粒不致碎裂时所能承受的最大力。侧压强度又称为径向耐压力，是指催化剂颗粒横卧时，能承受的最大力，用单位长度能承受的力表示。

（2）耐冲击强度。将催化剂颗粒从一定的高度自由坠落，观察其破碎率，以百分率表示，称为耐冲击强度。

（3）耐磨损强度。固定床使用的催化剂，可以在一定规格的转筒中，于一定转速下旋转，使催化剂颗粒间、颗粒与转筒壁间相互摩擦，一定时间后取出，用分样筛过筛，观察不同颗粒的质量变化，从而算出磨损率，以百分率表示，称为耐磨损强度。

二、液体催化剂

液体催化剂可以本身为液态物质，也可以是以固体、液体或气体催化剂活性物质作为溶质与液态分散介质形成的催化液。

液体催化剂的组成如下：

（1）活性组分。按照构成活性组分的物质数目，液体催化剂可分为单组元催化剂和多组元催化剂。

（2）助催化剂。物质单独存在时没有催化性能，而将其少量添加到催化剂中，会明显提高催化剂的活性、选择性和稳定性，这种物质称为助催化剂。

助催化剂的作用有3种：1）提高催化剂的活性；2）提高催化剂的选择性；3）提高催化剂的稳定性。

一种助催化剂既可以对催化剂产生以上3种作用中的某一种作用，也可以产生多种作用。助催化剂可以是单质，也可以是化合物，有时只是一种物质，而多数情况下是多种物质。

（3）溶剂。溶剂除了对催化组分、反应物、产物起溶解作用外，有时其酸碱度、极性等还可能对催化反应体系的动力学性质有重要影响。

（4）其他添加剂，包括引发剂、配位剂添加剂、酸碱性调节剂、稳定剂。

催化剂结构非常复杂，在使用过程中参与化学反应，但化学性质不发生改变。

第三节　催化剂的制备

催化剂的性能主要取决于催化剂的化学组成和物理性质。而当化学组成确定后，催化剂的物理性质与催化剂的制备方法、制备条件、活化条件等密切相关。

当催化剂的化学组成完全相同，而制备方法和条件不同时，制得的催化剂的物理性质常常不同，催化剂的性能也不同。因此，要获得一种高效优良催化剂，不但要研究和确定它的化学组成，而且要选择适宜的制备方法和制备条件。

以下介绍几种制备催化剂的常用方法。

一、沉淀法

在充分搅拌的条件下，向含有催化剂各组分的溶液中加入沉淀剂，生成沉淀物。沉淀物经分离、洗涤除去有害离子，然后干燥、煅烧制得催化剂。

（一）沉淀剂

应选择沉淀后容易分解、挥发和较易洗涤干净的沉淀剂，如氨水、尿素、碳酸铵等铵盐，碳酸钠等碳酸盐，氢氧化钠等碱金属盐类，这样才能制备出纯度较高的催化剂。

另外，形成的沉淀物应便于过滤和洗涤，避免形成非晶型沉淀。同时，沉淀物的溶解度越小越好，这样沉淀反应比较完全，可减少原料的浪费。

（二）沉淀法的分类

沉淀法可分为单组分沉淀法、多组分沉淀法、均匀沉淀法和超均匀共沉淀法等。

二、浸渍法

浸渍法是指将载体放在含有活性组分的水溶液中浸泡，使活性组分吸附在载体上；或者负载组分以蒸汽相方式浸渍于载体中，如一次浸渍达不到规定的吸附量，可在干燥后再浸。

例如，要将几种活性组分按一定比例浸渍到载体上去，常采用多次浸渍的办法。

（一）工艺流程

浸渍法工艺流程如图4-3所示。

（二）浸渍方法

浸渍方法包括等体积浸渍法、过量浸渍法、多次浸渍法、流化喷洒浸渍法和蒸发浸渍法等。

浸渍方法的优点：催化剂的活性组分利用率高，用量少，因为活性组分大多仅分布在载体的表面，这对贵金属催化剂极为重要；同时，浸渍法的操作工艺相对较为简单，制备步骤也较少。

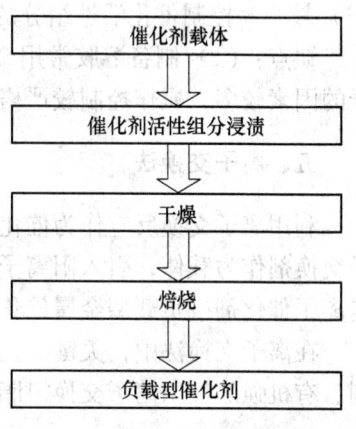

图4-3 浸渍法工艺流程

三、混合法

混合法是指将催化剂的各个组分做成浆状，经过充分的混合（如在混炼机中）后成型、干燥、煅烧，最后制成催化剂。

其原理就是将组成催化剂的各组分以粉状粒子的形态，在球磨机或碾合机内边磨细、边混合，使各组分粒子之间尽可能均匀分散，保证催化剂主剂与助剂及载体的充分混合，然后制成催化剂。

（一）混合方法

（1）干混合法：将催化剂活性组分、助催化剂、载体、胶黏剂、造孔剂等放在混合器中，在干的状态下混合均匀，然后成型、干燥、焙烧，即可制得催化剂。

（2）湿混合法：活性组分往往以沉淀盐或氢氧化物的形式，加上助催化剂、载体、胶黏剂等进行湿式碾合，然后进行挤条、干燥、焙烧，即可制得催化剂。

（二）混合法的优缺点

优点：方法简单，生产量大，成本低。

缺点：催化剂的活性、热稳定性都较差。

四、溶胶-凝胶法

（一）基本原理

在胶体化学中，被分散的胶体粒子称为分散相，粒子所在的介质称为分散介质（溶剂），分散相颗粒大小在 1~100nm 范围内形成的溶液称为胶体溶液，简称为溶胶。

在一定条件下，溶胶中的胶体粒子会互相凝结而生成凝胶沉淀，这种凝胶沉淀是一种含有较多溶剂、体积庞大的非晶体沉淀，经脱出溶剂后，便可得到三维立体网状结构的多孔、大表面的固体，这是溶胶-凝胶法制备催化剂的基础。

将这种凝结的胶体经过熟化、洗涤、干燥、焙烧，即可制成催化剂。溶胶-凝胶法特别适用于制备大比表面积催化剂和载体。

（二）溶胶-凝胶法的优缺点

优点：（1）可制高均匀、高比表面积的催化材料；（2）较容易控制孔径和孔径分布；（3）较容易控制催化活性组分的组成。

缺点：（1）制备溶胶常用金属有机物，价格较贵；（2）制备工艺复杂；（3）影响胶凝的因素较多，操作控制较严格。

五、离子交换法

利用离子交换反应作为催化剂制备主要工序的方法称为离子交换法。其原理是采用离子交换剂作为载体，引入阳离子活性组分而制成一种高分散、大比表面积、均匀分布的金属离子催化剂或负载型金属催化剂。

在离子交换法中，关键工艺是离子交换剂的制备。通常的离子交换剂有无机离子交换剂、有机强酸性阳离子交换树脂、有机强碱性阴离子交换树脂等。

六、热熔融法

热熔融法是制备某些催化剂较特殊的方法，适合于少数必须经熔炼过程的催化剂。

特点：在熔融温度下，催化剂各个组分熔炼成为均匀分布的混合物-固溶体-晶格间的高度分散状态。此法制得的催化剂具有高强度、高热稳定性、长寿命和特殊的活性。

催化剂的制备方法多种多样。总体来说，在制备催化剂时，一方面要保证催化剂的化学组成，防止引入对催化剂有毒的杂质；另一方面要选择适宜的制备条件，使催化剂具有所需要的物理特性。

第四节　催化剂使用及工业生产对催化剂的要求

催化剂不是制备好就可以使用，必须处理之后才能使用。

一、催化剂的活化与使用

（一）活化

固体催化剂中的活性组分通常以氧化物、氢氧化物或者盐的形态存在，它们没有催化活性。活化就是将它们转化成具有催化作用的活性形态。固体催化剂在使用前先要活化，催化剂经活化后才有活性。

活化方法包括氧化、还原、硫化、酸化等。

一般地，活化在活化炉、反应器中进行，催化剂经活化后可正常使用。在催化剂的活化过程中，温度的控制是一个极重要的因素，包括升温速度、适宜的活化温度、活化时间

及降温速度等，都必须严格控制。如果活化是在反应器中进行的，活化后可不需要降温到室温，只要逐渐调整到正常反应温度，就可以进行正常反应。

（二）催化剂的使用

合理地使用催化剂能保证催化剂的活性高、寿命长。在基本有机化工生产中，合理地使用催化剂是高产、低消耗的重要措施之一。因此，掌握催化剂的使用规律是很重要的。

1. 催化剂活性衰退的原因

催化剂在使用过程中，活性逐渐衰退，其中有化学原因，也有物理原因。

（1）催化剂的中毒。催化剂在使用过程中，受随反应物带进的某些物质的影响，催化剂的活性降低的现象称为催化剂的中毒。催化剂中毒通常来自原料、催化剂制备、反应容器、管道、周围环境的污染等诸多因素。

（2）积炭。一些有机物在进行主反应的同时，可能进行深度裂解反应，而生成炭，也可能引起聚合或缩聚反应而生成焦油等物质。这些物质沉积在催化剂表面，将催化剂活性表面覆盖，致使催化剂失去活性。

（3）化学结构的改变。当反应条件控制不好时，会引起催化剂化学结构的改变，致使催化剂失去活性。

（4）化学组成改变及损失。催化剂的某些组分挥发或被反应产物带走等因素，引起催化剂的某些组分发生变化，导致催化剂失去活性。

2. 催化剂活性随时间的变化

催化剂的稳定性是催化剂的一项重要指标。为了表明催化剂活性的稳定情况，可以绘制催化剂活性随时间变化的曲线，如图 4-4 所示，可分为成熟期、稳定期、衰老期 3 个阶段。

（1）成熟期。在一般情况下，当催化剂开始使用时，随时间增长其活性逐渐提高，直到稳定，这段时间可以看成催化剂活化过程的延续。催化剂由开始使用到催化剂活性稳定所经历的时间称为成熟期。

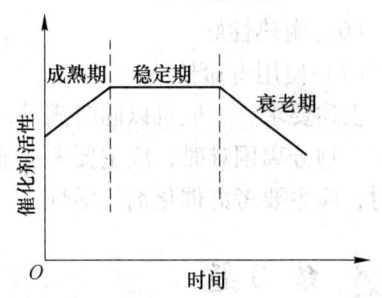

图 4-4　催化剂活性随时间变化的曲线

（2）稳定期。催化剂活性在一段时间内维持基本稳定所经历的时间为稳定期。稳定期的长短与使用的催化剂的种类有关，可以从几分钟到几年。稳定期越长的催化剂越好。

（3）衰老期。随着时间的增长，催化剂的活性逐渐下降，即催化剂逐渐衰老，直到催化剂不能使用。此时催化剂必须再生，重新使其恢复活性。催化剂活性由下降到不能使用所经历的时间称为催化剂的衰老期。

3. 催化剂活性的稳定范围

常把催化剂保持一定活性稳定的温度范围称为催化剂活性稳定范围。催化剂使用初期活性较高，为了延长催化剂使用时间，避免过热，操作温度应控制低些，采用活性温度的下限；当活性衰退以后，可以逐步提高操作温度；在催化剂使用后期，采用活性温度的上限。

（三）催化剂的再生和使用寿命

1. 催化剂的再生

对活性衰退的催化剂，采用物理、化学方法使其恢复活性的工艺过程称为再生。催化剂活性的丧失，可以是可逆的，也可以是不可逆的。暂时性中毒是可逆的，当原料中除去毒物后，催化剂可逐渐恢复活性；永久性中毒则是不可逆的，不可再生。

催化剂的再生方法：（1）对由积炭引起的活性衰退，采用高温下通空气的方法烧掉；（2）对由催化组分损失引起的活性衰退，采用浸渍法。

2. 催化剂的使用寿命

催化剂的使用寿命是指催化剂使用期限的长短。寿命的表征是生产单位量产品所消耗的催化剂量，或在满足生产要求的技术水平上催化剂能使用的时间长短。

二、工业生产对催化剂的要求

（1）具有较高活性。催化剂活性高，则原料转化能力就高，即转化率就高。

（2）较好的选择性和稳定性。转化的原料发生主反应的百分率要高，即主产物的产率要高。优良的催化剂可以有效地抑制副反应，减少副产物的生成，简化后处理工序，节约生产费用。

（3）催化剂的形貌与大小必须与相应的反应过程相适应。

（4）机械强度要高。

（5）抗毒性能好。

（6）耐热性好。

（7）使用寿命长。

上述要求，一般难以同时满足，其中活性和选择性是主要的考虑因素。当原料昂贵或反应产物分离困难时，应主要考虑催化剂的选择性；反之，当原料价廉或反应产物分离容易时，应主要考虑催化剂的活性。

 练习题

1. 什么是催化剂？
2. 什么是催化剂的活性？
3. 什么是催化剂的选择性？
4. 固体催化剂一般包括哪些组分，其定义各是什么？
5. 载体的作用有哪些？
6. 什么是催化剂的活化？
7. 催化剂活性衰退的原因是什么？
8. 什么是催化剂的再生，催化剂再生方法有哪些？
9. 工业生产对催化剂的要求有哪些？

第三部分

化工单元操作

HUAGONG DANYUAN CAOZUO

本部分是通过对化工生产实际工作岗位的调查分析，本着"必需、够用"的原则，对现行的化工原理和化工设备两门课程的内容进行有机整合得出的。本部分重点介绍了化工单元操作的基本原理和主要设备，共包含化工管路、流体输送机械、精馏和换热器4部分。

第五章 化工管路

为了输送液体或气体，必须使用各种管道，管道中除直管道用钢管以外，还要用到各种管配件：管道拐弯时必须用弯头；管道变径时要用大小头；分叉时要用三通；管道接头与接头相连接时要用法兰；为达到开启输送介质的目的要用各种阀门；为减少热胀冷缩或频繁振动对管道系统的影响，还要用膨胀节。此外，在管路上，还有与各种仪器仪表相连接的各种接头、封头等。我们习惯将管道系统中除直管以外的其他配件统称为管配件。

本章主要学习化工管路中的管子、管件、阀门及它们之间的连接方式等有关知识。

第一节 管子和管件

一、管子

（一）钢管

用于制造钢管的常用材料有普通碳素钢、优质碳素钢、低合金钢和不锈钢等。按制造方式可分为有缝钢管和无缝钢管。

（1）有缝钢管又称为焊接钢管或水煤气管，一般由碳素钢制成。表面镀锌的有缝钢管称为镀锌管或白口管，不镀锌的称为黑铁管。有缝钢管常用于低压流体的输送，如水、煤气、天然气、低压蒸汽和冷凝液等。使用最广泛的是水煤气钢管。

为简化管道组成件的连接尺寸，便于生产和选用，工程上对管道直径进行了标准化分级，以"公称直径"表示，公称直径的符号为 DN，公制单位为 mm。公称直径是为了设计、制造、维修方便而人为规定的一种标准直径，它既不是管子的内径，也不是管子的外径，而是与其相接近的整数。例如，公称直径为 100mm 的水煤气管，可表示为 DN100mm，它的外径为 114mm，内径为 106mm。

（2）无缝钢管质量均匀、品种齐全、强度高、韧性好、管段长，可用来输送有压力的物料、水蒸气、高压水、过热水，也可输送可燃性和有爆炸危险及有毒的物料，在化工生产中应用很广泛。按轧制方法不同，无缝钢管分为热轧管和冷轧管两种。无缝钢管的规格用 φ（外径）×壁厚表示，如 φ108mm×4mm 的无缝钢管，表示外径为 108mm，壁厚为 4mm。

（二）铸铁管

铸铁管可分为普通铸铁管和硅铁管两大类：

（1）普通铸铁管由灰铸铁铸造而成。铸铁中含有耐腐蚀的硅元素和微量石墨，具有较强的耐蚀性。通常在铸铁管内外壁面涂有沥青层，以提高其使用寿命。普通铸铁管常用作埋入地下的供、排水管及煤气管道等。由于铸铁组织疏松，质脆强度低，因此普通铸铁管不能用于压力较高或有毒易爆介质的管路上。普通铸铁管的直径为 φ50~300mm，壁厚为 4~7mm，管长有 3m、4m、6m 等系列。

（2）硅铁管是指含碳 0.5%～1.2%、含硅 10%～17% 的铁硅合金，由于硅铁管表面能形成坚固的氧化硅保护膜，因而具有很好的耐蚀性，特别是耐多种强酸腐蚀。硅铁管硬度高，但耐冲击和抗振动性能差。硅铁管的直径一般为 $\phi 32～300mm$，壁厚为 10～16mm，管长规格为 150～2000mm。

（三）有色金属管

1. 铜管

铜管有纯铜管和黄铜管两种。纯铜管含铜量为 99.5% 以上，黄铜管材料为铜和锌的合金。铜管导热性能好，大多用于制造换热设备、深冷管路，也常用作仪表的测量管线和液压传输管路，但当温度高于 250℃ 时不宜在压力下使用。

2. 铝及铝合金管

铝及铝合金管具有良好的耐蚀性和导热性，常用于输送脂肪酸、硫化氢、二氧化碳气体等介质，还可用于输送硝酸、醋酸、磷酸等腐蚀性介质，但不能抗碱腐蚀。在温度高于160℃ 时不宜在压力下使用，其极限工作温度为 200℃。

3. 铅管

常用铅管有软铅管和硬铅管两种。软铅管用含铅 99.5% 以上的纯铅制成，硬铅管由铅锑合金制成。铅管硬度小、重度大，具有良好的耐蚀性，在化工生产中主要用于输送浓度在 70% 以下的冷硫酸、浓度在 40% 以下的热硫酸和浓度在 10% 以下的冷盐酸。由于铅管的强度和熔点都较低，故使用温度一般不超过 140℃。输送硝酸、次氯酸盐及高锰酸盐类介质时不可采用铅管。

（四）非金属管

1. 塑料管

在非金属管路中，应用最广泛的是塑料管。塑料管种类很多，分为热塑性塑料管和热固性塑料管两大类。属于热塑性塑料管的有聚氯乙烯管、聚乙烯管、聚丙烯管、聚甲醛管等；属于热固性塑料管的有醛塑料管等。塑料管的主要优点是耐蚀性好、质量小、成型方便、加工容易；缺点是强度较低、耐热性差。

2. 陶瓷管

陶瓷管结构致密，表面光滑平整，硬度较高，具有优良的耐蚀性。除氢氟酸和高温碱外，可用于输送大多数酸类、氯化物、有机溶剂。陶瓷管的缺点是质脆、易破裂，耐压和耐热性差，一般用于输送温度低于 120℃，压力为常压或一定真空度的强腐蚀介质。

3. 橡胶管

橡胶管是用天然橡胶或合成橡胶制成的。按性能和用途不同有纯胶管、夹布胶管、棉线纺织胶管、高压胶管等。橡胶管质量小，挠性好，安装拆卸方便，对多种酸碱液具有耐蚀性。橡胶管为软管，可任意弯曲，多用来作临时性管路和某些主管中的挠性连接件。橡胶管不能用作输送硝酸、有机酸和石油产品的管路。

4. 玻璃钢管

玻璃钢管是以玻璃纤维及其制品为增强材料，以合成树脂为黏结剂，经过一定的成型工艺制作而成的。玻璃钢管具有质量小、强度高、耐腐蚀的优点，但易老化、易变形、耐磨性差，一般用作温度低于 150℃，压力小于 1MPa 的酸性和碱性介质的输送管路。

5. 玻璃管

玻璃管一般由硼玻璃或高铝玻璃制成，具有透明、耐蚀、阻力小、价格低等优点，缺点是质脆、不耐冲击和振动。玻璃管在化工生产中常用作监测或实验的管路。

二、管件

管件在管道系统中起着改变走向、改变标高或改变直径、封闭管端及由主管引出支管的作用。在石油化工装置中管道品种多，管系复杂，形状各异、繁简不同，所采用的管件品种、材质、数量也就很多，选用时需要考虑的因素也很复杂。

（一）管件的种类（图 5-1）

（1）弯头：包括热压弯头、推制弯头、焊制弯头、模锻弯头、冷压弯头等。

（2）三通：包括锻制三通、锻焊三通、各种加强形式的焊制三通、球形锻焊三通、热压三通、冷挤压三通、接管座等。

（3）异径管：包括锻制异径管、钢管模压异径管、钢板焊制异径管等。

（4）封（堵）头：包括椭球形封头、球形封头、锥形封头、对焊封头、平焊封头、带加强筋焊制封头等。

（5）补芯及内、外丝接头。

（6）活接头。

（7）法兰：有平焊法兰、对焊凹凸法兰等。

（8）盲板：有平面板、凸面板、凹凸面板、榫槽面板和环连接面板、8字盲板等。

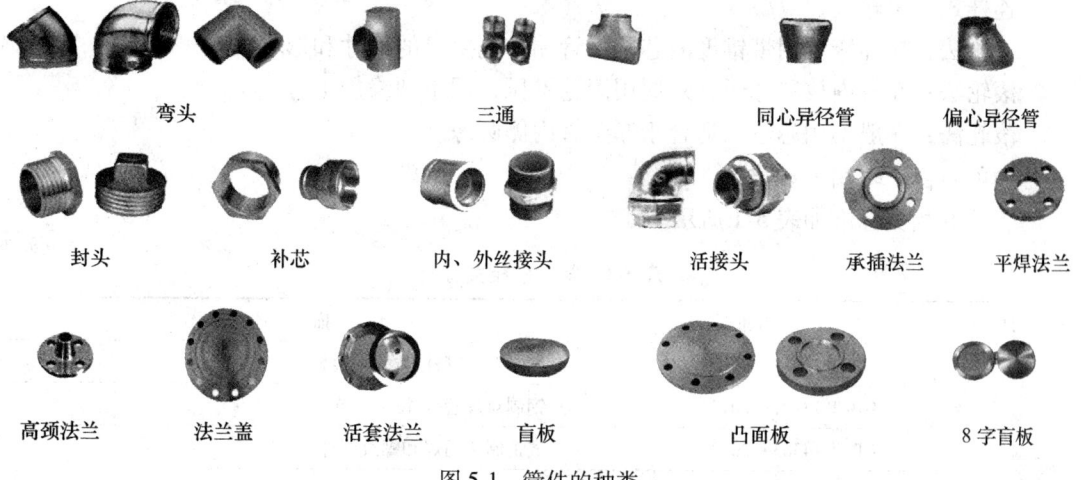

图 5-1 管件的种类

（二）管件的作用

（1）弯头：用于电站管道、核电、石化、天然气、热网、冶金等行业的管路的转向连接件，管路的转向连接件用于输送不同温度、压力的水、汽及其他介质的管路转弯处。

（2）三通：主要用于电站汽、水管道主管和支管的连接件，起分流连接作用。

（3）异径管：主要用于口径不同的管道连接，起到异径连接作用。

（4）封（堵）头：封闭不使用的末端或接头、分支等。

（5）补芯：在狭窄的位置节省连接长度，变径接头用于不同管径之间的连接。内、外丝接头：连接管路的作用。

（6）活接头：方便阀门管道的安装与拆卸，允许管道的自由伸缩。

（7）法兰：主要用于连接管路并保持管路密封性能，便于某段管路的更换，便于拆开检查管路情况，便于某段管路的封闭。

（8）盲板：是中间不带孔的法兰，用于封堵管道口。所起到的功能和封头及管帽是一样的，只不过盲板密封是一种可拆卸的密封装置，而封头的密封是不准备再打开的。

管件按作用可大致分为以下5类：

（1）改变管路的方向，如弯头。

（2）连接管路支管，如三通、四通、Y形管等。

（3）改变管路的直径，如异径管、补芯等。

（4）堵塞管路，如管帽、封头等。

（5）连接管路，如活接头，内、外丝接头等。

（三）管件的加工

管件的加工方法也有很多种。很多还属于机械加工类的范畴，用得最多的是锻压法、冲压法、滚轮法、滚轧法、鼓胀法、拉伸法、弯曲法和组合加工法。管件加工是机械加工和金属压力加工的有机结合。现举例说明如下：

锻压法：用型锻机将管子端部或一部分予以冲伸，使外径减少，常用的型锻机有旋转式、连杆式、滚轮式。

冲压法：在冲床上用带锥度的芯子将管端扩到要求的尺寸和形状。

滚轮法：在管内放置芯子，外周用滚轮推压，用于圆缘加工。

滚轧法：一般不用芯轴，适合于厚壁管内侧圆缘。

（四）管件的相关标准

管件的相关标准如表5-1所示。

表5-1　管件的相关标准

类　别	标准号	描　述
国家标准	GB/T 12459—2017	钢制对焊管件 类型与参数
	GB/T 13401—2017	钢制对焊管件 技术规范
	GB/T 14383—2008	锻钢制承插焊和螺纹管件
	GB/T 9112—2010	钢制管法兰 类型与参数
	GB/T 9124—2010	钢制管法兰 技术条件
中石化标准	SH/T 3406—2013	石油化工钢制管法兰
	SH/T 3408—2012	石油化工钢制对焊管件
	SH/T 3410—2012	石油化工锻钢制承插焊和螺纹管件
化工标准	HG/T 20592~20635—2009	钢制管法兰、垫片、紧固件
中石油标准	SY/T 0510—2017	钢制对焊管件规范
	SY/T 5257—2012	油气输送用钢制感应加热弯管

续表 5-1

类别	标准号	描 述
电力标准	GD 87—1101	火电发电厂汽水管道零件及部件典型设计（2000 版）
	DL/T 515—2004	电站弯管
美国标准	ASME/ANSI B16.9	工厂制造的锻钢对焊管件
	ASME/ANSI B16.11	承插焊和螺纹锻造管件
	ASME/ANSI B16.28	钢制对焊小半径弯头和回头弯
	ASME B16.5	管法兰和法兰配件
	MSS SP-43	锻制不锈钢对焊管件
	MSS SP-83	承插焊和螺纹活接头
	MSS SP-97	承插焊、螺纹和对焊端的整体加强式管座
日本标准	JIS B2311	通用钢制对焊管件
	JIS B2312	钢制对焊管件
	JIS B2313	钢板制对焊管件
	JIS B2316	钢制承插焊管件

第二节 阀 门

一、阀门的分类

根据启闭阀门的作用不同，阀门的分类方法很多，这里介绍下列几种。

（一）按作用和用途分类

（1）截断阀：截断阀又称闭路阀，其作用是接通或截断管路中的介质。截断阀类包括闸阀、截止阀、旋塞阀、球阀、蝶阀和隔膜等。

（2）止回阀：止回阀又称单向阀或逆止阀，其作用是防止管路中的介质倒流。清水泵吸水开关的底阀也属于止回阀类。

（3）安全阀：安全阀类的作用是防止管路或装置中的介质压力超过规定数值，从而达到安全保护的目的。

（4）调节阀：调节阀类包括调节阀、节流阀和减压阀，其作用是调节介质的压力、流量等参数。

（5）分流阀：分流阀类包括各种分配阀和疏水阀等，其作用是分配、分离或混合管路中的介质。

（二）按公称压力分类

（1）真空阀：指工作压力低于标准大气压的阀门。

（2）低压阀：指公称压力 PN≤1.6MPa 的阀门。

（3）中压阀：指公称压力 PN 为 2.5~6.4MPa 的阀门。

（4）高压阀：指公称压力 PN 为 10~80MPa 的阀门。

（5）超高压阀：指公称压力 PN≥100MPa 的阀门。

（三）按工作温度分类

（1）超低温阀：用于介质工作温度 $t \leqslant -100℃$ 的阀门。

（2）低温阀：用于介质工作温度 t 为 $-100 \sim -40℃$ 的阀门。

（3）常温阀：用于介质工作温度 t 为 $-40 \sim 120℃$ 的阀门。

（4）中温阀：用于介质工作温度 t 为 $120 \sim 450℃$ 的阀门。

（5）高温阀：用于介质工作温度 $t \geqslant 450℃$ 的阀门。

（四）按驱动方式分类

（1）自动阀：指不需要外力驱动，而依靠介质自身的能量来动作的阀门，如安全阀、减压阀、疏水阀、止回阀、自动调节阀等。

（2）动力驱动阀：动力驱动阀可以利用各种动力源进行驱动。

电动阀：借助电力驱动的阀门。

气动阀：借助压缩空气驱动的阀门。

液动阀：借助油等液体压力驱动的阀门。

此外还有以上几种驱动方式的组合，如气-电动阀等。

（3）手动阀：手动阀借助手轮、手柄、杠杆、链轮，由人力来操纵阀门动作。当阀门启闭力矩较大时，可在手轮和阀杆之间设置齿轮或蜗轮减速器。必要时，也可以利用万向接头及传动轴进行远距离操作。

（五）按公称通径分类

（1）小通径阀门：公称通径 $DN \leqslant 40mm$ 的阀门。

（2）中通径阀门：公称通径 DN 为 $50 \sim 300mm$ 的阀门。

（3）大通径阀门：公称阀门 DN 为 $350 \sim 1200mm$ 的阀门。

（4）特大通径阀门：公称通径 $DN \geqslant 1400mm$ 的阀门。

（六）按结构特征分类

（1）截门阀：启闭件（阀瓣）由阀杆带动沿着阀座中心线做升降运动。

（2）旋塞阀：启闭件（闸阀）由阀杆带动垂直于阀座中心线做升降运动。

（3）旋塞阀：启闭件（锥塞或球）围绕自身中心线旋转。

（4）旋启阀：启闭件（阀瓣）围绕座外的轴旋转。

（5）蝶阀：启闭件（圆盘）围绕阀座内的固定轴旋转。

（6）滑阀：启闭件在垂直于通道的方向滑动。

二、常见阀门

（一）闸阀

闸阀是指关闭件（闸板）沿通路中心线的垂直方向移动的阀门，如图5-2所示。闸阀在管路中只能作全开和全关切断用，不能作调节和节流用。闸阀是使用范围很广的一种阀门，一般口径 $DN \geqslant 50mm$ 的切断装置都选用闸阀，有时口径很小的切断装置也选用闸阀。

闸板有两个密封面，最常用的模式闸板阀的两个密封面形成楔形。楔式闸阀的闸板可以做成一个整体，称为刚性闸板；也可以做成能产生微量变形的闸板，以改善其工艺性，弥补密封面角度在加工过程中产生的偏差，这种闸板称为弹性闸板。

闸阀的闸板随阀杆一起做直线运动的，称为升降杆闸阀（也称明杆闸阀）。通常在升降杆上有梯形螺纹，通过阀门顶端的螺母及阀体上的导槽，将旋转运动变为直线运动。

开启阀门时，当闸板提升高度等于阀门通径的1：1倍时，流体的通道完全畅通，但在运行时，此位置是无法监视的。实际使用时，是以阀杆的顶点作为标志，即开不动的位置，作为它的全开位置。为考虑温度变化时出现锁死现象，通常在开到顶点位置上后，再倒回 1/2～1 圈，作为全开阀门的位置。因此，阀门的全开位置按闸板的位置（即行程）来确定。

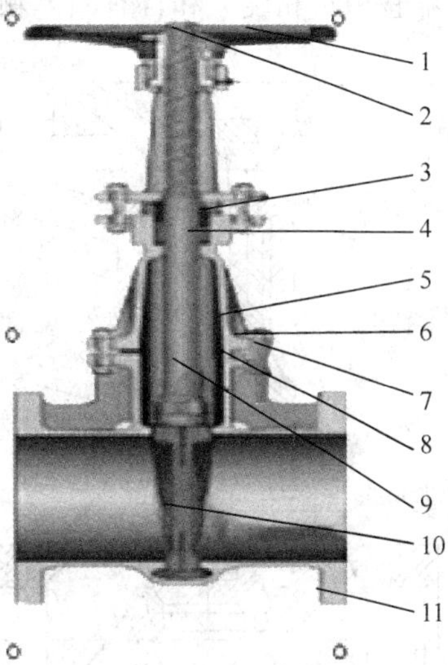

闸阀的优点如下：

（1）流体阻力小。因为闸阀阀体内部介质通道是直通的，介质流经闸阀时不改变其流动方向，所以流体阻力小。

（2）启闭力矩小，开闭较省力。闸阀启闭时闸板运动方向与介质流动方向相垂直，与截止阀相比，闸阀的启闭较省力。

（3）介质流动方向不受限制，不扰流、不降低压力，介质可从闸阀两侧任意方向流过。闸阀更适用于介质的流动方向可能改变的管路。

（4）结构长度较短。因为闸阀的闸板是垂直置于阀体内的，而截止阀阀瓣是水平置于阀体内的，因而结构长度比截止阀短。

（5）全开时，密封面受工作介质的冲蚀比截止阀小。

（6）体形比较简单，铸造工艺性较好，适用范围广。

闸阀的缺点如下：

（1）密封面易损伤。启闭时闸板与阀座相接触的两密封面之间有相对摩擦，易损伤，影响密封性能与使用寿命，维修比较困难。

（2）启闭时间长，高度大。闸阀启闭时须全开或全关，闸板行程大，开启需要一定的空间，外形尺寸高，安装所需空间较大。

（3）结构复杂。闸阀一般有两个密封面，给加工、研磨和维修增加了一些困难，零件较多，制造与维修较困难，成本比截止阀高。

（二）截止阀和节流阀

截止阀和节流阀都是向下闭合式阀门，启闭件（阀瓣）由阀杆带动，通过沿阀座轴线做升降运动来启闭阀门，如图 5-3 所示。截止阀与节流阀的结构基本相同，只是阀瓣的形状不同：截止阀的阀瓣为盘形，节流阀的阀瓣多为圆锥流线型，特别适用于节流，可以通过改变通道的截面面积调节介质的流量与压力。截止阀在管路中的主要作用是截断和接通流体，可用于水、蒸汽、压缩空气等管路，但不宜用于黏度大及有悬浮物的流体管路，流体的流动方向应该是从下到上通过阀座。节流阀可以较好地控制、调节流体的流量，或进行节流调压等，该阀制作精度要求较高，密封性较好，主要用于仪表、控制及取样等管路

图 5-2 闸阀

1—手轮；2—阀杆螺母；3—填料压盖；4—填料；5—阀盖；6—双头螺栓；7—螺母；8—垫片；9—阀杆；10—闸板；11—阀体

中，不宜用于黏度大和含有固体颗粒介质的管路中。

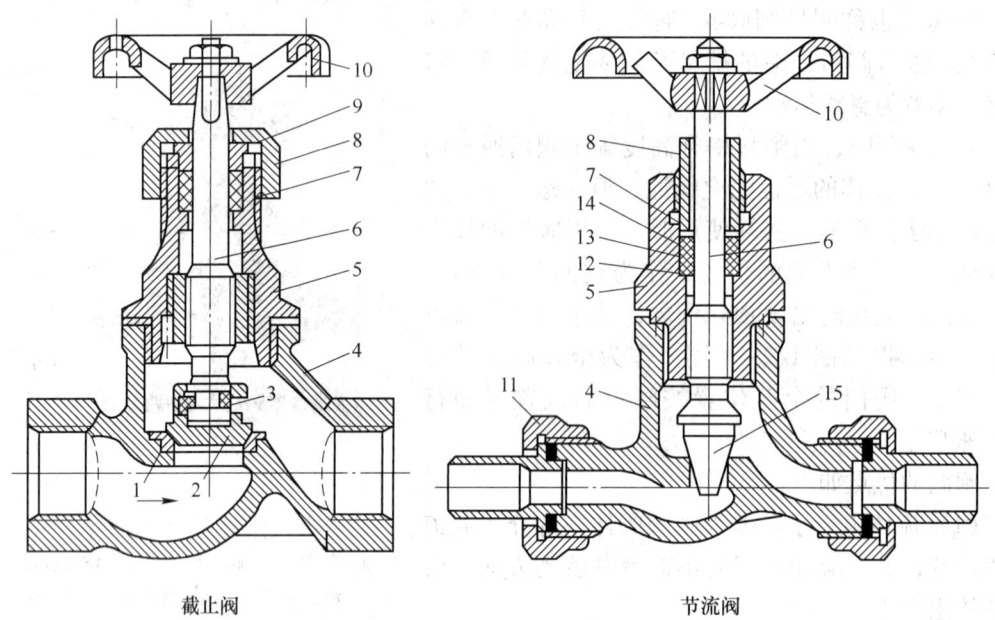

截止阀   节流阀

图 5-3 截止阀和节流阀

1—阀座；2—阀盘；3—铁丝圈；4—阀体；5—阀盖；6—阀杆；7—填料垫；8—填料压盖螺母；
9—填料压盖；10—手轮；11—活管接；12—填料座；13—中填料；14—上填料；15—阀芯

1. 阀体类型（图 5-4）

（1）直通形阀：流动阻力大，压力降大。

（2）角形阀：弯头处流动阻力小。

（3）直流阀：阀体与阀杆成 45°，流动阻力小，压降也小，便于检修和更换。

（4）针形阀：阀瓣为针形，阀杆通常用细螺纹，以取得微量调节。

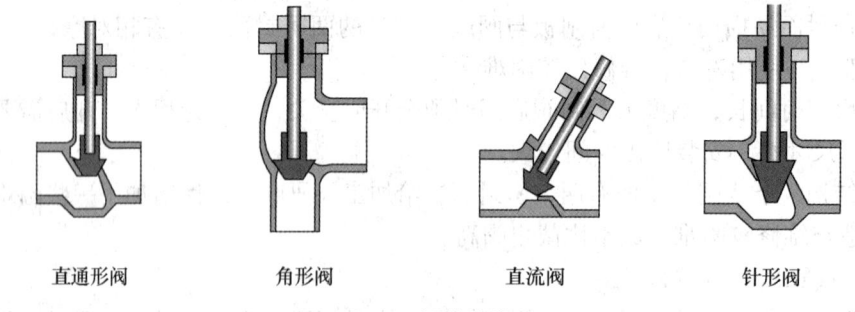

直通形阀   角形阀   直流阀   针形阀

图 5-4 阀体的类型

2. 阀瓣类型（图 5-5）

（1）截止阀阀瓣（平面阀瓣）：为截止阀主要形式的启闭件，接触面密合，没有摩擦，密封性能好，便于维修，不适合用于含有固体颗粒的介质。

（2）节流阀阀瓣：有针形、沟形和窗形 3 种形式。当阀瓣在不同高度时，阀瓣与阀座的环形道路面积相应变化，从而得到确定数值的压力或流量。

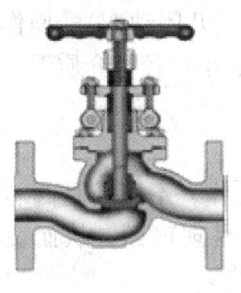
截止阀阀瓣

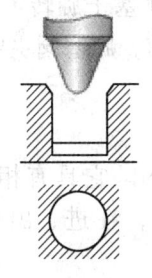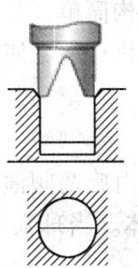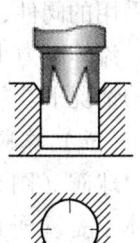
节流阀阀瓣（针形、沟形、窗形）

图 5-5　阀瓣类型

（三）蝶阀

蝶阀由阀体、手轮、阀杆和蝶板组成，如图 5-6 所示。它采用圆盘式启闭件，圆盘式阀瓣固定于阀杆上，阀杆转动 90° 即可完成启闭作用。同时在阀瓣开启角度为 20°～75° 时，流量与开启角度呈线性关系，有节流的特性。

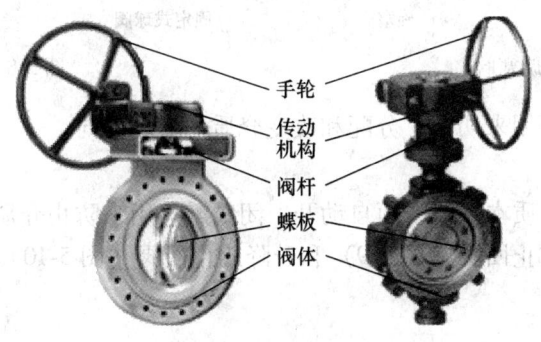

手轮
传动机构
阀杆
蝶板
阀体

图 5-6　蝶阀

阀杆只做旋转运动，蝶板和阀杆没有自锁能力。若在阀杆上附加有自锁能力的减速器，可使蝶板停在任意位置。

蝶阀的特点如下：

（1）结构简单、外形尺寸小、结构长度短、体积小、质量小，适用于大口径的阀门。

（2）全开时阀座通道有效流通面积较大，流体阻力较小。

（3）启闭方便迅速，调节性能好。

（4）启闭力矩较小，由于转轴两侧蝶板受介质作用基本相等，而产生转矩的方向相反，因而启闭较省力。

（5）密封面材料一般采用橡胶、塑料，故低压密封性能好。

（四）旋塞阀

旋塞阀（图 5-7）是利用阀体内插入一个中央穿孔的锥形旋塞来启闭管路或调节流量的，旋塞的开关常用手柄而不用手轮。

塞子呈圆锥台状，内有介质通道，截面为长方形，通道与塞子的轴线相垂直。旋塞阀的塞子和塞体是一个配合很好的圆锥体。

旋塞阀在管路中主要用于切断、分配和改变介质流动方向。旋塞阀是历史上最早被人们采用的阀件，由于结构简单，开闭迅速（塞子旋转1/4圈就能完成开闭动作），操作方便，流体阻力小，至今仍被广泛使用。目前，旋塞阀主要用于低压、小口径和介质温度不高的情况下。

（五）球阀

球阀（图5-8）是由旋塞阀演变而来的。它具有相同的启闭动作，不同的是阀芯旋转体不是塞子而是球体。当球旋转90°时，在进、出口处应全部呈现球面，从而截断流动。

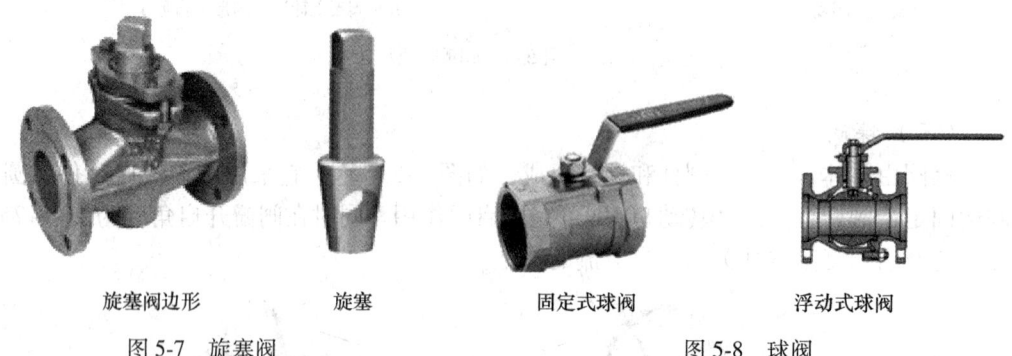

| 旋塞阀边形 | 旋塞 | 固定式球阀 | 浮动式球阀 |

图5-7　旋塞阀　　　　　　　　　　图5-8　球阀

球阀在管路中主要用来切断、分配和改变介质的流动方向。

（六）止回阀

止回阀是指依靠介质本身流动而自动开、闭阀瓣，用来防止介质倒流的阀门。从结构上来分，可分为旋启式止回阀（图5-9）和升降式止回阀（图5-10）。

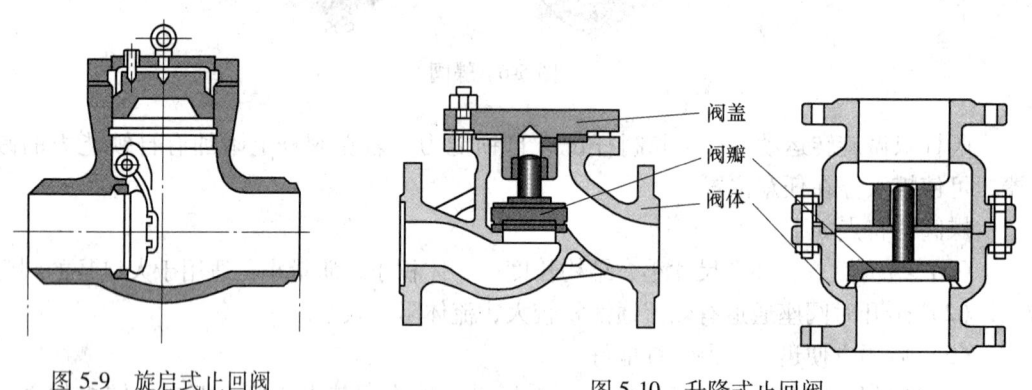

图5-9　旋启式止回阀　　　　　　　图5-10　升降式止回阀

旋启式止回阀的流动阻力小，密封性能不如升降式止回阀，适用于低流速和流动不常变动的场合，不宜用于脉动流。

升降式止回阀包括直通式升降止回阀和立式升降止回阀。

泵吸入口设置的底阀（图5-11）属于立式升降止回阀，可防止倒流，利于启泵。

升降式止回阀的阀体形状与截止阀一样（可与截止阀通用），因此它的流体阻力系数较大。

旋启式止回阀的阀瓣围绕阀座外的销轴旋转，应用较为普遍。

（七）安全阀

安全阀是一种安全保护用阀，它的启闭件在外力作用下处于常闭状态，当设备或管道内超压时，通过向系统外排放介质来防止管道或设备内介质压力超过规定数值。安全阀属于自动阀类，主要用于锅炉、压力容器和管道上，控制压力不超过规定值，对人身安全和设备运行起重要保护作用。

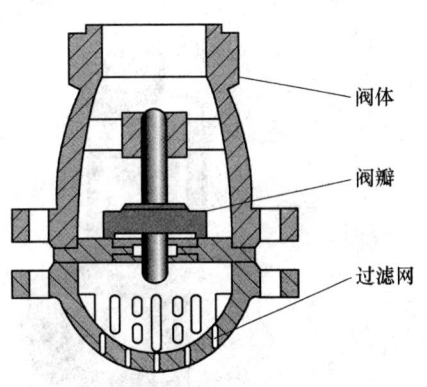

图 5-11 泵吸入口设置的底阀

按整体结构及加载机构的不同，安全阀可以分为重锤杠杆式、弹簧微启式和脉冲式 3 种。下面仅介绍前两种。

1. 重锤杠杆式安全阀

重锤杠杆式安全阀（图 5-12）利用重锤和杠杆来平衡作用在阀瓣上的力。根据杠杆原理，它可以使用质量较小的重锤通过杠杆的增大作用获得较大的作用力，并通过移动重锤的位置（或变换重锤的质量）来调整安全阀的开启压力。

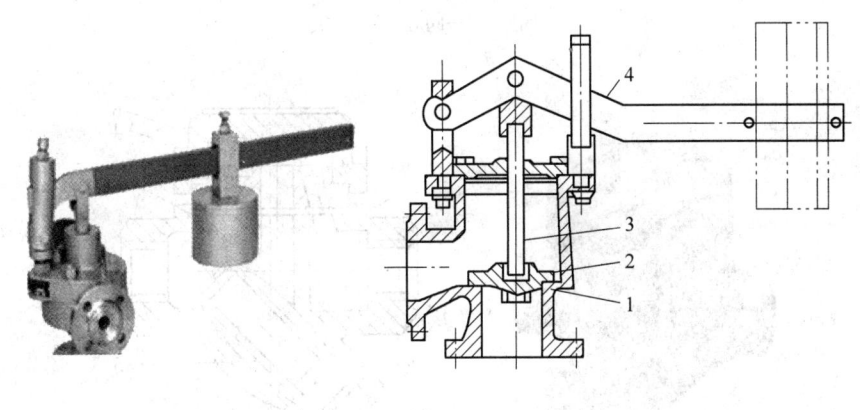

实物图　　　　　　　　结构图

图 5-12 重锤杠杆式安全阀
1—阀座；2—阀芯；3—阀杆；4—附有重锤的杠杆

2. 弹簧微启式安全阀

弹簧微启式安全阀（图 5-13）利用压缩弹簧的力来平衡作用在阀瓣上的力。螺旋圈形弹簧的压缩量可以通过转动它上面的调整螺母来调节，利用这种结构可以根据需要校正安全阀的开启（整定）压力。弹簧微启式安全阀结构轻便紧凑，灵敏度也比较高，安装位置不受限制，而且因为对振动的敏感性小，所以可用于移动式的压力容器上。

（八）疏水阀

疏水阀（图 5-14）又称冷凝水排除器，俗称疏水器，它的基本作用是将蒸汽系统中的冷凝水、空气和二氧化碳气体尽快排出，同时最大限度地自动防止蒸汽的泄漏。疏水阀的品种很多，各有不同的性能。

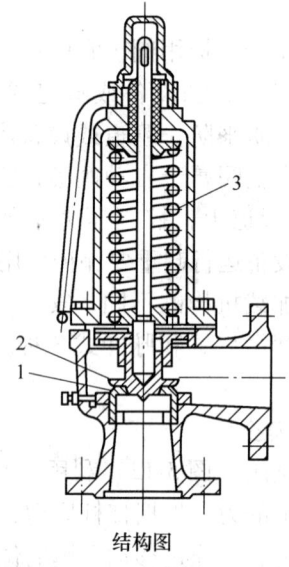

实物图   结构图

图 5-13   弹簧微启式安全阀
1—阀座；2—阀芯；3—弹簧

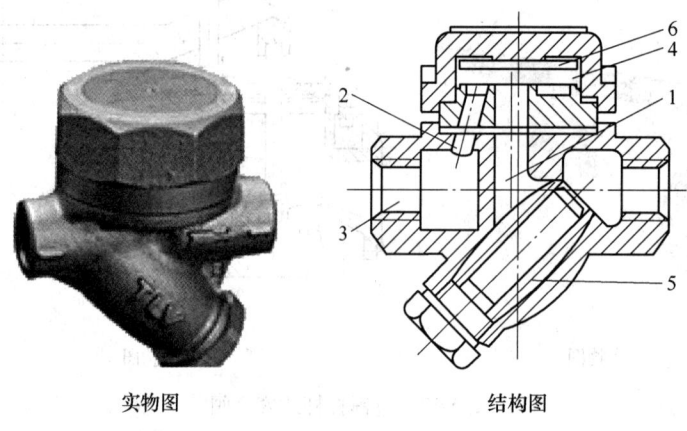

实物图   结构图

图 5-14   疏水阀
1—冷凝水入口；2—冷凝水出口；3—排出管；4—背压室；5—滤网；6—阀片

三、阀门的型号

阀门的型号是用来表示阀类、驱动及连接形式、密封圈材料和公称压力等要素的。

由于阀门种类繁杂，为了制造和使用方便，国家对阀门产品型号的编制方法做了统一规定。阀门产品的型号由 7 个单元组成，用来表明阀门的类型、传动方式、连接和结构形式、密封副材料、公称压力及阀体材料，如图 5-15 所示。

（一）类型代号

阀门的类型代号用大写字母表示，如表 5-2 所示。

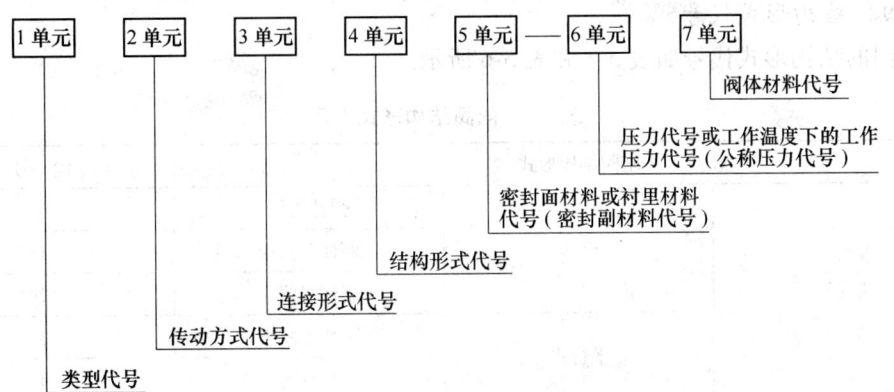

图 5-15 阀门的型号单元

表 5-2 阀门的类型代号

阀门类型	代 号	阀门类型	代 号	阀门类型	代 号
闸阀	Z	球阀	Q	疏水阀	S
截止阀	J	旋塞阀	X	安全阀	A
节流阀	L	液面指示器	M	减压阀	Y
隔膜阀	G	止回阀	H		
柱塞阀	U	蝶阀	D		

（二）传动方式代号

阀门的传动方式代号用阿拉伯数字表示（手柄手轮无代号），如表 5-3 所示。

表 5-3 阀门的传动方式代号

传动方式	代 号	传动方式	代 号
电磁阀	0	伞齿轮	5
电磁—液动	1	气动	6
电—液动	2	液动	7
蜗轮	3	气—液动	8
正齿轮	4	电动	9

（三）连接形式代号

阀门的连接形式代号用阿拉伯数字表示，如表 5-4 所示。

表 5-4 阀门的连接形式代号

连接形式	代 号	连接形式	代 号
内螺纹	1	对夹	7
外螺纹	2	卡箍	8
法兰	4	卡套	9
焊接	6		

（四）结构形式代号

阀门的结构形式代号如表5-5和表5-6所示。

表5-5　闸阀结构形式代号

闸阀结构形式			代　号
明杆	楔式	弹性闸板	0
		刚性单闸板	1
		刚性双闸板	2
	平行式	刚性单闸板	3
		刚性双闸板	4
暗杆楔式		刚性单闸板	5
		刚性双闸板	6

表5-6　蝶阀结构形式代号

蝶阀结构形式		代　号	蝶阀结构形式		代　号
密封型	单偏心	0	非密封型	单偏心	5
	中心垂直板	1		中心垂直板	6
	双偏心	2		双偏心	7
	三偏心	3		三偏心	8
	连杆机构	4		连杆机构	9

（五）密封副材料代号

阀门的密封副材料代号如表5-7所示。

表5-7　密封副材料代号

材料	巴氏合金	搪	渗氮钢	18-8系不锈钢	氟塑料	玻璃	Cr13不锈钢	衬胶	蒙乃尔合金	尼龙塑料	渗硼钢	衬铅	Mo2Ti不锈钢	塑料	铜合金	橡胶	硬质合金	阀体直接加工
代号	B	C	D	E	F	G	H	J	M	N	P	Q	R	S	T	X	Y	W

（六）公称压力代号

公称压力数值用阿拉伯数字直接表示，它是实际数值的10倍。

（七）阀体材料代号

阀体材料代号如表5-8所示。

表5-8　阀体材料代号

阀体材料	钛及钛合金	碳钢	Cr13系不锈钢	铬钼钢	可锻铸铁	铝合金	18-8系不锈钢	球墨铸铁	Mo2T系不锈钢	塑料	铜及铜合金	铬钼钒钢	灰铸铁
代号	A	C	H	I	K	L	P	Q	R	S	T	V	Z

另举例如下：

（1）阀门代号：Z45T-10。该代号中，Z 代表阀门类型为闸阀；4 代表连接形式为法兰；5 代表结构形式为暗杆楔式刚性单闸板；T 代表密封副材料为铜合金；10 代表公称压力为 1.0MPa。

（2）阀门代号：D341X-16Q。该代号中，D 代表阀门类型为蝶阀；3 代表阀门传动方式为蜗轮；4 代表阀门连接形式为法兰；1 代表阀门结构形式为密封型中心垂直板；X 代表阀座密封副材料为橡胶；16 代表公称压力数值为 1.6MPa；Q 代表阀体材料为球墨铸铁。

四、阀门的安装要领

（1）阀门应集中于管架外部，必要时设计操作平台。

（2）操作阀门的适宜位置在 1200mm 上下，管道或设备上的阀门不得在人的头部高度范围内设置，以免使头部受到伤害。

（3）较大的阀门附近应设置支架，避免阀门连接法兰受力。

（4）大型阀门的安装须利用吊车或吊柱。

（5）高处安装的阀门手轮不宜向下，以免阀门泄漏造成事故。

（6）水平管道上安装的阀门，手轮方向要求垂直向上、水平等。

（7）安装在低处的阀门若操作不频繁者可以接延伸杆。

（8）事故处理阀门的安装位置应尽量设置在安全地带。

（9）阀门应尽量靠近主管或设备安装。

五、阀门布置的基本原则

（1）阀门应设在容易接近、便于操作与维修的地方。成排管道（如进出装置的管道）上的阀门应集中布置，并考虑设置操作平台及梯子。平行布置管道上的阀门，其中心线应尽量取齐。手轮间的净距不应小于 100mm，为了减少管道间距，可把阀门错开布置。

（2）隔断设备用的阀门，在条件允许时宜与设备管口直接相接，或尽量靠近设备。这样在系统水压试验时可试验较多的管道，检修时也可拆下（或隔开）设备而不影响系统。

（3）事故处理阀如消防水用阀、消防蒸汽用阀等应分散布置，且要考虑到事故时的安全操作。这类阀门要布置在控制室后、安全墙后、厂房门外或与事故发生处有一定安全距离的地带，以使发生火灾事故时，操作人员可以安全操作。

（4）塔、反应器、立式容器等设备底部管道上的阀门，不得布置在裙座内。

（5）从干管上引出的支管，一般要靠近根部且水平管段上设切断阀。

（6）升降式止回阀应装在水平管道上，立式升降止回阀可装在管内介质自下而上流动的垂直管道上。旋启式止回阀优先安装在水平管道上，也可装在管内介质自下而上流动的垂直管道上；底阀应装在离心泵吸入管的立管端。

（7）布置在操作平台周围的阀门的手轮中心距操作平台边缘不宜大于 450mm，当阀杆和手轮伸入平台上方且高度小于 2m 时，应使其不影响操作人员的操作和通行。

第三节　管道的连接、热补偿与设计原则

一、管路的连接

管路的连接包括管子、各种管件、阀门及设备接口等之间的连接。目前普遍采用的有承插式连接、螺纹连接、法兰连接及焊接连接。

（一）承插式连接

在化工管道中，用作输水的铸铁管多采用承插连接。承插连接适用于铸铁管、陶瓷管、塑料管、水泥管等。它主要应用在压力不大的管路中。

承插连接时，插口和承口接头处留有一定的轴向间隙，在间隙里填充密封填料。对于铸铁管，先填 2/3 深度的油麻绳，然后填一定深度石棉水泥（石棉 30%，水泥 70%），在重要场合不填石棉水泥，而是灌铅；最后一层为沥青防腐层。陶瓷管在填塞油麻绳后，再填水泥砂浆即可，它一般应用于水管。

（二）螺纹连接

螺纹连接也称丝扣连接，只适用于公称直径不超过 65mm、工作压力不超过 1MPa、介质温度不超过 373K 的热水管路，以及公称直径不超过 100mm、公称压力不超过 0.98MPa 的给水管路；也可用于公称直径不超过 50mm、工作压力不超过 0.196MPa 的饱和蒸汽管路。此外，只有在连接螺纹的阀件和设备时，才能采用螺纹连接。

螺纹连接时，在螺纹之间常加麻丝、石棉线、铅油等填料。现一般采用聚四氟乙烯作为填料，密封效果较好。

（三）法兰连接

法兰连接就是把两个管道、管件或器材，先各自固定在一个法兰盘上，两个法兰盘之间加上法兰垫，用螺栓连接在一起完成连接。有的管件和器材已经自带法兰盘，也是属于法兰连接。这种连接主要用于铸铁管、衬胶管、非铁金属管和法兰阀门等的连接，工艺设备与法兰的连接也都采用法兰连接。

法兰连接的主要特点是拆卸方便、强度高、密封性能好。安装法兰时要求两个法兰保持平行，法兰的密封面不能碰伤，并且要清理干净。法兰连接是管道施工的重要连接方式。法兰连接使用方便，能够承受较大的压力。

法兰连接时，两法兰间需放置垫圈起密封作用。根据压力的不同等级，法兰垫也有不同材料，如石棉板、橡胶、软金属（铜、铝、不锈钢）等，应随介质的温度、压强而定。

（四）焊接连接

焊接是管路连接的主要形式，一般采用气焊、手工电弧焊、手工氩弧焊、埋弧自动焊、埋弧半自动焊、接触焊和气压焊等。在施工现场焊接碳钢管路时，常采用气焊或手工电弧焊。电焊的焊缝强度比气焊的焊缝强度高，并且比气焊经济，因此，应优先采用电焊连接。只有公称直径小于 80mm，壁厚小于 4mm 的管路才用气焊连接。

对经常拆除的管路和对焊缝有腐蚀性的物料管路，以及在不允许动火的车间中安装管路时，不得使用焊接。

二、管路的热补偿

管路两端固定，当温度变化较大时，就会受到拉伸或压缩，严重时可使管子弯曲、断裂或接头松脱。因此，承受温度变化较大的管路，要采用热膨胀补偿器。一般温度变化在32℃以上便要考虑热补偿，但管路转弯处有自动补偿的能力，只要两固定点间两臂的长度足够，便可不使用补偿器。化工厂中常用的补偿器有凸面式补偿器和回折管补偿器。

（一）凸面式补偿器

凸面式补偿器可以用钢、铜、铝等韧性金属薄板制成。管路伸缩时，凸出部分发生变形而进行补偿。此种补偿器只适用于低压的气体管路（由真空到表压为196kPa）。

（二）回折管补偿器

回折管补偿器制造简便，补偿能力大，在化工厂中应用最广。回折管可以是外表光滑的，也可以是有褶皱的。前者用于直径小于250mm的管路，后者用于直径大于250mm的管路。回折管和管路间可以用法兰或焊接连接。

三、管路布置的基本原则

（1）管道布置的净空高度、通道宽度、基础标高应符合HG 20546.2—1992《化工装置设备布置设计工程规定》。

（2）应按国家现行标准中许用最大支架间距的规定进行管道布置设计。

（3）管道尽可能架空敷设，如有必要，也可埋地或管沟敷设。

（4）管道布置应考虑操作、安装及维护方便，不影响起重机的运行。在建筑物安装孔的区域不应布置管道。

（5）管道布置设计应考虑便于做支吊架的设计，使管道尽量靠近已有建筑物或构筑物，但应避免使柔性大的构件承受较大的荷载。

（6）在有条件的地方，管道应集中成排布置。裸管的管底与管托底面取齐，以便设计支架。

（7）无绝热层的管道不用管托或支座。大口径薄壁裸管及有绝热层的管道应采用管托或支座支承。

（8）在跨越通道或转动设备上方的输送腐蚀性介质的管道上，不应设置法兰或螺纹连接等可能产生泄漏的连接点。

（9）管道穿过隔离剧毒或易爆介质的建筑物隔离墙时应加套管，套管内的空隙应采用非金属柔性材料充填。管道上的焊缝不应在套管内，并距套管端口不小于100mm。管道穿过屋面处，应有防雨措施。

（10）消防水和冷却水总管及下水管一般为埋地敷设，管外表面应按有关规定采取防腐措施。

（11）埋地管道应考虑车辆荷载的影响，管顶与路面的距离不小于0.6m，并应在冻土深度以下。

（12）对于有"无袋形""带有坡度""带液封"等要求的管道，应严格按PID流程图的要求进行配管。

（13）从水平的气体主管上引接支管时，应从主管的顶部接出。

 **练习题**

1. 什么是公称直径?
2. 常用的管件有哪些,它们分别有什么作用?
3. 常见的阀门有哪些?
4. 化工管路常用的连接方式有哪些?

第六章　流体输送机械

用于流体输送的一类通用机械，其功能在于将电动机或其他原动机的能量传递给被输送的流体，以提高流体的能位（即单位流体所具有的机械能）。流过的单位流体得到的能量大小是流体输送机械的重要性能。用扬程或压头来表示液体输送机械使单位质量液体所获得的机械能；用风压来表示气体输送机械使单位体积气体所获得的机械能。气、液两类输送机械的原理相似，但由于气体密度小，且有可压缩性，故两者在结构上有所不同。

液体输送机械通称泵。在化工生产中，被输送的液体的性质各不相同，所需的流量和压头也相差悬殊。为满足多种输送任务的要求，泵的形式繁多。根据泵的工作原理划分为：（1）动力式泵，又称叶片式泵，包括离心泵、轴流泵和旋涡泵等，由这类泵产生的压头随输送流量而变化；（2）容积式泵，包括往复泵、齿轮泵和螺杆泵等，由这类泵产生的压头几乎与输送流量无关；（3）流体作用泵，包括以高速射流为动力的喷射泵、以高压气体（通常为压缩空气）为动力的酸蛋（因最初用来输送酸的容器，且呈蛋形而得名）和空气升液器。

下面将重点讨论流体输送机械的操作原理、基本构造、性能特点和选用原则。

第一节　离　心　泵

一、离心泵的操作原理、主要部件与类型

（一）操作原理

最常用的液体输送机械是离心泵。图 6-1 所示为离心泵的装置图。其基本部件是旋转的叶轮和固定的泵壳。叶轮与泵轴相连，叶轮上有若干弯曲的叶片。泵轴由外界的动力带动时，叶轮便在泵壳内旋转。液体由吸入口沿轴向垂直地进入叶轮中央，在叶片之间通过而进入泵壳，最后从泵的排出口排出。

开动前泵内要先灌满所输送的液体；开动后，叶轮旋转，产生离心力，液体因而从叶轮中心被抛向叶轮外周，压力增高，并以很高的速度流入泵壳，在壳内减速，使大部分动能转换为压力能，然后从排出口进入排出管路。

叶轮内的液体被抛出后，叶轮中心处形成真空。泵的吸入管路一端与叶轮中心处相通，另一端则浸没在输送的液体内，在液面压力（常为大气压）与泵内压力（负压）的压差作用下，液体便经吸入管

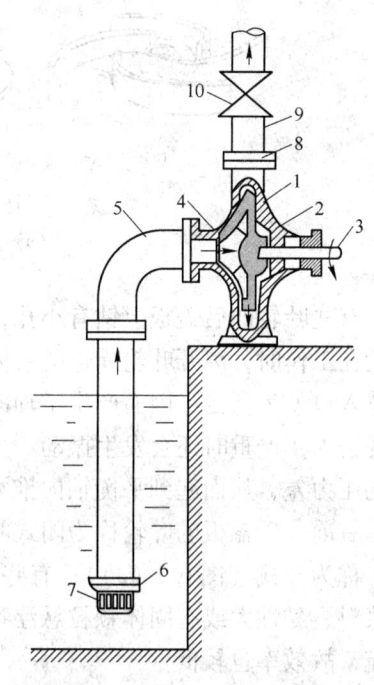

图 6-1　离心泵装置简图
1—叶轮；2—泵壳；3—泵轴；4—吸入口；
5—吸入管；6—底阀；7—滤阀；
8—排出口；9—排出管；10—调节阀

路进入泵内，填补了被排出液体的位置。只要叶轮不停地转动，离心泵便不断地吸入和排出液体。由此可见离心泵之所以能输送液体，主要是因为高速旋转的叶轮所产生的离心力，故名离心泵。

离心泵开动时如果泵壳内和吸入管路内没有充满液体，便没有抽吸液体的能力，这是因为空气的密度比液体小得多，叶轮旋转所产生的离心力不足以造成吸上液体所需的真空度。像这种因泵壳内存在气体而导致吸不上液体的现象，称为气缚。为了使启动前泵内充满液体，在吸入管道底部装有止逆阀。

离心泵的出口管路上也装有阀门，用于调节泵的流量。

（二）主要部件与构造

离心泵最基本的部件为叶轮与泵壳，如图 6-2 所示。

叶轮是离心泵的心脏部件。普通离心泵的叶轮如图 6-3 所示，它分为闭式、开式与半开式 3 种。图 6-3（c）为闭式，前后两侧有盖板，2~6 片弯曲的叶片装在盖板内，构成与叶片数相等的液体通道。液体从叶轮中央进入后，经过这些通道流向叶轮的周边。

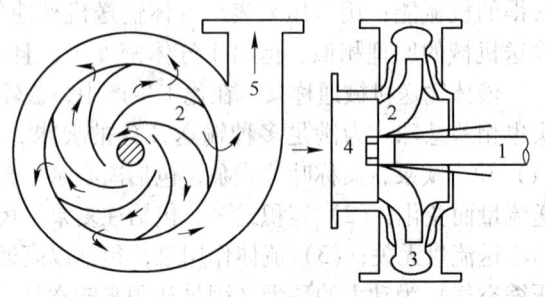

图 6-2　叶轮与泵壳

1—泵轴；2—叶轮；3—泵壳；4—吸入口；5—排出口

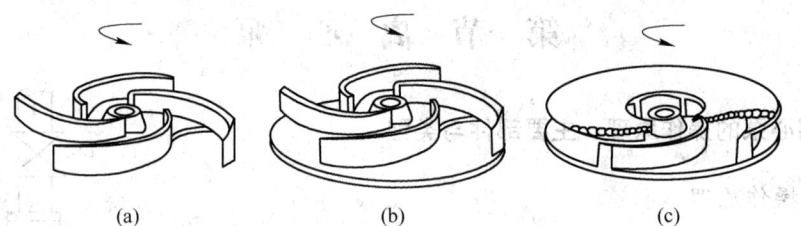

(a)　　　　　　　(b)　　　　　　　(c)

图 6-3　普通离心泵的叶轮

(a) 开式；(b) 半开式；(c) 闭式

有些叶轮的后盖板上钻有小孔，以把后盖板前后的空间连通起来，称为平衡孔。因为叶轮在工作时，离开叶轮周边的液体压力已增大，有一部分会渗到叶轮后侧，而叶轮前侧液体入口处为低压，因而产生了轴向推力，将叶轮推向泵入口一侧，引起叶轮与泵壳接触处的磨损，严重时还会发生振动。平衡孔能使一部分高压液体泄漏到低压区，减轻叶轮两侧的压力差，从而起到平衡轴向推力的作用，但也会降低泵的效率。

有前、后盖板的叶轮称为闭式叶轮。有些离心泵的叶轮没有前、后盖板，轮叶完全外露，称为开式（图 6-3（a））；有些只有后盖板，称为半开式（图 6-3（b））。它们用于输送浆料、黏性大或有固体颗粒悬浮物的液体时，不易堵塞，但液体在叶片间运动时易发生倒流，故效率也较低。

泵壳就是泵体的外壳，它包围旋转的叶轮，并设有与叶轮垂直的液体入口和切线出口。泵壳在叶轮四周形成一个截面面积逐步扩大的蜗牛壳形通道，故常称为蜗壳。叶轮在壳内旋转的方向是顺着蜗壳形通道内逐渐扩大的方向（即按叶轮旋转的方向来说叶片是向

后弯的），越接近出口，壳内所接受的液体量越大，所以通道的截面面积必须逐渐增大。更为重要的是，以高速从叶轮四周抛出的液体在通道内逐渐降低速度，使一大部分动能转变为静压能，既提高了流体的出口压力，又减少了液体因流速过大而引起的泵体内部的能量损耗。所以，泵壳既作为泵的外壳汇集液体，它本身又是个能量转换装置。

有些泵壳内在叶轮外周还装有一个固定的带叶片的环，称为导轮（图6-4）。导轮上的叶片（导叶）的弯曲方向与叶片上的弯曲方向相反，其弯曲角度正好与液体从叶轮流出的方向相适应，引导液体在泵壳的通道内平缓地改变流动方向，使能量损耗减小，由动压头转变为静压头的效率提高。

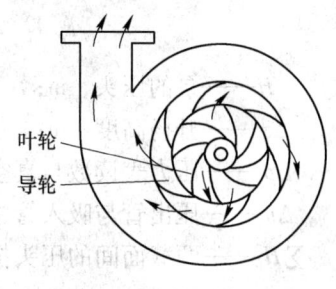

图6-4 导轮

当离心泵只有一个吸入口和一个叶轮时，称为单级单吸式离心泵，用于出口压力不需很大的情况。若所要求的压头高，可采用多级泵。多级泵的轴上所装叶轮不止一个，液体从几个叶轮多次接受能量，故可达到较高的压头。离心泵的级数就是它的叶轮数。多级泵壳内，每个叶轮的外周都有导轮，引导液体改变方向（单级泵一般不设导轮）。我国生产的多级泵一般为2~9级，最多可达12级。

若输送的液体量大，则采用双吸泵。双吸泵的叶轮有两个吸入口，好像两个没有前盖板的叶轮背靠背地并在一起，其轴向推力可得到完全平衡。由于叶轮的厚度与直径之比成倍地加大，又有两个吸入口，故可用于输送量很大的情况。

二、离心泵的主要性能参数

（一）流量 $Q(\mathrm{m^3/h}$ 或 $\mathrm{m^3/s})$

离心泵的流量即为离心泵的送液能力，是指单位时间内泵所输送的液体体积。

泵的流量取决于泵的结构尺寸（主要为叶轮的直径与叶片的宽度）和转速等。操作时，泵实际所能输送的液体量还与管路阻力及所需压力有关。

（二）扬程 $H(\mathrm{m})$

离心泵的扬程又称为泵的压头，是指单体质量流体经泵所获得的能量。泵的压头大小取决于泵的结构（如叶轮直径的大小、叶片的弯曲情况等）。目前对泵的压头尚不能从理论上做出精确的计算，一般用实验方法测定。

泵的压头可用实验测定，即在泵进口处装一真空表，出口处装一压力表，若不计两表截面上的动能差（即 $\Delta u^2/2g = 0$），不计两表截面间的能量损失（即 $\sum H_\mathrm{f} = 0$），则泵的压头可用下式计算：

$$H = h_0 + \frac{p_2 - p_1}{\rho g}$$

式中　　p_2——泵出口处压力表的读数，Pa；

　　　　p_1——泵进口处真空表的读数（负表压值），Pa；

　　　　h_0——真空表和压力表之间的垂直距离；

　　　　ρ——液体的密度，kg/m³；

　　　　g——重力加速度，m/s²。

注意区分离心泵的压头和升扬高度两个不同的概念。

压头是指单位质量流体经泵后获得的能量。在一管路系统中两截面间（包括泵）列出伯努利方程式并整理可得：

$$H = \Delta z + \frac{\Delta p}{\rho g} + \frac{\Delta u^2}{2g} + \sum H_f$$

式中　H——泵的压头，m；

　　　Δz——升扬高度，m；

　　　Δp——压力表读数与真空表读数的差值，Pa；

　　　Δu——压出管与吸入管中液体流速的差值，m/s；

　　　$\sum H_f$——两截面间的压头损失，m。

例6-1　现测定一台离心泵的扬程。工质为20℃清水，测得流量为60m³/h时，泵进口真空表读数为-0.02MPa，出口压力表读数为0.47MPa（表压），已知两表间垂直距离为0.45m，若泵的吸入管与压出管管径相同，试计算该泵的压头。

解　由式

$$H = h_0 + \frac{p_2 - p_1}{\rho g}$$

查20℃，$\rho_{H_2O} = 998.2 kg/m^3$，$h_0 = 0.45m$，$p_2 = 0.47MPa = 4.7 \times 10^5 Pa$，$p_1 = -0.02MPa = -2 \times 10^4 Pa$，故

$$H = 0.45 + \frac{4.7 \times 10^5 - (-2 \times 10^4)}{998.2 \times 9.81} \approx 50.5(m)$$

即该泵的压头为50.5m。

（三）效率 h

离心泵在输送液体过程中对液体做功是通过泵轴转动带动叶轮转动，由叶轮施加给液体实现的，而泵轴转动所需的能量由电动机提供。由于各种能量损失存在，电动机提供给泵轴的能量不能全部被所输送的液体获得，通常用效率 h 来反映能量损失的大小。换句话说，用效率来反映液体实际所接受的能量占电动机所提供的能量的比例。离心泵的能量损失包括下述3项：

（1）容积损失。容积损失是由于泵的泄漏造成的。离心泵在运转过程中，有一部分获得能量的高压液体，通过叶轮与泵壳之间的间隙流回吸入口。容积损失主要与泵的结构及液体在进出口处的压强差有关。

（2）机械损失。由泵轴与轴承之间、泵轴与填料函之间及叶轮盖板外表面与液体之间产生摩擦而引起的能量损失称为机械损失。

（3）水力损失。水力损失是由于流体流过叶轮、泵壳时，流速大小和方向要改变，且发生冲击，而产生的能量损失。

离心泵的效率与其类型、尺寸、制造精密程度、液体的流量和性质等有关。一般小型离心泵的效率为50%~70%，大型离心泵可高达90%。

（四）有效功率 N_e 和轴功率 N

泵的有效功率可写成

$$N_e = QH\rho g$$

式中 N_e——泵的有效功率，W；

Q——泵的流量，m^3/s。

由于有容积损失、机械损失与水力损失，所以泵的轴功率 N 要大于液体实际得到的有效功率，即

$$N = \frac{N_e}{\eta}$$

泵在运转时可能发生超负荷，所配电动机的功率应比泵的轴功率大。在机电产品样本中所列出的泵的轴功率，除特殊说明以外，均指输送清水时的数值。

三、离心泵的特性曲线

压头、流量、功率和效率是离心泵的主要性能参数。这些参数之间的关系可通过实验测定。离心泵生产部门将其产品的基本性能参数用曲线表示出来，这些曲线称为离心泵的特性曲线，以供使用部门选泵和操作时参考。

（一）$H\text{-}Q$ 曲线

$H\text{-}Q$ 曲线表示泵的流量 Q 和压头 H 的关系，如图 6-5 所示。离心泵的压头在较大流量范围内是随流量增大而减小的。不同型号的离心泵，$H\text{-}Q$ 曲线的形状有所不同。例如，有的曲线较平坦，适用于压头变化不大而流量变化较大的场合；有的曲线较陡峭，适用于压头变化范围大而不允许流量变化太大的场合。

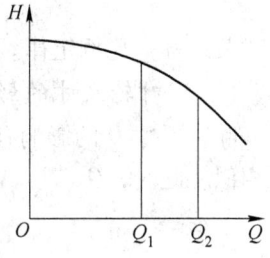

图 6-5 $H\text{-}Q$ 曲线

（二）$N\text{-}Q$ 曲线

$N\text{-}Q$ 曲线表示泵的流量 Q 和轴功率 N 的关系，N 随 Q 的增大而增大，如图 6-6 所示。显然，当 $Q=0$ 时，泵轴消耗的功率最小。因此，启动离心泵时，为了减小启动功率，应将出口阀关闭。

（三）$\eta\text{-}Q$ 曲线

$\eta\text{-}Q$ 曲线表示泵的流量 Q 和效率 η 的关系，开始 η 随 Q 的增大而增大，达到最大值后，又随 Q 的增大而减小，如图 6-7 所示。该曲线最大值相当于效率最高点。泵在该点所对应的压头和流量下操作，其效率最高，所以该点为离心泵的设计点。

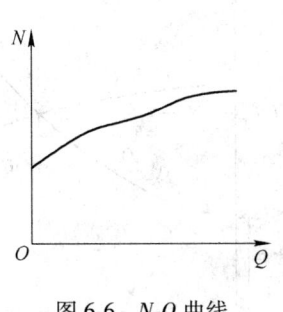

图 6-6 $N\text{-}Q$ 曲线

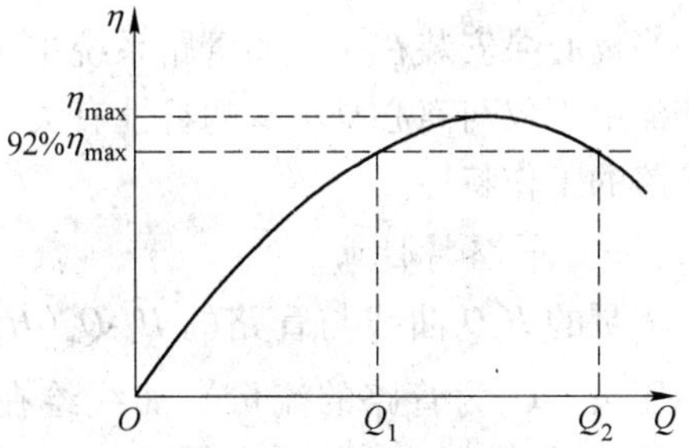

图 6-7 $\eta\text{-}Q$ 曲线

选泵时，总是希望泵在最高效率工作，因为在此条件下操作最为经济合理。但实际上泵往往不可能正好在该条件下运转，因此，一般只能规定一个工作范围，称为泵的高效率

区。高效率区的效率应不低于最高效率的92%左右。泵在铭牌上所标明的都是最高效率下的流量、压头和功率。离心泵产品目录和说明书上还常常注明最高效率区的流量、压头和功率的范围等。

四、影响离心泵特性的因素

（一）液体物理性质的影响

（1）黏度的影响。所输送的液体黏度越大，泵体内能量损失越多，结果泵的压头、流量都要减小，效率下降，而轴功率则要增大，所以特性曲线改变。

（2）密度的影响。离心泵的压头、流量与密度无关，但是，泵的轴功率与液体的密度成正比。

（二）转速的影响

当转速的变化小于±20%，效率可视为不变时，Q、H、N 随转速（n_1、n_2）的改变可近似用下列表示：

$$\frac{Q_1}{Q_2} = \frac{n_1}{n_2}, \quad \frac{H_1}{H_2} = \left(\frac{n_1}{n_2}\right)^2, \quad \frac{N_1}{N_2} = \left(\frac{n_1}{n_2}\right)^3$$

上述关系称为比例定律。

（三）叶轮尺寸的影响

叶轮尺寸 D 的影响有两种情况，第一种情况是叶轮直径和宽度等比例变化，即几何形状相似。此时，Q、H、N 随 D 的变化关系式为：

$$\frac{Q_1}{Q_2} = \left(\frac{D_1}{D_2}\right)^3, \quad \frac{H_1}{H_2} = \left(\frac{D_1}{D_2}\right)^2, \quad \frac{N_1}{N_2} = \left(\frac{D_1}{D_2}\right)^5$$

第二种情况是对叶轮直径进行切割使其变小，而叶轮宽度基本不变，若直径的减小幅度在20%以内，则 Q、H、N 与 D 的关系遵循：

$$\frac{Q_1}{Q_2} = \frac{D_1}{D_2}, \quad \frac{H_1}{H_2} = \left(\frac{D_1}{D_2}\right)^2, \quad \frac{N_1}{N_2} = \left(\frac{D_1}{D_2}\right)^3$$

这种关系称为切割定律。

五、离心泵的工作点与流量调节

当离心泵安装在一定的管路系统中工作时，其压头和流量不仅与离心泵本身的特性有关，而且还取决于管路的工作特性。

（一）管路特性曲线

将泵的 H-Q 曲线与管路的 H_e-Q_e（H_e 为管路所需的泵压头，Q_e 为管路的流量）曲线绘在同一坐标系中，两曲线的交点 M 称为泵的工作点，如图 6-8 所示。

说明：

（1）泵的工作点由泵的特性和管路的特性共同

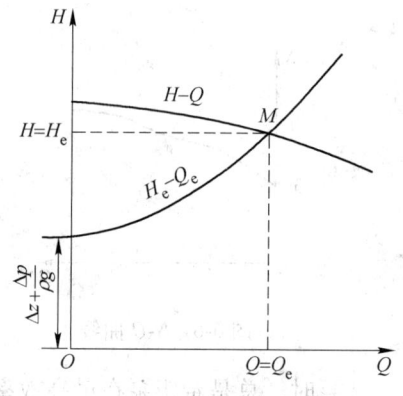

图 6-8　管路特性曲线

决定，可通过联立求解泵的特性方程和管路的特性方程得到。

（2）安装在管路中的泵，其输液量即为管路的流量；在该流量下泵提供的压头也就是管路所需要的外加压头。因此，泵的工作点对应的泵压头和流量既是泵提供的，也是管路需要的。

（3）工作点对应的各性能参数（Q，H，η，N）反映了一台泵的实际工作状态。

当离心泵安装在特定管路系统中工作时，液体要求泵供给的压头为

$$H = A + BQ^2$$

式中，$A = \Delta z + \dfrac{\Delta p}{\rho g}$，与管路中液体流量无关，在输液高度和压力不变的情况下为一常数：

$$B = \lambda \times \frac{8}{\pi^2 g} \times \frac{l + \sum l_e}{d^5}$$

由 $H = A + BQ^2$ 可知，在特定管路中输送液体时，所需压头 H 随液体流量 Q 的平方而变化。将此关系描绘在坐标图上，即得图6-8所示的 $H_e\text{-}Q_e$ 曲线，称为管路特性曲线。它表示在特定的管路中，压头随流量的变化关系。此线的形状与管路布置及操作条件有关，而与泵的性能无关。

（二）工作点

输送液体是靠泵和管路相互配合完成的。一台离心泵安装在一定的管路系统中工作，且阀门开度也一定时，就有一定的流量与压头。此流量与压头是离心泵特性曲线与管路特性曲线交点 M 处的流量与压头。此点称为离心泵在管路上的工作点。显然，该点所表示的流量 Q 与压头 H 既是管路系统所要求的，也是离心泵所能提供的。若该点所对应的效率是在最高效率区，则该工作点是适宜的。

（三）流量调节

泵在实际操作过程中，经常需要调节流量。从泵的工作点可知，调节流量实质上就是改变离心泵的特性曲线或管路特性曲线，从而改变泵的工作点。所以，离心泵的流量调节应从两方面考虑：其一是在排出管线上装适当的调节阀，改变阀门的开度，以改变管路特性曲线；其二是改变离心泵的转速或改变叶轮的外径，以改变泵的特性曲线。两者均可以改变泵的工作点，以调节流量。

1. 改变管路特性曲线

改变管路特性曲线最简单的方法是改变泵出口阀的开启程度，以改变管路中流体的阻力，从而达到调节流量的目的。如图6-9所示，当阀门关小时，管路局部阻力加大，管路特性曲线变陡，泵的工作点由 M 移到 M_1。流量由 Q_M 减小到 Q_{M1}；当阀门开大时，管路局部阻力减小，管路特性曲线变得平坦一些，工作点移到 M_2，流量加大到 Q_{M2}。

2. 改变泵的特性曲线

（1）改变泵的转数。改变离心泵的转数以调

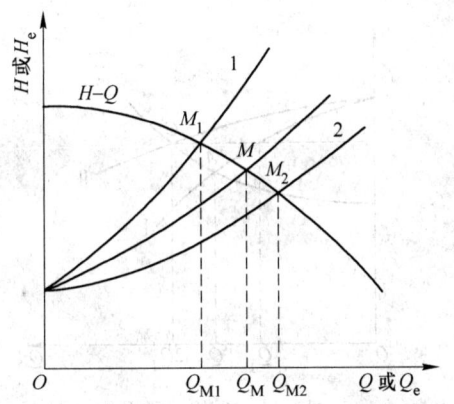

图6-9 改变阀门开度时的流量变化

节流量，实质上是维持管路特性曲线不变，而改变泵的特性（图6-10），泵原来的转速为 n，工作点为 M，要把泵的转速提高到 n_1，泵的特性曲线就上移到 n_1 位置，工作点由 M 移到 M_1，流量和压头都相应加大；若把泵的转速降到 n_2，泵的特性曲线就移到 n_2 位置，工作点由 M 移到 M_2，流量和压头都相应地减小。

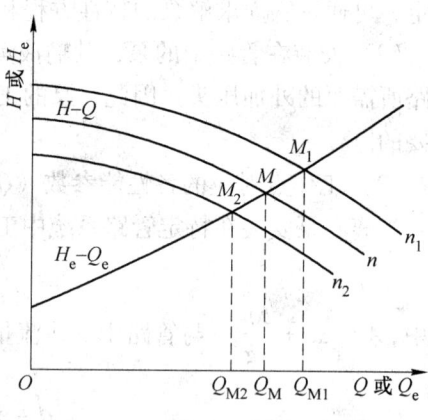

图 6-10　改变泵的转速时的流量变化

（2）车削叶轮的外径。车削叶轮的外径是离心泵调节流量的一种独特方法。在车床上将泵叶轮的外径车小，这时，叶轮直径、流量、压头和功率之间的关系可按切割定律计算。

（四）离心泵的并联操作与串联操作

在实际生产中，当单台离心泵不能满足输送任务时，可将两台或多台泵以并联或串联的方式组合起来进行操作。

1. 并联操作

当一台泵的流量不够时，可以用两台泵并联操作，以增大流量。一台泵的特性曲线如图6-11中的曲线 I 所示。两台相同的泵并联操作时，其联合特性曲线的作法是在每一个压头条件下，使一台泵操作时的特性曲线上的流量增大 1 倍，从而得出如图6-11 所示的特性曲线 II。但需要注意，对于同一管路，其并联操作时泵的流量不会增大 1 倍。因为两台泵并联后，流量增大，管路阻力也增大。原来单个泵的工作点为 A，并联后移至 C 点。显然，C 点的流量（$2Q_1$）不是 A 点流量（Q）的 2 倍，除非管路系统没有能量损失。

2. 串联操作

当生产上需要提高泵的压头时，可以考虑将泵串联使用。两台相同型号的泵串联工作时，每台泵的压头和流量也是相同的。因此，在同样的流量下，串联泵的压头为单台泵的两倍。将单台泵的特性曲线 I 的纵坐标加倍，横坐标保持不变，可求得两台泵串联后的联合特性曲线 II。由图6-12 可知，单个泵的工作点为 A，串联后移至 C 点。显然，C 点的压头（H_{II}）并不是 A 点压头（H_I）的 2 倍。

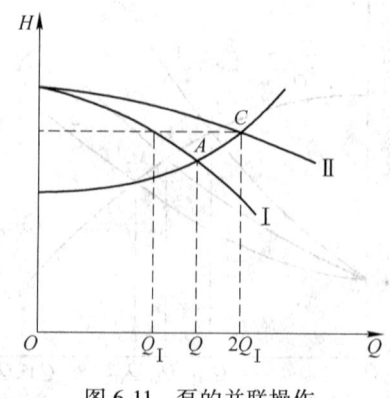

图 6-11　泵的并联操作

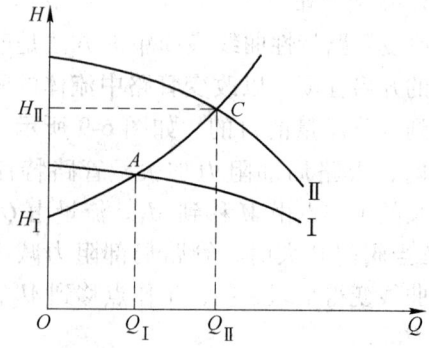

图 6-12　泵的串联操作

六、离心泵的汽蚀现象与安装高度

（一）汽蚀现象

如图 6-13 所示，在泵入口截面 0—0、出口截面 1—1 两截面间列伯努利方程：

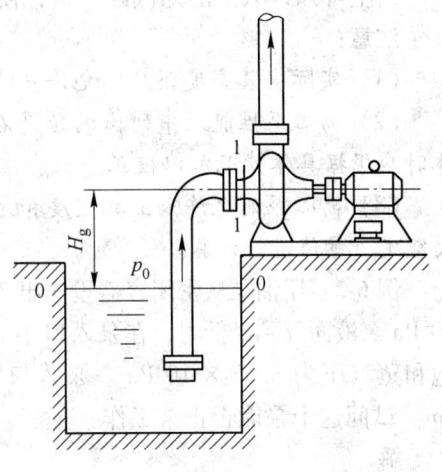

$$z_0 + \frac{p_0}{\rho g} + \frac{u_0^2}{2g} = z_1 + \frac{p_1}{\rho g} + \frac{u_1^2}{2g} + \sum H_f$$

$$z_1 - z_0 = H_g, \quad \frac{p_1}{\rho g} = \frac{p_0}{\rho g} - H_g - \frac{u_1^2}{2g} - \sum H_f, \quad u_0 = 0$$

p_0 一定，当 H_g 或吸入管路内液体流速与压头损失 $\sum H_f$ 增大时，p_1 越小即 H_g 增大，泵入口处的压力 p_1 越小（吸力越大）。当叶轮入口最低压力 p_1

图 6-13　离心泵的安装高度

降到液体在该处温度下的饱和蒸汽压 p_v 时，液体将有部分汽化，小气泡随液体流到叶轮内压力高于 p_v 的区域，小气泡便会突然破裂，其中的蒸汽会迅速凝结，周围的液体将以高速冲向刚消失的气泡中心，造成很高的局部冲击压力，冲击叶轮，发出噪声，引起振动，金属表面受到压力大、频率高的冲击而剥蚀，使叶轮表面呈现海绵状，这种现象称为汽蚀。开始汽蚀时，汽蚀区域小，对泵的正常工作没有明显影响，当汽蚀发展到一定程度时，气泡产生量较大，液体流动的连续性遭到破坏，泵的 Q、H、η 均明显下降，不能正常操作，为避免汽蚀发生，泵的安装高度不能太高。

（二）汽蚀余量

汽蚀余量 Δh 是指离心泵入口处，液体的静压头与动压头之和超过液体在操作温度下的饱和蒸汽压头 $p_v/\rho g$ 的某一最小指定值，即

$$\Delta h = \left(\frac{p_1}{\rho g} + \frac{u_1^2}{2g} \right) - \frac{p_v}{\rho g} \tag{6-1}$$

式中　Δh ——汽蚀余量，m；

$\qquad p_v$ ——操作温度下液体的饱和蒸汽压，N/m^2。

（三）允许安装高度

在储槽液面和吸入口间列伯努利方程，得

$$\frac{p_1}{\rho g} = \frac{p_0}{\rho g} - H_g - \frac{u_1^2}{2g} - \sum H_f \tag{6-2}$$

将式（6-1）和式（6-2）合并可导出汽蚀余量 Δh 与允许安装高度 H_g 之间关系为：

$$H_g = \frac{p_0}{\rho g} - \frac{p_v}{\rho g} - \Delta h - \sum H_f$$

式中　p_0——液面上方的压力，若为敞口液面，则 $p_0 = p_v$。

应当注意，泵性能表上的 Δh 值也是按输送 20℃ 水而规定的。当输送其他液体时，需进行校正。

由上可知，只要已知汽蚀余量，便可确定泵的安装高度。

注意：

（1）实际安装高度还应比允许安装高度低 0.5~1.0m。

（2）离心泵性能表中列出的值是在液面压力为 1atm，用 20℃水测得的，使用其他液体时应根据具体情况加以校正。

（3）离心泵的允许吸上真空度和允许汽蚀余量值是与其流量有关的，必须注意使用最大额定流量值进行计算。

例 6-2 用油泵从密闭容器里送出 30℃的丁烷。容器内丁烷液面上的绝对压力为 $3.45 \times 10^5 Pa$。液面降到最低时，在泵入口中心线以下 2.8m。丁烷在 30℃时的密度为 $580 kg/m^3$，饱和蒸汽压为 $3.05 \times 10^5 Pa$。泵入口管路的压头为 $1.5 m~H_2O$。所选用的泵汽蚀余量为 3m。试问这个泵能否正常工作？

解

$$H_g = \frac{p_0}{\rho g} - \frac{p_v}{\rho g} - \Delta h - \sum H_f$$

$$H_g = \frac{(3.45 - 3.05) \times 10^5}{580 \times 9.81} - 3 - 1.5 \approx 2.5 (m)$$

由于实际安装高度大于允许安装高度，因此不能保证整个输送过程中不产生汽蚀现象。为保证泵正常操作，应使泵入口线不高于最低液面 2.5m，即从原来的安装位置至少降低 0.3m；或提高容器内的压力。

七、离心泵的类型与选用

（一）离心泵的类型

离心泵的种类很多，常用的类型有清水泵、耐腐蚀泵、油泵和杂质泵。

1. 清水泵

凡是输送清水和物理性质与水相近、无腐蚀性且杂质很少的液体的泵都称为清水泵。其特点是结构简单，操作容易。

清水泵以前用 B 表示，称为 B 型离心泵，如 3B33A，3 表示泵吸入口直径为 3in（1in 约 2.54cm），B 表示单级悬臂式清压头，33 表示泵的压头，A 表示该型号泵的叶轮外径比基本型号小一级。

（1）现在用 D 表示：国产多级泵的系列代号，其叶轮级数一般为 2~9 级。图 6-14 为分段多级式离心泵。

图 6-14　分段多级式离心泵

分段多级式离心泵分为以下 4 部分：

第一部分：代表泵的吸入口径，用单位为毫米的阿拉伯数字表示，如 80、100 等。

第二部分：代表泵的基本结构、特征、用途及材料等。用汉语拼音字母的首字母表示，如 S 表示单级双吸式离心泵，D 表示分段多级式离心泵，F 表示耐腐蚀泵，Y 表示单级离心油泵，R 表示热水泵，等等。

第三部分：代表泵的压头及级数，用 mH_2O 为单位的阿拉伯数字表示。

第四部分：代表泵的变形产品，用大写的英文字母 A、B、C 这 3 个字母分别表示叶轮经第一次、第二次、第三次切割。

例如，250D-60×6 表示进出口公称直径为 250mm，单位压头为 60m H_2O，级数为 6 级的分段多级式离心泵。再如，100R-37A 表示进出口公称直径为 100mm，压头为 37m H_2O，叶轮经第一次切割的热水离心泵。

（2）IS 型单级单吸式离心泵系列是我国第一个以国际标准设计、研制的，适用于 $t \leqslant 80℃$、d 为 $40 \sim 200mm$、Q 为 $6.3 \sim 400m^3/h$、H 为 $5 \sim 125m$ 的情况，如图 6-15 所示。

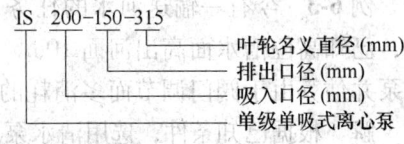

图 6-15 单级单吸式离心泵

IS 型单级单吸式离心泵分为以下 5 部分：

第一部分：代表泵的名称，用 IS 表示。

第二部分：代表泵的吸入口径，以 mm 为单位，用阿拉伯数字表示。

第三部分：代表泵的排出口径，以 mm 为单位，用阿拉伯数字表示。

第四部分：代表泵的叶轮名义直径，以 mm 为单位，用阿拉伯数字表示。

第五部分：代表泵的变形产品，用 A、B、C 这 3 个字母表示。

例如，IS65-50-160A 表示吸入口径为 65mm，排出口径为 50mm，叶轮名义直径为 160mm，叶轮经第一次切割的单级单吸式离心泵。

2. 耐腐蚀泵

耐腐蚀泵的主要特点是接触液体的部件用耐腐蚀材料制造，因而要求结构简单，零件容易更换，维修方便，密封可靠。用于耐腐蚀泵的材料有铸铁、高硅铁、各种合金钢、塑料、玻璃等。

耐腐蚀泵用于输送酸、碱、盐等腐蚀性液体。长期以来，工业生产上使用 F 单级单吸式离心泵，近年来已推出许多新产品。

3. 油泵

输送石油产品的泵称为油泵。石油产品的一个重要特点是易燃，因而对油泵的重要要求是密封性能必须高，以免易燃液体泄漏。采用填料函进行密封时，要从泵外边连续地向填料函的密封圈注入冷的封油，封油的压力稍高于填料函内侧的压力，以防泵内的油从填料函溢出。封油从密封圈的另一个孔引出。油泵也可按需要采用机械密封。过去一直使用 Y 型离心油泵，如 100Y-120×2，100 表示入口直径，120 表示单级的压头，2 表示叶轮的级数。但近年来已生产出石油化工流程泵系列产品，其结构形式多，规格全。例如，SJA 型单级悬臂式离心流程泵，输送介质温度为 $-196 \sim 450℃$。

4. 杂质泵

输送含有固体颗粒的悬浮液、浆液等的泵称为杂质泵，包括污水泵、砂泵、泥浆泵等。对这类泵的要求是不易堵塞、易拆卸、耐磨。

（二）离心泵的选用

选择离心泵的基本原则是以能满足液体输送的工艺要求为前提的。选择步骤如下：

（1）确定输送系统的流量与压头。流量一般为生产任务所规定，根据输送系统管路的安排，用伯努利方程计算管路所需的压头。

（2）选择泵的类型与型号。根据输送液体性质和操作条件确定泵的类型。按已确定的流量和压头从泵样本产品目录选出合适的型号。需要注意的是，如果没有适合的型号，则应选定泵的压头和流量都稍大的型号；如果同时有几个型号适合，则应列表比较选定。然后按所选定型号，进一步查出其详细的性能数据。

（3）校核泵的特性参数。如果输送液体的黏度和密度与水相差很大，则应核算泵的流量与压头及轴功率。

例 6-3　今有一输送河水的任务，要求将某处河水以 90m³/h 的流量输送到一高位槽中，已知高位槽水面高出河面 10m，管路系统的总压头损失为 7mH₂O。试选择一适当的离心泵并估算由于阀门调节而多消耗的轴功率。

解　根据已知条件，选用清水泵。今以河面 1—1 截面为基准面，2—2 截面为高位槽水面（图 6-16），列伯努利方程，则

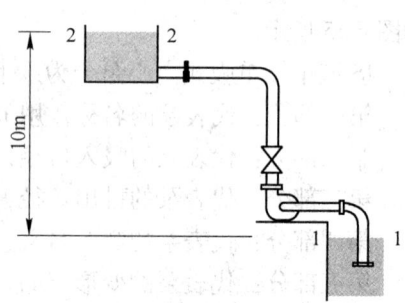

$$H = \Delta z + \frac{\Delta p}{pg} + \frac{\Delta u^2}{2g} + \sum H_f$$
$$= 10 + 0 + 0 + 7 = 17(\text{m})$$

根据已知流量 $Q = 90\text{m}^3/\text{h}$ 和 H 可选 4B20 型号的泵。查得该型号泵的性能为：流量为 90m³/h，压头为 20mH₂O，轴功率为 6.36kW，效率为 78%。

图 6-16　用清水泵输送河水

由于所选泵压头较高，操作时靠关小阀门调节，因此多消耗功率为：

$$\Delta N = \frac{Qpg\Delta H}{\eta}$$
$$= \frac{(90/3600) \times 1000 \times 9.81 \times (20 - 17)}{1000 \times 0.78} \approx 0.943(\text{kW})$$

八、离心泵常见故障现象、产生原因及处理方法

离心泵常见故障现象、产生原因及处理方法如表 6-1 所示。

表 6-1　离心泵常见故障现象、产生原因及处理方法

故障现象	产生原因	处理方法
无液体排出	1. 叶轮或进口阀被异物堵塞； 2. 吸液高度过大； 3. 吸入管路漏入空气； 4. 泵没有灌满液体； 5. 被输送液体温度过高； 6. 出口阀或进口阀因损坏而打不开	1. 清除异物； 2. 降低吸液高度； 3. 拧紧松动的螺栓或更换密封垫； 4. 停泵灌液； 5. 降低液体温度或降低安装高度； 6. 更换或修理阀门
流量不足	1. 叶轮反转； 2. 叶轮或进口阀被堵塞； 3. 叶轮腐蚀，磨损严重； 4. 入口密封环磨损过大； 5. 吸液高度过大； 6. 泵体或吸入管路漏入空气	1. 改变转向； 2. 清除堵塞物； 3. 更换或修理叶轮； 4. 更换入口密封环； 5. 降低吸液高度； 6. 紧固，改善密封

续表6-1

故障现象	产生原因	处理方法
运转声音异常	1. 异物进入泵壳； 2. 叶轮背帽脱落； 3. 叶轮与泵壳摩擦； 4. 滚动轴承损坏； 5. 填料压盖与泵轴或轴套摩擦	1. 清除异物； 2. 重新拧紧或更换叶轮背帽； 3. 调整泵盖密封垫厚度或调整轴承压盖垫片厚度 4. 更换滚动轴承； 5. 对称均匀地拧紧填料压盖
泵体振动	1. 联轴器找正不良； 2. 吸液部分有空气漏入； 3. 轴承间隙过大； 4. 泵轴弯曲； 5. 叶轮腐蚀、磨损后转子不平衡； 6. 液体温度过高； 7. 叶轮歪斜； 8. 地脚螺栓松动； 9. 电动机的振动传递到泵体上	1. 找正联轴器； 2. 紧固螺栓或更换密封垫； 3. 更换或调整轴承； 4. 校直泵轴； 5. 更换叶轮； 6. 降低液体温度； 7. 重新安装、调整； 8. 紧固螺栓； 9. 消除电动机振动
轴承过热	1. 中心线偏移； 2. 缺油或油中杂质过多； 3. 轴承损坏； 4. 泵体轴承孔磨损，轴承外环转动； 5. 轴承压盖压得过紧	1. 校正轴心线； 2. 清洗轴承，加油或换油； 3. 更换轴承； 4. 更换泵体或修复轴承孔； 5. 增加压盖垫片厚度
泵壳过热	1. 出口阀未打开； 2. 泵设计流量大，实用量太小； 3. 叶轮被异物堵塞	1. 打开出口阀； 2. 更换流量小的泵或增大用量； 3. 清除堵塞物
填料密封泄漏量过大	1. 填料没有装够应有的圈数； 2. 填料的装填方法不正确； 3. 使用填料的品种或规格不当； 4. 填料压盖没有压紧； 5. 存在"吃填料"现象	1. 加装填料； 2. 重新装填料； 3. 更换填料，重新安装； 4. 适当拧紧压盖螺母； 5. 减小径向间隙
机械密封泄漏量过大	1. 冷却水不足或堵塞； 2. 弹簧压力不足； 3. 密封面被划伤； 4. 密封元件材质选用不当	1. 清洗冷却水管，加大冷却水量； 2. 调整或更换； 3. 研磨密封面； 4. 更换耐蚀性较好的材质
密封垫泄漏	1. 紧固螺栓没有拧紧； 2. 密封垫断裂； 3. 密封面有径向划痕	1. 适当拧紧紧固螺栓； 2. 更换密封垫； 3. 修复密封面或予以更换
消耗功率过大	1. 填料压盖太紧，填料函发热； 2. 泵轴窜量过大，叶轮与入口密封环发生摩擦； 3. 中心线偏移； 4. 零件卡住	1. 调节填料压盖的松紧度； 2. 调整轴向窜量； 3. 找正轴心线； 4. 检查、处理

 知识拓展

离心泵的实训操作

一、开车前的准备工作

（1）打开"四项"（总电源、仪表电源、仪表开关、计算机）。

（2）检查原料水槽水位是否合适。

（3）均匀盘车，检查泵轴转动是否灵活。

（4）检查"3个是否"：

1）泵体、管路是否正常（是否有松动、漏液等现象）。

2）各仪表读数是否为零（若不为零，应归零）。

3）各阀门是否处于关闭状态（若没关闭，应关闭）。

二、离心泵的开车、停车步骤及数据记录

（一）2号离心泵操作

1. 2号离心泵正常开车步骤

（1）检查"3个是否"。

（2）打开2号泵进口阀（全开）。

（3）灌泵排气。

方法一：打开灌泵阀和灌泵排气阀，往灌泵漏斗内加水至 PC（polycarbonate，聚碳酸酯）管中没有气泡时，关闭灌泵排气阀和灌泵阀。

方法二：当流量调节阀以上有水时，先打开流量调节阀、2号泵出口阀、灌泵排气阀，再缓慢打开2号泵灌泵阀，直到 PC 管中没有气泡时，关闭灌泵排气阀和灌泵阀。

（4）启动2号离心泵（不能说"打开"或"开启"）。

（5）缓慢打开2号泵出口阀。

（6）缓慢打开压力表和真空表（指针缓慢前行）、憋压约30s（离心泵空转时间不超过3min）。

（7）打开流量调节阀，调节流量、记录数据并填写"数据记录表"（稳定约30s后再读取数据，读取数据时要平视）。

2. 2号离心泵正常停车步骤

（1）关闭2号泵出口阀和真空表。

（2）停止2号离心泵（不能说"关闭"）。

（3）关闭流量调节阀。

（4）压力归零（方法：开"三"关"四"）。

打开2号泵出口阀、灌泵排气阀、真空表，关闭压力表、2号泵出口阀、灌泵排气阀、真空表。

（5）关闭2号泵进口阀。

3. 实验数据记录表

实验数据记录表如表6-2所示。

表6-2 实验数据记录表（一）

序号	流量/m³·h⁻¹	压力表 p_2/Pa	真空表 p_1/Pa
1	0		
2	2.0		
3	3.0		
4	4.0		
5	5.0		
6	6.0		
7	7.0		

4. 数据分析

随着流量的增大，压力表读数和真空表读数各有什么变化？

（二）1号离心泵操作

1. 1号离心泵正常开车步骤

（1）检查"3个是否"。

（2）灌泵排气（方法同2号离心泵）。

（3）启动1号离心泵。

（4）缓慢打开1号泵压力表（憋压至压力表读数不再上升时（约30s））。

（5）缓慢打开1号泵并联出口阀。

（6）打开流量调节阀，调节流量、读取并记录数据（稳定约30s后再读取数据并记录数据）。

2. 1号离心泵正常停车步骤

（1）关闭1号泵压力表。

（2）关闭1号泵并联出口阀。

（3）停止1号离心泵。

（4）关闭流量调节阀。

（5）压力归零（开"二"关"二"）。

打开1号泵压力表开关和灌泵排气阀，关闭1号泵压力表开关和灌泵排气阀。

3. 实验数据记录表

实验数据记录表如表6-3所示。

表6-3 实验数据记录表（二）

序号	流量 q_v/m³·h⁻¹	压力表 p_2/Pa	真空表 p_1/Pa	轴功率 N/W	压头 H/m	有效功率 N_e/W	效率 η/%
1	0						
2	2.0						
3	3.0						
4	4.0						

续表 6-3

序号	流量 $q_v/m^3 \cdot h^{-1}$	压力表 p_2/Pa	真空表 p_1/Pa	轴功率 N/W	压头 H/m	有效功率 N_e/W	效率 $\eta/\%$
5	4.5						
6	5.0						
7	5.5						
8	6.0						
9	6.5						
10	7.0						

4. 数据处理及分析

（1）压头：

$$H = h_0 + \frac{p_2 - p_1}{\rho g}$$

式中 h_0——两测压点间的垂直距离，m（约0.1m）；

  p_2，p_1——压力表和真空表读数，Pa；

  ρ——水的密度，为1000kg/m³；

  g——重力加速度，取9.81N/kg。

（2）有效功率 N_e：

$$N_e = QH\rho g$$

式中 N_e——泵的有效功率，W；

  Q——流量，m³/s；

  H——泵的压头，m。

例如，$Q = 2.0m^3/h = 2.0/3600 m^3/s$。

（3）效率 η：

$$\eta = \frac{N_e}{N} \times 100\%$$

分析计算结果是否与离心泵的3条特性曲线相符。

（三）两台离心泵并联操作

1. 两台离心泵并联的正常开车步骤

（1）检查"3个是否"。

（2）打开2号泵进口阀（全开）。

（3）灌泵排气（两台离心泵都要灌泵排气，方法同单泵操作）。

（4）启动1号、2号离心泵。

（5）缓慢打开1号泵压力表（憋压至压力表读数不再上升时（约30s））。

（6）缓慢打开1号泵并联出口阀、2号泵出口阀。

（7）缓慢打开总压力表和2号泵真空表。

（8）打开流量调节阀，调节流量、读取并记录数据（稳定约30s后再读取数据并记录数据）。

2. 两台离心泵并联的正常停车步骤

（1）关闭 1 号泵压力表。

（2）关闭 1 号泵并联出口阀、2 号泵出口阀和真空表。

（3）停止 1 号、2 号离心泵。

（4）关闭流量调节阀。

（5）所有压力归零（先 1 号后 2 号）。

（6）关闭 2 号泵进口阀。

3. 实验数据记录表

实验数据记录表如表 6-4 所示。

表 6-4　实验数据记录表（三）

项目 流量/$m^3 \cdot h^{-1}$	并联时总压力表读数/Pa	单独 2 号泵压力表读数/Pa
0		
2.0		
3.0		
4.0		
5.0		
6.0		
7.0		
最大流量_____		

4. 数据分析

两台离心泵串联与单独 2 号泵相比较：

（1）流量为 0 时的总压力是否相同？

（2）流量调节阀全开时，即最大流量是否相同？

（3）流量从 2.0~7.0m^3/h 压力表的变化情况有何不同？

（四）两台离心泵串联操作

1. 两台离心泵串联的正常开车步骤

（1）检查"3 个是否"。

（2）打开 2 号泵进口阀。

（3）灌泵排气（两台泵都要灌泵排气，方法同单泵操作）。

（4）启动 1 号离心泵。

（5）打开 1 号泵压力表（憋压至压力表读数不再上升时（约 30s））。

（6）打开 1 号泵串联出口阀。

（7）启动 2 号离心泵。

（8）打开 2 号泵出口阀。

（9）缓慢打开总压力表和 2 号泵压力真空表。

（10）缓慢打开流量调节阀、调节流量，读取并记录数据。

2. 两台离心泵串联的正常停车步骤

（1）关闭 1 号泵压力表和 2 号泵压力真空表。

（2）关闭 2 号泵出口阀。

（3）停止 2 号离心泵。

（4）关闭 1 号泵串联出口阀。

（5）停止 1 号离心泵。

（6）所有压力归零。

3. 实验数据记录表

实验数据记录表如表 6-5 所示。

表 6-5　实验数据记录表（四）

流量/m³·h⁻¹　　　　项目	串联时总压力表读数/Pa	单独 2 号泵压力表读数/Pa
0		
2.0		
3.0		
4.0		
5.0		
6.0		
7.0		
最大流量_____		

4. 数据分析

两台离心泵串联与单独 2 号泵相比较：

（1）流量为 0 时的总压力是否相同？

（2）流量调节阀全开时，即最大流量是否相同？

（3）流量从 $2.0 \sim 7.0 m^3/h$ 压力表的变化情况有何不同？

三、停车后的处理工作

（1）关闭"四项"。

（2）清理现场（物品归位、打扫卫生）。

注意：若长期不用或在寒冷的冬季，应将系统中的流体放空，以防锈蚀或冻结。

四、成绩考核表

成绩考核表如表 6-6 所示。

表 6-6　成绩考核表

序号	姓名	成绩	错误原因
1			
2			
3			
4			
5			
6			
7			
8			
9			
10			

第二节 其他类型泵

一、往复泵

(一) 往复泵的结构及工作原理

1. 往复泵的结构

往复泵的结构如图 6-17 所示，主要部件包括泵缸、活塞、活塞杆、吸入阀、排出阀。其中吸入阀和排出阀均为单向阀。

2. 往复泵的工作原理

（1）活塞由电动的曲柄连杆机构带动，把曲柄的旋转运动变为活塞的往复运动；或直接由蒸汽机驱动，使活塞做往复运动。

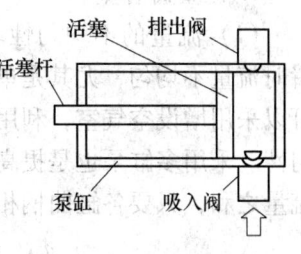

图 6-17 往复泵的结构

（2）当活塞从右向左运动时，泵缸内形成低压，排出阀受排出管内液体的压力而关闭；吸入阀受缸内低压的作用而打开，储罐内液体被吸入缸内。

（3）当活塞从左向右运动时，由于缸内液体压力增加，吸入阀关闭，排出阀打开向外排液。

由此可见，往复泵是依靠活塞的往复运动直接以压力能的形式向液体提供能量的。

(二) 往复泵的类型

按作用方式不同，往复泵可分为以下两种：

（1）单动泵：活塞往复运动一次，吸、排液交替进行各一次，输送液体不连续，如图 6-18（a）所示。

（2）多动泵：活塞两侧都装有阀室，活塞的每一次行程都在吸液和排液，因而供液连续，如图 6-18（b）所示。多动泵耐高压，活塞和连杆往往用柱塞代替。

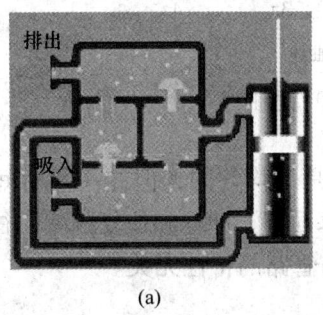
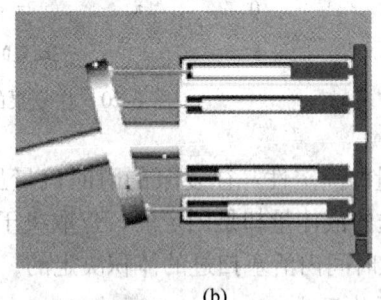

(a)   (b)

图 6-18 单动泵与多动泵

(a) 单动泵；(b) 多动泵

按动力来源不同，往复泵可分为以下两种：

（1）电动往复泵：最常见的一类往复泵。

（2）汽动往复泵：如图 6-19 所示，可用于某些特殊场合或特殊用途，如有廉价蒸汽资源或易燃易爆液的输送等。

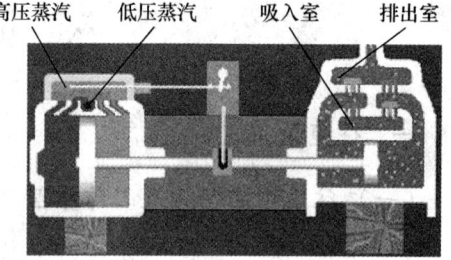

高压蒸汽　低压蒸汽　吸入室　排出室

图 6-19　汽动往复泵

（三）往复泵的特性及流量调节

往复泵的流量特性曲线（θ 为活塞移动距离）如图 6-20 所示。

1. 流量的特点

（1）流量的不均匀性。往复泵的结构致其瞬时流量不均匀，尤其是单动往复泵就更加明显。实际生产中，为了提高流量的均匀性，可以采用增设空气室，利用空气的压缩和膨胀来存放和排出部分液体，从而提高流量的均匀性。采用多缸泵也是提高流量均匀性的一个办法，多缸泵的瞬时流量等于同一瞬时各缸流量之和，只要各缸曲柄相对位置适当，就可使流量较为均匀。

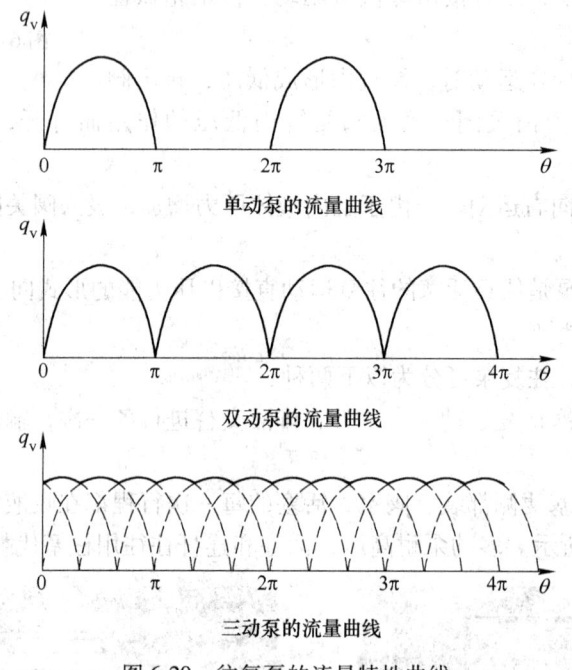

单动泵的流量曲线

双动泵的流量曲线

三动泵的流量曲线

图 6-20　往复泵的流量特性曲线

（2）流量的固定性。往复泵的瞬时流量虽然是不均匀的，但在一段时间（一个工作周期）内输送的液体量却是固定的，仅取决于活塞面积、冲程和往复频率。往复泵的理论流量是由单位时间内活塞扫过的体积决定的，而与管路的特性无关。

2. 往复泵的压头

因为是靠挤压作用压出液体，往复泵的压头理论上可以任意高。但实际上由于构造材料的强度有限，泵内的部件有泄漏，故往复泵的压头仍有一限度。而且压头太大，也会使电动机或传动机构负载过大而损坏。

往复泵提供的压头则只与管路的情况有关，与泵的情况无关，管路的阻力大，则排出阀在较高的压力下才能开启，供液压力必然增大；反之，压头减小。这种压头与泵无关，

只取决于管路情况的特性称为正位移特性。具有正位移特性的泵称为正位移泵。

3. 往复泵的安装使用

往复泵的效率一般都在 70% 以上，最高可达 90%，它适用于所需压头较高的液体输送。往复泵可用以输送黏度很大的液体，但不宜直接用以输送腐蚀性的液体和有固体颗粒的悬浮液，因泵内阀门、活塞受腐蚀或被颗粒磨损、卡住，都会导致严重的泄漏。往复泵的安装使用注意事项：

（1）由于往复泵靠储液池液面上的大气压来吸入液体，因而安装高度有一定的限制。

（2）往复泵有自吸作用，启动前不需要灌泵。

（3）往复泵一般不设出口阀，即使有出口阀，也不能在其关闭时启动。

4. 往复泵的流量调节方法（图 6-21）

（1）旁路阀调节：泵的送液量不变，只是让部分被压出的液体返回储液池，使主管中的流量发生变化。显然这种调节方法很不经济，只适用于流量变化幅度较小的经常性调节。

（2）改变曲柄转速：因电动机是通过减速装置与往复泵相连的，所以改变减速装置的传动比可以很方便地改变曲柄转速，从而改变活塞往复运动的频率，达到调节流量的目的。

（3）改变活塞行程：改变活塞往复运动的距离。

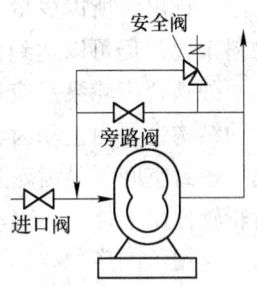

图 6-21 往复泵的流量调节

二、回转泵

回转泵又称旋转泵，是转子在泵体内旋转的泵。当转子旋转时，它与泵体间形成的空间容积发生周期性变化。在容积增大过程中形成低压，液体被吸入泵内；在容积减小过程中形成高压，液体被排出泵外。回转泵流量仅与转子的转速有关，几乎不随压强而变化，比往复泵更均匀；压头大，但流量小，宜于输送黏度大的流体，如油类物料等；隙缝较小，一般不宜于输送含有固体的悬浮液；用耐蚀性材料制造，可用于输送腐蚀性流体。回转泵种类很多，有齿轮泵、螺杆泵、旋涡泵和叶片泵等。其结构简单紧凑，操作可靠，管理和使用方便，且因其转速较高，故可与电动机直接连接。其最大的特点是没有吸入阀和排出阀。回转泵常应用于化工和石油工业中。

（一）齿轮泵

齿轮泵是依靠泵缸与啮合齿轮间所形成的工作容积变化和移动来输送液体或使之增压的回转泵。由两个齿轮、泵体与前后盖组成两个封闭空间，当齿轮转动时，齿轮脱开侧的空间的体积从小变大，形成真空，将液体吸入，齿轮啮合侧的空间的体积从大变小，而将液体挤入管路中去。吸入腔与排出腔是靠两个齿轮的啮合线来隔开的。齿轮泵的排出口的压力完全取决于泵出口处阻力的大小。

齿轮泵的概念是很简单的，即它的最基本形式就是两个尺寸相同的齿轮在一个紧密配合的壳体内相互啮合旋转，这个壳体的内部类似"8"字形，两个齿轮装在里面，齿轮的外径及两侧与壳体紧密配合，如图 6-22 所示。

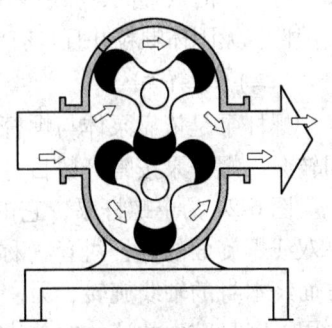

图 6-22 齿轮泵壳体内部结构

　　来自挤出机的物料在吸入口进入两个齿轮中间，并充满这一空间，随着齿的旋转沿壳体运动，最后在两齿啮合时排出。

　　齿轮泵也称为正排量装置，即像一个缸筒内的活塞，当一个齿进入另一个齿的流体空间时，液体就被机械性地挤排出来。因为液体是不可压缩的，所以液体和齿就不能在同一时间占据同一空间，这样，液体就被排除了。由于齿的不断啮合，这一现象就连续在发生，因而也就在泵的出口提供了一个连续排除量，泵每转一转，排出的量是一样的。随着驱动轴的不间断地旋转，泵也就不间断地排出流体。泵的流量直接与泵的转速有关。

　　实际上，在泵内有很少量的流体损失，这使泵的运行效率不能达到100%，因为这些流体被用来润滑轴承及齿轮两侧，而泵体也绝不可能无间隙配合，故不能使流体100%地从出口排出，所以少量的流体损失是必然的。然而泵还是可以良好地运行，对大多数挤出物料来说，仍可以达到93%～98%的效率。

　　外啮合齿轮泵是应用最广泛的一种齿轮泵，一般齿轮泵通常指的就是外啮合齿轮泵。它的结构主要由主动齿轮、从动齿轮、泵体、泵盖和安全阀等组成。泵体、泵盖和齿轮构成的密封空间就是齿轮泵的工作室。两个齿轮的轮轴分别装在两泵盖上的轴承孔内，主动齿轮轴伸出泵体，由电动机带动旋转。外啮合齿轮泵结构简单、质量小、造价低、工作可靠、应用范围广。

　　齿轮泵工作时，主动轮随电动机一起旋转并带动从动轮跟着旋转。当吸入室一侧的啮合齿逐渐分开时，吸入室容积增大，压力降低，便将吸入管中的液体吸入泵内；吸入液体分两路在齿槽内被齿轮推送到排出室。液体进入排出室后，两个齿轮的轮齿不断啮合，使液体受挤压而从排出室进入排出管中。主动齿轮和从动齿轮不停地旋转，泵就能连续不断地吸入和排出液体。

　　内啮合齿轮泵（图6-23）由一对相互啮合的内齿轮及它们中间的月牙形件、泵壳等构成。月牙形件的作用是将吸入室和排出室隔开。当主动齿轮旋转时，在齿轮脱开啮合的地方形成局部真空，液体被吸入泵内充满吸入室各齿间，然后沿月牙形件的内外两侧分两路进入排出室。在轮齿进入啮合的地方，存在于齿间的液体被挤压而送进排出管。

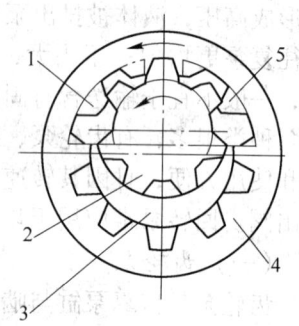

图6-23　内啮合齿轮泵
1—吸入室；2—主动齿轮；
3—月牙形件；4—从动；5—排出室

　　齿轮泵除具有自吸能力、流量与排出压力无关等特点外，泵壳上无吸入阀和排出阀，具有结构简单、流量均匀、工作可靠等特性，但效率低、噪声和振动大、易磨损，可用来输送无腐蚀性、无固体颗粒并且具有润滑能力的各种油类。

　　（二）螺杆泵

　　螺杆泵是依靠泵体与螺杆所形成的啮合空间容积变化和移动来输送液体或使之增压的回转泵。螺杆泵按螺杆数目分为单螺杆泵、双螺杆泵和三螺杆泵等。

　　图6-24为单螺杆泵，它的主要工作部件是偏心螺旋体的螺杆（称为转子）和内表面呈双线螺旋面的螺杆衬套（称为定子）。其工作原理是当电动机带动泵轴转动时，螺杆一方面绕本身的轴线旋转，另一方面沿衬套内表面滚动，于是形成泵的密封腔室。螺杆每转一周，密封腔内的液体向前推进一个螺距，随着螺杆的连续转动，液体以螺旋形方式从一个密封腔压向另一个密封腔，最后挤出泵体。

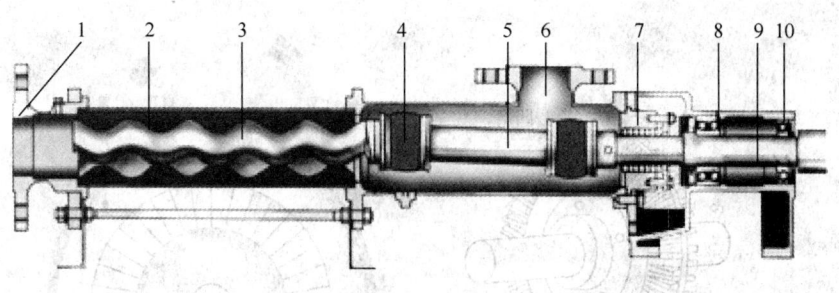

图 6-24 单螺杆泵

1—排出体；2—定子；3—转子；4—万向节；5—中间轴；6—吸入室；7—轴封件；8—轴承；9—传动轴；10—轴承体

图 6-25 为双螺杆泵。当主动螺杆转动时，带动与其啮合的从动螺杆一起转动，吸入腔一端的螺杆啮合空间容积逐渐增大，压力降低。液体在压差作用下进入啮合空间容积。当容积增至最大而形成一个密封腔时，液体就在一个个密封腔内连续地沿轴向移动，直至排出腔一端。这时排出腔一端的螺杆啮合空间容积逐渐缩小，而将液体排出。螺杆泵的工作原理与齿轮泵相似，只是在结构上用螺杆取代了齿轮。

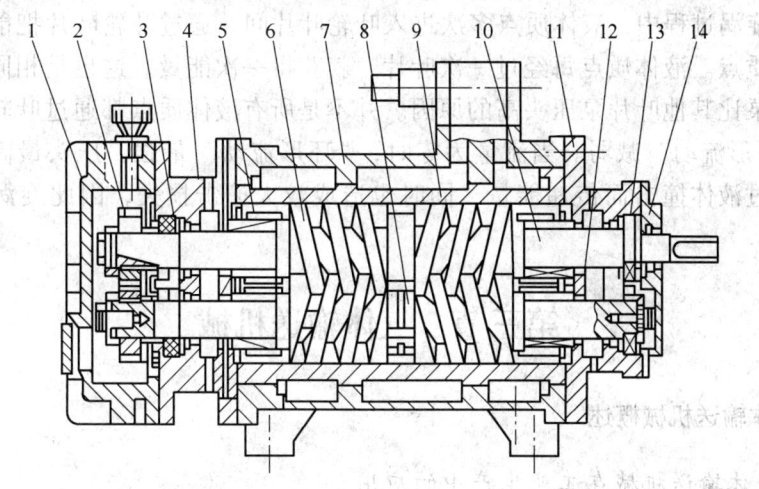

图 6-25 双螺杆泵

1—齿轮箱盖；2—齿轮；3—滚动轴承；4—后支架；5—密封；6—螺套 A、B；7—泵体；
8—调节螺栓；9—衬套；10—主动轴；11—前支架；12—从动轴；13—滚动轴承；14—压盖

（三）旋涡泵

旋涡泵（也称涡流泵）是一种叶片泵，如图 6-26 所示，主要由叶轮、泵体和泵盖组成。叶轮是一个圆盘，圆周上的叶片呈放射状均匀排列。泵体和叶轮间形成环形流道，吸入口和排出口均在叶轮的外圆周处。吸入口与排出口之间有隔板，由此将吸入口和排出口隔离开。

旋涡泵内的液体分为两部分：叶轮内液体和流道内的液体。当叶轮旋转时，在离心力的作用下，叶轮内液体的圆周速度大于流道内液体的圆周速度，故形成"环形流动"。又由于自吸入口至排出口液体跟着叶轮前进，这两种运动的合成结果，就使液体产生与叶轮转向相同的"纵向旋涡"，因而得到旋涡泵之名。需要特别指出的是，液体质点在泵体流

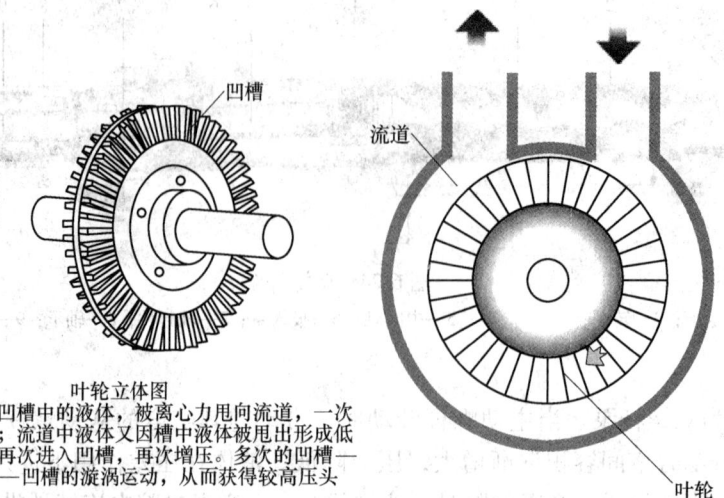

凹槽

流道

叶轮立体图
叶片凹槽中的液体，被离心力甩向流道，一次
增压；流道中液体又因槽中液体被甩出形成低
压；再次进入凹槽，再次增压。多次的凹槽—
流道—凹槽的漩涡运动，从而获得较高压头

叶轮

图 6-26　旋涡泵

道内的圆周速度小于叶轮的圆周速度。

　　在纵向旋涡过程中，液体质点多次进入叶轮叶片间，通过叶轮叶片把能量传递给流道内的液体质点。液体质点每经过一次叶片，就获得一次能量。这也是相同叶轮外径情况下，旋涡泵比其他叶片泵压头高的原因。并不是所有液体质点都通过叶轮，随着流量的增加，"环形流动"减弱。当流量为零时，"环形流动"最强，压头最高。由于流道内液体是通过液体撞击而传递能量，同时也造成较大撞击损失，因此旋涡泵的效率比较低。

第三节　气体输送机械

一、气体输送机械概述

（一）气体输送机械在工业生产中的应用

（1）气体输送：为了克服管路的阻力，需要提高气体的压力。纯粹为了输送的目的而对气体加压，压力一般都不高。但气体输送往往输送量很大，需要的动力往往相当大。

（2）产生高压气体：化工中一些化学反应过程需要在高压下进行，如合成氨反应、乙烯的本体聚合；一些分离过程也需要在高压下进行，如气体的液化与分离。这些高压进行的过程对相关气体的输送机械出口压力提出了相当高的要求。

（3）生产真空：相当多的单元操作在低于常压的情况下进行，这时就需要真空泵从设备中抽出气体以产生真空。

（二）气体输送机械的一般特点

（1）动力消耗大：对一定的质量流量，由于气体的密度小，其体积流量很大。因此气体输送管中的流速比液体要大得多，前者的经济流速（15～25m/s）约为后者（1～3m/s）的 10 倍。这样，以各自的经济流速输送同样的质量流量，经相同的管长后气体的阻力损失约为液体的 10 倍。因而气体输送机械的动力消耗往往很大。

（2）气体输送机械体积一般很庞大，对出口压力高的机械更是如此。

（3）由于气体的可压缩性，故在输送机械内部气体压力变化的同时，体积和温度也将随之发生变化。这些变化对气体输送机械的结构、形状有很大影响。因此，气体输送机械需要根据出口压力来加以分类。

（三）气体输送机械的分类

按工作原理来分，气体输送机械可分为离心式、旋转式、往复式以及喷射式等。

按出口压力来分，气体输送机械分为如下几类：

（1）通风机：终压（表压，下同）不大于 15kPa（约 1500mmH$_2$O），压缩比为 $1\sim 1.15$。

（2）鼓风机：终压 $15\sim 300$kPa，压缩比小于 4。

（3）压缩机：终压在 300kPa 以上，压缩比大于 4。

（4）真空泵：在设备内造成负压，终压为大气压，压缩比由真空度决定。

二、通风机

工业生产中常用的通风机有轴流式和离心式两种。

（一）轴流式通风机

轴流式通风机如图 6-27 所示。

轴流式通风机的特点如下：

（1）轴流式通风机结构简单、稳固可靠。

（2）轴流式通风机噪声较小。

（3）轴流式通风机安装方便，一般轴流式通风机体积不太大，安装材料不需要很多，安装难度和强度都比较低，一般电工和工程施工人员均可安装。

（4）轴流式通风机的通风换气效果明显、安全，可以接风筒把风送到指定的区域。

轴流式通风机与轴流泵类似，风量大，风压小，多用于通风换气。

（二）离心式通风机

离心式通风机如图 6-28 所示。

图 6-27　轴流式通风机

图 6-28　离心式通风机

1. 离心式通风机的特点

离心式通风机的工作原理与离心泵相同，结构也大同小异，其特点如下：

（1）为适应输送风量大的要求，通风机的叶轮直径一般是比较大的。

（2）叶轮上叶片的数目比较多。

（3）叶片有平直、前弯、后弯的，高效率风机均采用后弯叶片。

（4）机壳内逐渐扩大的通道及出口截面常不为圆形而为矩形。

2. 离心式通风机的性能参数和特性曲线

（1）风量：按入口状态计的单位时间内的排气体积，单位为 m^3/s、m^3/h。

（2）全风压 p_T：单位体积气体通过风机时获得的能量，单位为 J/m^3、Pa。

在风机进、出口之间列伯努利方程（单位体积计）：

$$p_T = \rho g(z_2 - z_1) + (p_2 - p_1) + \frac{\rho(u_2^2 - u_1^2)}{2} + \sum \Delta p_f$$

因为气体密度小，风机尺寸有限，故位能变化可以忽略；当气体直接由大气进入通风机时，$u_1 = 0$，再忽略入口到出口的能量损失，则上式变为

$$p_T = (p_2 - p_1) + \frac{\rho u_2^2}{2} = p_s + p_K$$

从该式可以看出，通风机的全风压由两部分组成，一部分是进出口的压强差，习惯上称为静风压 p_s；另一部分为进出口的动压头差，习惯上称为动风压 p_K。在离心泵中，泵进出口处的动能差很小，可以忽略。但对离心式通风机而言，其气体出口速度很高，动风压不仅不能忽略，且由于通风机的压缩比很低，动风压在全压中所占比例较高。

通风机的性能表上所列的性能参数，一般都是在 1atm、20℃ 的条件下测定的。

3. 离心式通风机的选型

（1）根据气体种类和风压范围，确定通风机的类型。

（2）确定所求的风量和全风压 P_T。风量根据生产任务来定；全风压 P_T 按伯努利方程来求，再换算成标准状况值，即

$$P_{T0} = P_T \frac{1.2}{\rho}$$

（3）根据按入口状态计的风量和换算后的全风压 p_{T0} 在产品系列表中查找合适的型号。

三、鼓风机

（一）离心式的鼓风机

离心式鼓风机（图 6-29）的结构特点：外形与离心泵相似，内部结构也有许多相同之处。例如，离心式鼓风机的蜗壳形通道也为圆形，但外壳直径与厚度之比较大，叶轮上叶片数目较多，转速较高，叶轮外周都装有导轮。

单级鼓风机出口表压多在 30kPa 以内，多级可达 0.3MPa。

离心式鼓风机的选型方法与离心式通风机相同。

（二）旋转式鼓风机

旋转式鼓风机风量正比于转速，与风压无关。罗茨鼓风机（图 6-30）是此类设备的代表。

罗茨鼓风机的工作原理与齿轮泵类似。如图 6-30 所示，机壳内有两个渐开摆线形的转子，两转子的旋转方向相反，可使气体从机壳一侧吸入，从另一侧排出。转子与转子、转子与机壳之间的缝隙很小，使转子能自由运动而无过多泄漏。

图 6-29 离心式鼓风机

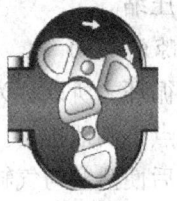

图 6-30 罗茨鼓风机

属于正位移型的罗茨鼓风机风量与转速成正比，与出口压强无关。该风机的风量范围可为 $2\sim500\text{m}^3/\text{min}$，出口表压可达 80kPa，在 40kPa 左右效率最高。

该风机出口应装稳压罐，并设安全阀。流量调节采用旁路，出口阀不可完全关闭。操作时，气体温度不能超过 85℃，否则转子会因受热膨胀而卡住。

四、往复式压缩机

（一）工作原理与理想压缩循环

单动压缩机结构如图 6-31 所示，主要部件有吸入阀、排出阀、活塞和气缸。

其结构和工作原理与往复泵类似。

理想压缩循环过程如下：

（1）吸气阶段：活塞从最左端向右运动，缸内气体体积由 0 到 V_1；压力保持不变。此过程吸入阀打开，排出阀关闭，如图 6-32 中的点 1 所示。

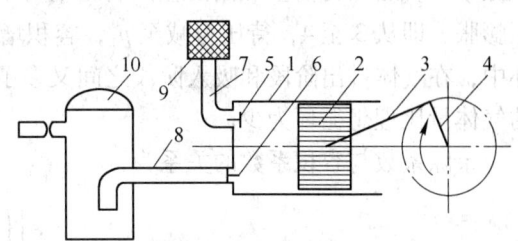

图 6-31 单缸往复式压缩机原理图
1—气缸；2—活塞；3—活塞杆；4—曲轴；
5—吸入阀；6—排出阀；7—吸气管；
8—排气管；9—空气过滤器；10—储气罐

（2）压缩阶段：活塞从最右向左运动，由于排出阀所在管线有一定压力，所以此过程排出阀是关闭的；吸入阀受压也关闭。因此，在这段时间里气缸内气体体积下降而压力上升，直到压力上升到 p_2，排出阀被顶开为止。此时的缸内气体状态如图 6-32 中的点 2 所示。

（3）排气阶段：排出阀被顶开后，活塞继续向左运动，缸内气体被排出。这一阶段缸内气体压力不变，体积不断减小，直到气体完全排出体积减至零。这一阶段属于恒压排气阶段。此时的状态如图 6-32 中的点 3 所示。

（4）膨胀阶段：活塞位于最左端，缸内气体体积为 0，压力从 p_2 降到 p_1，准备开始下次循环，如图 6-32 中的点 4 所示。

（二）压缩类型

根据气体与外界换热情况，压缩过程可分为等温压缩、绝热压缩、多变压缩。等温压缩是指压缩阶段产生的热量随时从气体中完全取出，气体的温度保持不变。绝热压缩是另一种极端情况，即压缩产生的热量完全不取出。实际压缩过程既不是等温的，也不是绝热的，而是介于两者之

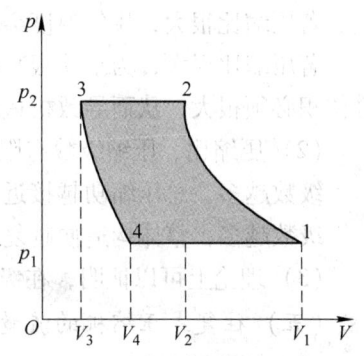

图 6-32 理想压缩循环过程

间，称为多变压缩。

（三）余隙的影响

上述压缩循环之所以称为理想的，除了假定过程皆属可逆之外，还假定了压缩阶段终了缸内气体一点不剩地排尽。实际上此时活塞与气缸盖之间必须留有一定的空隙，以免活塞杆受热膨胀后使活塞与气缸相撞。这个空隙就称为余隙：

余隙系数 ε ＝余隙体积/活塞推进一次扫过的体积

容积系数 λ_0 ＝实际吸气体积/活塞推进一次扫过的体积

根据上述定义：

$$\varepsilon = \frac{V_3}{V_1 - V_3}, \quad \lambda_0 = \frac{V_1 - V_4}{V_1 - V_3}$$

余隙的存在使一个工作循环的吸、排气量减小，这不仅是因为活塞推进一次扫过的体积减小了，还因为活塞开始由左向右运动时不是马上有气体吸入，而是缸内剩余气体的减压膨胀，即从 3 至 4，待压力减至 p_1，容积增至 V_4 时，才开始吸气。即在有余隙的工作循环中，在气体排出阶段和吸入阶段之间又多了一个余隙气体膨胀阶段，使每一循环中吸入的气体量比理想循环为少。

余隙系数与容积系数的关系为：

$$\lambda_0 = 1 - \varepsilon\left[\left(\frac{p_2}{p_1}\right)^{1/k} - 1\right]$$

由该式可以看出，余隙系数和压缩比越大，容积系数越小，实际吸气量越小，至于会出现一种极限情况：容积系数为零，$V_1 = V_4$，此时余隙气体膨胀将充满整个气缸，实际吸气量为零。

（四）多级压缩

多级压缩是指在一个气缸里压缩了一次的气体进入中间冷却器冷却之后再送入一次气缸进行压缩，经几次压缩才达到所需的终压。

（1）采用多级压缩的原因：

若压缩比很大，容积系数就很小，实际送气量就会很小；

若压缩比很大，排气温度会很高，将引起气缸内润滑油炭化或油雾爆炸等问题；

若压缩比很大，为承受很高的终压，气缸要做得很厚；同时吸入的气体初压很低，气缸体积必须很大，从而导致机械结构不合理。

（2）压缩比、压缩级数有限制的原因：

级数越多，总压缩功越接近于等温压缩功，即最小值；

级数越多，整体构造便越复杂，因此，常用的级数为 2~6，每级压缩比为 3~5。

（3）理论上可以证明，在级数相同时，各级压缩比相等，则总压缩功最小。

（五）往复式压缩机的流量调节

（1）调节转速。

（2）旁路调节。

（3）改变气缸余隙体积：余隙体积增大，余隙内残存气体膨胀后所占容积将增大，吸入气体量必然减少，供气量随之下降；反之，供气量上升。这种调节方法在大型压缩机中采用较多。

五、真空泵

真空泵就是从设备或管路系统中抽气，一般在大气压下排气的输送机械。若将前述任何一种气体输送机械的进口与设备接通，即成为从设备抽气的真空泵。然而，专门为产生真空用的设备却有其特殊之处：其一是由于吸入气体的密度很低，要求真空泵的体积必须足够大；其二是压缩比很高，所以余隙的影响很大。

（一）真空泵的主要性能参数

（1）极限真空度：真空泵所能达到的最低压力。

（2）抽气速率：单位时间内真空泵在极限真空度下所吸入的气体体积，即真空泵的生产能力。

（二）往复式真空泵

往复式真空泵（图6-33）与往复式压缩机的构造无显著区别，但也有其自身的特点：

（1）在低压下操作，气缸内、外压差很小，所用的单向阀必须更加轻巧。

（2）当真空度较高时，压缩比很大，余隙容积必须很小，否则就不能保证较大的吸气量。

（3）为减少余隙的影响，设有连通活塞左右两侧的平衡气道。

干式往复真空泵可造成高达96%～99.9%的真空度，湿式则只能达到80%～85%。

（三）水环真空泵

水环真空泵（图6-34）的外壳呈圆形，其中的叶轮偏心安装。启动前，泵内注入一定量的水，当叶轮旋转时，由于离心力的作用，水被甩至壳壁形成水环。此水环具有密封作用，使叶片间的空隙形成许多大小不同的密封室。由于叶轮的旋转运动，密封室外由小变大形成真空，将气体从吸入口吸入；继而密封室由大变小，气体由压出口排出。

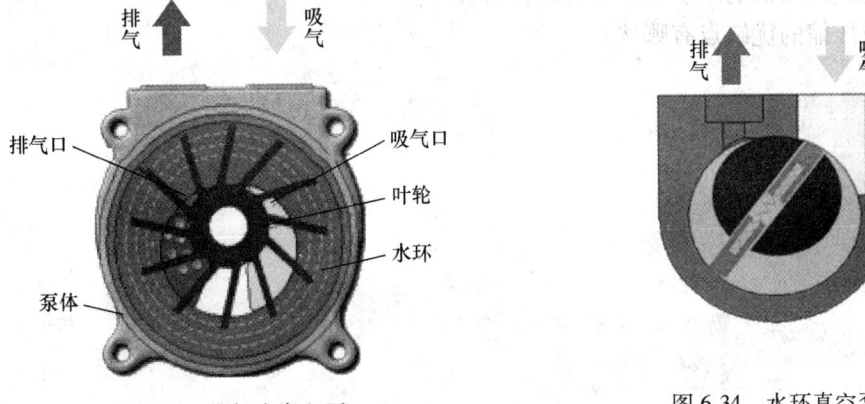

图6-33　往复式真空泵　　　　　　图6-34　水环真空泵

水环真空泵结构简单、紧凑，最高真空度可达85%。

（四）液环真空泵

液环真空泵外壳呈椭圆形。当叶轮旋转时液体被抛向四周形成一椭圆形液环，在其轴方向上形成两个月牙形的工作腔。由于叶轮的旋转运动，每个工作腔内密封室逐渐由小变大，从而从吸入口吸入气体；然后又由大变小，将气体强行排出。

（五）喷射真空泵

喷射真空泵是利用高速流体射流量压力能向动能转换所造成的真空，将气体吸入泵内，并在混合室通过碰撞、混合以提高吸入气体的机械能，气体和工作流体一并排出泵外。喷射真空泵的流体可以是水，也可以是水蒸气，分别称为水喷射真空泵和蒸汽喷射真空泵。

单级蒸汽喷射真空泵仅能达到90%的真空度，为获得更高的真空度可采用多级蒸汽喷射真空泵。

喷射真空泵的优点是工作压强范围大，抽气量大，结构简单，适应性强；缺点是效率低。

 练习题

1. 简述离心泵的主要构造、各部件的作用及离心泵的工作原理。
2. 离心泵的泵壳为什么制成蜗壳形，它有哪些作用？
3. 离心泵的叶轮有哪几种形式，各适用于什么场合？
4. 什么是离心泵的气缚、汽蚀现象，产生此现象的原因是什么，如何防止？
5. 什么是管路特性曲线，什么是离心泵的工作点？
6. 离心泵有哪几种调节流量的方法，各有何优缺点？
7. 离心泵启动前为什么要关闭出口阀，往复泵启动前为什么要打开出口阀？
8. 往复泵的流量为什么不能用出口阀调节，应该如何调节？
9. 什么是离心通风机的风压？
10. 往复式压缩机的一个工作循环包括哪几个过程？
11. 多级压缩的优缺点有哪些？

第七章 精 馏

许多生产工艺常常涉及互溶液体混合的分离问题，如有机合成产品的提纯、溶剂回收和废液排放前的达标处理等。分离的方法有多种，精馏就是工业上较常用的方法之一，精馏被广泛应用于石油化工、炼油生产过程中。

第一节 精馏的原理、分类及主要设备

一、精馏的原理及分类

（一）精馏的原理

精馏是化工生产中分离互溶液体混合物的典型单元操作，其实质是多级蒸馏，即在一定压力下，利用互溶液体混合物各组分的沸点或饱和蒸汽压不同，使轻组分（沸点较低或饱和蒸汽压较高的组分）汽化，经多次部分液相汽化和部分气相冷凝，使气相中的轻组分和液相中的重组分浓度逐渐升高，从而实现分离。简单来说，精馏利用液体混合物中各组分沸点或者挥发度的差别，使液体混合物部分汽化并随之使蒸汽部分冷凝，从而实现其所含组分的分离，是一种属于传质分离的单元操作，广泛应用于炼油、化工、轻工等领域。其工作过程是加热料液使其部分汽化，易挥发组分在蒸汽中得到增浓，难挥发组分在剩余液中也得到增浓，这在一定程度上实现了两组分的分离。两组分的挥发能力相差越大，则上述的增浓程度也越大。在工业精馏设备中，使部分汽化的液相与部分冷凝的气相直接接触，以进行气、液相际传质，结果是气相中的难挥发组分部分转入液相，液相中的易挥发组分部分转入气相，也即同时实现了液相的部分汽化和气相的部分冷凝。

（二）精馏的分类

精馏在工业中应用广泛，其种类繁多，可以按照以下几种方式进行分类：

（1）精馏按操作压力可分为以下 3 类：

1）常压精馏：精馏在常压下进行。

2）减压精馏：用于常压下物系沸点较高，使用高温加热介质不经济或热敏性物质不能承受的情况。减压可降低操作温度。

3）加压精馏：对常压沸点很低的物系，蒸汽相的冷凝不能采用常温水和空气等廉价冷却剂，或对常温常压下为气体的物系（如空气）进行精馏分离，可采用加压以提高混合物的沸点。

（2）精馏按精馏分离原理的不同，可分为一般精馏（即简单精馏）和特殊精馏：

1）简单精馏：简单精馏是一个不稳定过程，只能使混合液部分地分离，故只适用于沸点相差较大而分离要求不高的场合，或者作为初步加工，粗略地分离多组分混合液，如

原油或煤油的初馏。

2）特殊精馏：混合物中各组分挥发性相差很小，难以用普通精馏分离，借助某些特殊手段进行的精馏，包括恒沸精馏、萃取精馏、水蒸气蒸馏及分子蒸馏等。

（3）精馏按被分离混合物中组分的数目分类，可以分为双组分精馏和多组分精馏，工业生产中，绝大多数为多组分精馏，但双组分精馏的原理、计算原则及操作步骤同样适用于多组分精馏，只是多组分精馏更为复杂些，因此常以双组分精馏为基础进行学习。

（4）精馏按操作方式的不同，可分为间歇精馏和连续精馏：

1）间歇精馏时全塔均为精馏段，没有提馏段，因此，获得同样的塔顶、塔底组成的产品，间歇精馏的能耗必大于连续精馏。间歇精馏主要应用于小规模多组分或者某些有特殊要求的液体分离。对于一些精细化学品，多采用间歇精馏，其能保证产品的高质量（纯度），应用范围较窄。

2）连续精馏是指精馏操作连续进料、连续采出。连续精馏以其处理能力大、经济效益高等优点，在工业中被广泛应用。本章主要讨论的是双组分连续精馏操作过程。

二、精馏的主要设备

为实现精馏过程，需要为该过程提供物料的储存、输送、传热、分离、控制等设备和仪表。

精馏过程的主要设备有精馏塔、再沸器、冷凝器、回流罐和输送设备等。典型的精馏设备是连续精馏装置，包括精馏塔、冷凝器、再沸器等。

精馏塔是提供混合物气、液两相接触条件，实现传质过程的设备。精馏塔一般分为精馏段和提馏段两个塔段。在精馏段，气相在上升的过程中，其轻组分不断得到精制，在气相中不断地增浓，在塔顶获得轻组分产品。在提馏段，液相在下降的过程中，其轻组分不断地提馏出来，使重组分在液相中不断地被浓缩，在塔底获得重组分的产品。用于精馏的塔设备有两种，即填料塔和板式塔，填料塔有拉西环填料塔、鲍尔环填料塔、鞍形填料塔、波纹填料塔、丝网填料塔、丝网波纹填料塔等。板式塔主要有泡罩塔、筛板塔、浮阀塔等，常采用的是板式塔。板式塔主要设备及其工作流程如图7-1所示。

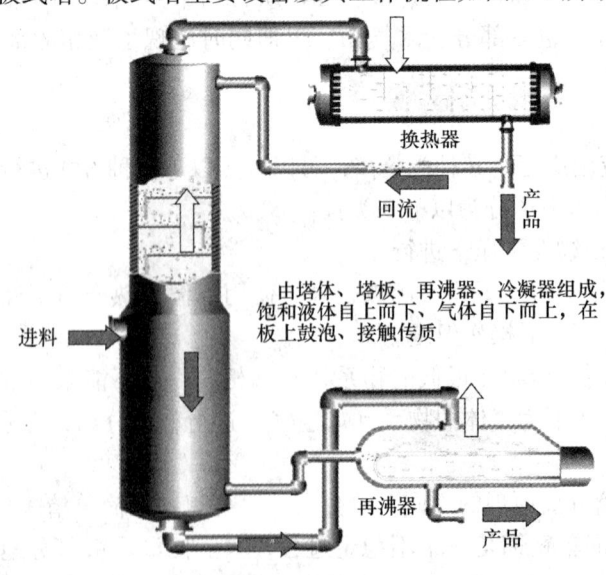

图7-1　板式塔主要设备及其工作流程

再沸器的作用是提供一定流量的上升蒸汽流。

冷凝器的作用是提供塔顶液相产品并保证有适当的液相回流。回流的主要作用是补充塔板上易挥发组分的浓度，是精馏连续定态进行的必要条件。

第二节　精　馏　流　程

一、精馏操作过程的主要参数

下面以提浓乙醇为例介绍连续精馏流程（工艺流程示意图如图 7-2 所示）。原料槽内约 20% 的水-乙醇混合液，经原料泵输送至原料加热器，预热后，由精馏塔中部进入精馏塔，进行分离。气相由塔顶馏出，经冷凝器冷却后，进入冷凝液槽，经产品泵，一部分送至精馏塔上部第一块塔板作为回流；另一部分送至塔顶产品槽作为产品采出。塔釜残液经塔底换热器冷却后送至残液槽。

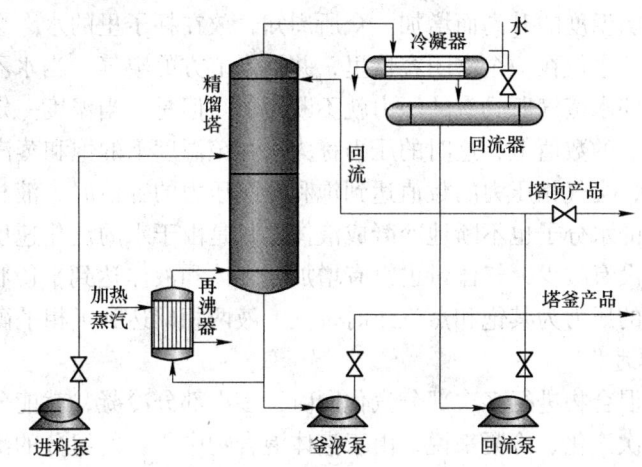

图 7-2　精馏流程示意图

操作过程中主要有以下 6 个方面的控制参数：

（1）塔的温度和压力（包括塔顶、塔釜和某些有特殊意义的塔板的温度和压力）。

（2）进料状态、进料量、进料组成、进料温度。

（3）塔内上升蒸汽速度和蒸发釜的加热量、回流量、回流温度。

（4）塔釜液位、回流罐液位。

（5）塔顶冷剂量。

（6）塔顶采出量和塔底采出量。

在精馏工艺设计环节，需要利用图解法、捷算法、严格计算法等进行包括所需的理论板数 N_T 和实际板数 N_P 的很多计算，本节只介绍精馏的基础概念，以及工艺参数和各参数之间的关系及对生产过程、产品质量的影响。

二、精馏流程中的相关基础知识

（一）精馏的基本概念

1. 相和相平衡

相就是指在系统中具有相同物理性质和化学性质的均匀部分，不同相之间往往有一个相界面，把不同的相分别开。系统中相数的多少与物质的数量无关，如水和冰混合在一起，水为液相，冰为固相。一般情况下，物料在精馏塔内是气、液两相。

在一定的温度和压力下，若物料系统中存在两个或两个以上的相，物料在各相的相对量及物料中各组分在各个相中的浓度不随时间变化，则称系统处于平衡状态。平衡时，物质还是在不停地运动，但是，各个相的量和各组分在各相的浓度不随时间变化，当条件改变时，将建立起新的相平衡，因此相平衡是运动的、相对的，而不是静止的、绝对的。例如，在精馏系统中，精馏塔板上温度较高的气体和温度较低的液体相互接触时，要进行传热、传质，其结果是气体部分冷凝，形成的液相中高沸点组分的浓度不断增加。塔板上的液体部分汽化，形成的气相中低沸点组分的浓度不断增加。但是这个传热、传质过程并不是无止境的，当气、液两相达到平衡时，其各组分的两相的组成就不再随时间变化了。

2. 饱和蒸汽压

在一定的温度下，与同种物质的液态（或固态）处于平衡状态的蒸汽所产生的压强称为饱和蒸汽压，它随温度的升高而增加。众所周知，放在杯子里的水，会因不断蒸发变得越来越少。如果把纯水放在一个密闭容器里，并抽走上方的空气，当水不断蒸发时，水面上方气相的压力，即水蒸气所具有的压力就不断增加。但是，当温度一定时，气相压力最终将稳定在一个固定的数值上，这时的压力称为水在该温度下的饱和蒸汽压。

应当注意的是，当气相压力的数值达到饱和蒸汽压力的数值时，液相的水分子仍然不断地汽化，气相中的水分子也不断地冷凝成液体，只是由于水的汽化速度等于水蒸气的冷凝速度，液体量才没有减少，气体量也没有增加，气体和液体达到平衡状态。所以，液态纯物质蒸汽所具有的压力为其饱和蒸汽压时，气、液两相即达到了相平衡。

3. 精馏的具体过程

为什么把液体混合物进行多次部分汽化同时又多次部分冷凝，就能分离为纯或比较纯的组分呢？对于一次汽化、冷凝来说，由于液体混合物中所含的组分的沸点不同，当其在一定温度下部分汽化时，因低沸点物易于汽化，故它在气相中的浓度较液相高，而液相中高沸点物的浓度较气相高。这就改变了气、液两相的组成。当对部分汽化所得蒸汽进行部分冷凝时，因高沸点物易于冷凝，冷凝液中高沸点物的浓度较气相高，而冷凝气中低沸点物的浓度比冷凝液中要高。这样经过一次部分汽化和部分冷凝，混合液通过各组分浓度的改变得到了初步分离。如果多次这样进行下去，将最终在液相中留下基本上是高沸点的组分，在气相中留下基本上是低沸点的组分。由此可见，多次部分汽化和多次部分冷凝同时进行，就可以将混合物分离为纯或比较纯的组分。

液体汽化要吸收热量，气体冷凝要放出热量。为了合理地利用热量，我们可以把气体冷凝时放出的热量供给液体汽化时使用，也就是使气、液两相直接接触，在传热同时进行传质。为了满足这一要求，在实践中，这种多次部分汽化伴随多次部分冷凝的过程是在逆流作用的板式设备中进行的。所谓逆流，就是因液体受热而产生的温度较高的气体，自下而上地同塔顶因冷凝而产生的温度较低的回流液体（富含低沸点组分）做逆向流动。塔内所发生的传热传质过程如下：气、液两相进行热的交换，利用部分汽化所得气体混合物中的热来加热部分冷凝所得的液体混合物；气、液两相在热交换的同时进行质的交换。温度较低的液体混合物被温度较高的气体混合物加热而部分汽化。此时，因挥发能力的差异，低沸点物挥发能力强，高沸点物挥发能力差，低沸点物比高沸点物挥发多，结果表现为低沸点组分从液相转为气相，气相中易挥发组分增浓；同理，温度较高的气相混合物因加热了温度较低的液体混合物，而使自己部分冷凝，同样因为挥发能力的差异，高沸点组分从气相转为液相，液相中难挥发组分增浓。

精馏塔是由若干塔板组成的，塔的最上部称为塔顶，塔的最下部称为塔釜。塔内的一块塔盘只进行一次部分汽化和部分冷凝，塔盘数越多，部分汽化和部分冷凝的次数越多，分离效果越好。通过整个精馏过程，最终由塔顶得到高纯度的易挥发组分，塔釜得到的基本上是难挥发的组分。

4. 露点

把气体混合物在压力不变的条件下降温冷却，当冷却到某一温度时，产生第一个微小的液滴，此温度称为该混合物在指定压力下的露点温度，简称露点。处于露点下的气体称为饱和气体。从精馏塔顶蒸出的气体温度，就是处在露点下。值得注意的是，第一个液滴不是纯组分，它是露点下与气相平衡的液相，其组成由相平衡关系决定。由此可见，不同组成的气体混合物，塔的露点是不同的。

5. 泡点

液体混合物在一定压力下加热到某一温度时，液体中出现第一个很小的气泡，即刚开始沸腾时的温度称为该液体在指定压力下的泡点温度，简称泡点。处于泡点下的液体称为饱和液体，即精馏塔的釜温温度。应该说明，这第一个很小的气泡也不是纯组分，它的组成也是由相平衡关系决定的。

6. 沸点

当纯液体物质的饱和蒸汽压等于外压时，液体就会沸腾，此时的温度称为该液体在指定压力下的沸点。纯物质的沸点是随外界压力的变化而改变的。当外界压力增大时，沸点升高；当外界压力降低时，沸点降低。对于纯物质来说，在一定压力下，泡点、露点、沸点均为一个数值。

7. 潜热

单位质量的纯物质在相变（在没有化学反应的条件下，物质发生了相态的改变，称为相变。例如，水结成冰或水汽化成水蒸气等称为相变过程）过程吸收或放出的热称为潜热。如1kg水由液态受热变成水蒸气的过程中所吸收的热称为水的汽化潜热，常用单位为kcal/kg（1cal＝4.1868J）。值得注意的是，在相变时温度和压力都是不变的，否则不能称之为潜热。因此，在说明潜热数值时，要说明在什么温度什么压力下，进行何种相变过程。例如，1kg水在760mmHg压力、100℃下汽化，汽化潜热为539.6kcal。相反，在此条件下，水蒸气冷凝释放出来的热称为冷凝潜热，数值与汽化潜热相等。混合物的潜热可以实测或计算，其数值的大小除了和组分的性质有关外，还和组分的含量有关，不是一个固定的数值。

8. 湿热

纯物质在不发生相变和化学反应的条件下，因温度的改变而吸收或放出的热量称为湿热。

9. 回流比

在精馏过程中，混合液加热后所产生的蒸汽由塔顶蒸出，进入塔顶冷凝器。蒸汽在此冷凝（或部分冷凝）成液体，将其一部分冷凝液返回塔顶沿塔板下流，这部分液体称为回流液；将另一部分冷凝液（或未冷凝蒸汽）从塔顶采出，作为产品。回流比就是回流液量与采出量的质量比，通常以 R 来表示，即

$$R = L/D$$

式中　R——回流比；

　　　L——单位时间内塔顶回流液体量，kg/h；

　　　D——单位时间内塔顶采储量，kg/h。

10. 最小回流比

在规定的分离精度要求下，即塔顶、塔釜采出的组成一定时，逐渐减少回流比，此时所谓的理论板数会逐渐增加。当回流比减少到某一数值时，所需的理论板数增加至无数多，这个回流比的数值称为完成该项预定分离任务的最小回流比。通常操作时的实际回流比取为最小回流比的 1.3~2 倍。

（二）精馏中主要的工艺参数

1. 物料平衡

全塔物料平衡公式：

$$F = D + W$$

式中　F——进料量；

　　　D——塔顶采出量；

　　　W——塔底采出量。

操作中必须保证物料平衡，否则影响产品质量。精馏设备的仪表必须设计得能使塔达到物料平衡，以便进行稳定的操作。为了进行总体的进料平衡，塔顶和塔底的采出量必须进行适当的控制，所进物料不是作为塔顶产品采出，就是作为塔底产品采出，反之亦然。

2. 热量平衡

热量平衡公式：

$$Q_B + Q_F = Q_C + Q_D + Q_W + Q_L$$

式中　Q_B——再沸器加热剂带入的热量；

　　　Q_F——进料带入的热量；

　　　Q_C——冷凝器冷却剂带出的热量；

　　　Q_D——塔顶产品带出的热量；

　　　Q_W——塔底产品带出的热量；

　　　Q_L——散失于环境中的热量。

操作中要保持热量的平衡，再沸器、冷凝器的负荷要满足要求，才能保持平稳操作。

3. 温度、压力、物料组成之间的关系

物料组成一定时，压力 P 增大，温度（沸点）T 升高。压力 P 一定时，物料组成增多，温度（沸点）T 升高。温度与物料组成有一一对应关系，塔顶至塔底温度由低到高，则物料组成由轻到重，利用这个对应关系控制分离效果，可保证产品质量。

塔板温度受塔压力和物料组成的影响，与加热量的大小无关。常压塔中，塔顶温度接近于塔顶纯物料的沸点，塔底温度是一种或几种重组分的泡点。

4. 塔压

塔压是精馏操作的主要控制指标之一，塔压波动太大，会破坏全塔的物料平衡和气液

平衡，使产品质量不合格，因此，精馏的操作要稳定。

影响塔压变化的因素有塔顶温度、塔釜温度、进料组成、进料量、回流量、冷剂量及冷剂压力。另外，仪表故障、设备和管道的冻堵，也可引起塔压的变化。

调节塔压的方法有如下两种：

（1）塔顶冷凝器为分凝器时，塔压一般靠塔顶气相产品取出量调节。取出量加大，塔压下降；取出量减小，塔压上升。

（2）再沸器蒸汽用量过大时，回流量较大，塔压升高，这时，应适当降低蒸汽量，以调压塔釜压力。

5. 塔压差

塔压差是衡量塔内气体负荷大小的主要因素，也是判断精馏操作的进料、出料是否平衡的重要标志之一。在进出料保持平衡、回流比不变的情况下，塔压差基本上是不变的。当塔压差变化时，要针对塔压差变化的原因进行相应的调节。

常用的调节方法有3种：（1）在进料不变时，改变塔顶取出量可改变压差。取出多，回流量减小，压差小；取出少，回流量增大，塔压差会越来越大。（2）在取出不变时，用进料量来调节压差。进料量大，塔压差上升；反之下降。（3）在工艺指标允许的范围内，可通过釜温的变化来调节压差。提高釜温，压差上升；降低釜温，压差下降。

6. 进料状态

进料状态有5种：（1）冷进料；（2）饱和液；（3）气液混合物；（4）饱和气；（5）过热气。

对于固定进料的某个塔来说，进料状态的改变，将会影响产品质量和损失。例如，某塔为饱和液进料，当改为冷进料时，料液入塔后在加料板上与提馏段上升的蒸汽相遇，即被加热至饱和温度，与此同时，上升蒸汽有一部分被冷凝下来，精馏段塔板数过多，提馏段塔板数不足，结果会造成釜液中损失增加。这时在操作上，应适当调整再沸器蒸汽，使塔的回流量达到原来量。

7. 进料温度

进料温度降低，将增加塔底再沸器的热负荷，减少塔顶冷凝器的冷负荷；进料温度升高，则将增加塔顶冷凝器的冷负荷，减少塔底再沸器的热负荷。一方面，当进料温度的变化幅度过大时，常会影响整个塔身的温度，从而改变气液平衡组成；另一方面，进料温度的变化，意味着进料状态的改变。因此，进料温度是影响精馏操作的重要因素之一。

8. 进料量

进料量有两种情况：进料量波动范围不超过塔顶冷凝器和加热釜的负荷范围时，对塔顶温度和塔釜温度不会有显著影响，而只影响塔内上升蒸汽速度的变化。进料量波动范围超过了塔顶冷凝器和加热釜的负荷范围时，不仅影响塔内上升蒸汽速度的变化，而且会改变塔顶、塔釜温度，致使塔板上的气液平衡组成改变，直接影响塔顶产品的质量和塔釜损失。总之，进料量过大的波动，将会破坏塔内正常的物料平衡和工艺条件，造成一系列的波动。因此，应平衡进料，细心调节。

9. 进料组成

进料组成的变化直接影响精馏操作，当进料中重组分增加时，精馏段负荷增加，容易把重组分带到塔顶，使塔顶产品不合格，若进料中轻组分增加，提馏段负荷就会加重，容易造成釜液中轻组分损失加大。进料组成的变化，还会引起物料平衡和工艺条件的变化。

10. 全回流

全回流在精馏操作中，若塔顶上升蒸汽经冷凝后全部回流至塔内，则这种操作方法称为全回流。全回流时的回流比 R 等于无穷大。此时塔顶产品为零，通常进料和塔底产品也为零，即既不进料也不从塔内取出产品。显然全回流操作对实际生产是无意义的。但是全回流便于控制，因此在精馏塔的开工调试阶段及实验精馏塔中，常采用全回流操作。

（三）检验设备的认识

1. 比重计的认识

比重计的原理。比重计是根据阿基米德定律和物体浮在液面上平衡的条件制成的，是测定液体密度的一种仪器。它用一根密闭的玻璃管，一端粗细均匀，内壁贴有刻度纸，另一端稍膨大呈泡状，泡中装有小铅粒或水银，使玻璃管能在被检测的液体中竖直地浸入到足够的深度，并能稳定地浮在液体中，也就是当它受到任何摇动时，能自动地恢复成垂直的静止位置。当比重计浮在液体中时，其本身的重力跟它排开的液体的重力相等。于是在不同的液体中浸入不同的深度，所受到的压力不同，比重计就是利用这一关系刻度的。液体比重计的长管子上常标有数字标度。使用这种仪器，物体只会沉到被其所排除的液体的质量恰好等于它自身质量的那种深度为止。因此，液体比重计在体积质量较轻的液体里，比在体积质量较重的液体里要下沉得更深。

比重计的使用方法：将外表清洁的比重计轻轻放入待测液体中并使其浮起，待其静止后，再轻轻按下少许，然后待其自然上升，静止并无气泡冒出后，从水平位置读取与液面平面相交处的刻度值。

使用比重计的注意事项：

（1）比重计使用前必须全部清洗擦干（用肥皂或酒精擦洗干净）。

（2）经过清洁处理后的比重计，手不能拿在分度的刻线部分，必须用食指和拇指轻轻拿在干管顶端，并注意不能横拿，应垂直拿，以防折断。

（3）必须把盛液体用的筒清洗干净，以免影响读数。

（4）要充分搅拌液体，等气泡消除后再把比重计轻轻漂浮于液体中，使比重计在检测点上、下3个分度内浮动，待有良好的弯月面时再读取读数，否则读数不准。

（5）要看清比重计读数方法，例如，除比重计内的小标志上标明"弯月面上缘读数"外，其他一律用"弯月面下缘读数"。

（6）液体温度与比重计标准温度不符时，其读数应予以补正。

（7）如发现比重计分度纸位置移动、玻璃裂痕、表面有污秽物附着而无法去除时，应立即停止使用。

（8）使用比重计时不要和除液体以外的其他任何地方有碰触，否则读数误差会很大。

2. 气相色谱仪操作规程

载气钢瓶的使用及注意事项：

（1）钢瓶必须分类保管，直立固定，远离热源，避免曝晒及强烈振动，氢气室内存放量不得超过两瓶。

（2）氧气瓶及专用工具严禁与油类接触。

（3）钢瓶上的氧气表要专用，安装时螺栓要上紧。

（4）操作时严禁敲打，发现漏气须立即修好。

（5）用后气瓶的剩余残压不应少于 980kPa。

（6）氢气压力表为反向螺纹，安装拆卸时应注意防止损坏螺纹。

减压阀的使用及注意事项：

（1）在气相色谱分析中，钢瓶供气压力在 9.8~14.7MPa。

（2）减压阀与钢瓶应配套使用，不同气体钢瓶所用的减压阀是不同的。氢气减压阀接头为反向螺纹，安装时需小心。使用时需缓慢调节手轮，使用后必须旋松调节手轮和关闭钢瓶阀门。

（3）关闭气源时，先关闭减压阀，后关闭钢瓶阀门，再开启减压阀，排出减压阀内气体，最后松开调节螺杆。

微量注射器的使用及注意事项：

（1）微量注射器是易碎器械，使用时应多加小心，不用时要洗净放入盒内，不要随便玩弄，来回空抽，否则会严重磨损，损坏气密性，降低准确度。

（2）微量注射器在使用前后都须用丙酮等溶剂清洗。

（3）对 $10\mu L$ 的注射器，如遇针尖堵塞，宜用直径为 0.1mm 的细钢丝耐心穿通，不能用火烧的方法。

（4）硅橡胶垫在几十次进样后，容易漏气，需及时更换。

（5）用微量注射器取液体试样，应先用少量试样洗涤多次，再慢慢抽入试样，并稍多于需要量。若微量注射器内有气泡则将针头朝上，使气泡上升排出，再将过量的试样排出，用滤纸吸去针尖外所蘸试样。注意切勿使针头内的试样流失。

（6）取好样后应立即进样，进样时，微量注射器应与进样口垂直，针尖刺穿硅橡胶垫圈，插到底后迅速注入试样，完成后立即拔出注射器，整个动作应进行得稳当、连贯、迅速。针尖在进样器中的位置、插入速度、停留时间和拔出速度等都会影响进样的重复性，操作时应注意。

热导池检测器的使用及注意事项：

（1）开启热导电源前，必须先通载气，实验结束时，把桥电流调到最小值，再关闭热导电源，最后关闭载气。

（2）稳压阀、针形阀的调节须缓慢进行。稳压阀不工作时，必须放松调节手柄。针形阀不工作时，应将阀门处于"开"的状态。

（3）各室升温要缓慢，防止超温。

（4）更换汽化室密封垫片时，应将热导电源关闭。若流量计浮子突然下落到底，也应首先关闭该电源。

（5）桥电流不得超过允许值。

氢火焰离子化检测器的使用及注意事项：

（1）通氢气后，待管道中残余气体排出后，应及时点火，并保证火焰是点着的。

（2）使用氢火焰离子化检测器时，离子室外罩须罩住，以保证良好的屏蔽和防止空气侵入。如果离子室积水，可将端盖取下，待离子室温度较高时再盖上。工作状态下，取下检测器罩盖，不能触及极化极，以防触电。

（3）离子室温度应大于 $100℃$，待层析室温度稳定后，再点火，否则离子室易积水，影响电极绝缘而使基线不稳。

第三节　精馏的操作

一、岗位职责要求

（1）间歇精馏岗位技能：再沸器温控操作；塔釜液位测控操作；采出液浓度与产量联调操作。

（2）连续精馏岗位技能：全回流全塔性能测定；连续进料下部分回流操作；回流比调节；冷凝系统水量及水温调节；进料预热系统调节；塔视镜及分配罐状况控制。

（3）精馏现场工控岗位技能：再沸器温控操作；塔釜液位测控操作；采出液浓度与产量联调操作；冷凝系统水量及水温调节；进料预热系统调节；塔视镜及分配罐状况控制。

（4）质量控制岗位技能：全塔温度/浓度分布检测；全塔、各液相检测点取样分析操作；塔流体力学性能及筛板塔气液鼓泡接触控制。

（5）化工仪表岗位技能：增压泵、微调转子流量计、变频器、差压变送器、热电阻、无纸记录仪、声光报警器、调压模块及各类就地弹簧指针表等的使用；单回路、串级控制和比值控制等控制方案的实施。

（6）就地及远程控制岗位技能：现场控制台仪表与计算机通信，进行实时数据采集及过程监控；总控室控制台与现场控制台通信，各操作工段切换、远程监控、流程组态的上传下载等。

（7）分析实训技能：能进行酒精比重计、气相色谱分析及化学分析实训。

二、精馏的操作步骤

精馏的操作步骤包括开车前的准备工作、开车、正常运行、停车4个部分。由于各精馏塔处理的物系性质，操作条件和整个生产装置中所起的作用等千差万别，具体的操作步骤很可能有差异。重要的是必须重视具体塔的特点，谨慎地确定精馏的操作步骤，特别是开车前的准备工作可以视设备情况而进行适当增减。

（一）开车前的准备工作

开车前的准备工作包括开工检查、装置联调、设备吹扫（打靶）、系统试车、气密置换（惰化）、声光报警系统检验等。

1. 开工检查

由相关操作人员组成装置检查小组，对本装置所有设备、管道、阀门、仪表、电气、分析、保温等按工艺流程图要求和专业技术要求进行检查，确认无误。检查所有仪表是否处于正常状态，检查所有设备是否处于正常状态。

2. 装置联调

装置联调也称为水试，是用水、空气等介质代替生产物料所进行的一种模拟生产状态的试车。其目的是检验生产装置连续通过物料的性能，此时，可以对水进行加热或降温，观察仪表是否能准确地指示流量、温度、压力、液位等数据，以及设备的运转是否正常等情况。

（1）水压检漏。打开系统内所有设备间连接管道上的阀门，关闭系统所有排污阀、取

样阀、仪表根部阀，向系统内缓慢加水，关注进水情况，检查装置泄漏，及时消除泄漏点并根据水位上升状况及时关闭相应的放空阀。当系统水加满后关闭放空阀，使系统适当承压（若 0.2MPa<操作压力<0.5MPa，则实验压力为操作压力的 1.5 倍；若操作压力>0.5MPa，则实验压力为操作压力的 1.25 倍；若操作压力<0.2MPa，则实验压力为操作压力的 0.2MPa）并保持 10min，系统若无不正常现象，则可以判定此项工作结束。然后打开放空阀并保持常开状态，打开装置低处的排污阀，将系统内的水排放干净。

（2）气密性实验。压缩机向系统内送入空气，将压力逐渐加至操作压力的 1.1 倍，若操作压力>0.5MPa，则实验压力为操作压力的 1.05 倍，用肥皂水涂抹设备、管道上的法兰、焊缝等各连接处，若有泄漏，则标记试压后进行消漏处理，若无泄漏，则保压 30min 后放空。

此操作在装置初次开车时很关键，平时的操作中，可以根据具体情况，操作其中的某些步骤或不操作。

3. 设备吹扫

由于此过程在装置初次试车时很关键，而且装置在出厂前已经完成此操作，故此步可以不操作。

4. 系统试车

（1）关闭精馏塔排污阀、原料加热器排污阀、再沸器至塔底换热器连接阀、冷凝液槽出口阀。

（2）打开原料泵进口阀与出口阀、精馏塔原料液进口阀、塔顶冷凝液槽进口阀、塔顶冷凝液槽放空阀。

（3）启动原料泵，当原料加热器充满原料液（观察原料加热器顶的视盅中有料液）后，打开精馏塔进料阀，往再沸器内加入原料液，调节再沸器液位至 1/2~2/3。

（4）分别启动原料加热器、再沸器加热系统，用调压模块调节加热功率，系统缓慢升温，观测整个加热系统运行状况，系统运行正常则停止加热，排放完系统内的水。

5. 气密置换

打开压缩机入口氮气阀，慢慢向压缩机机体内充入氮气，压力到 0.5MPa 时关闭，连续置换两遍。

6. 声光报警系统检验

信号报警系统有试灯状态、正常状态、报警状态、消音状态、复原状态：

（1）试灯状态：在正常状态下，检查灯光回路是否完好。

（2）正常状态：此时，设备运行正常，没有灯光或音响信号。

（3）报警状态：当被测工艺参数偏离规定值或运行状态出现异常时，发出音响灯光信号（控制面板上的闪光报警器），以提醒操作人员。

（4）消音状态：操作人员可以按控制面板上的消音按钮，从而解除音响信号，保留灯光信号。

（5）复原状态：当故障解除后，报警系统恢复到正常状态。

（二）开车

开车是生产中十分重要的环节，目标是缩短开车时间，节省费用，避免可能发生的事故，尽快取得合格产品。精馏塔开车的一般步骤如下：

（1）制订出合理的开车步骤、时间表和必需的预防措施；准备好必要的原材料和水、电、气供应；配备好人员编制，并完成相应的培训工作；等等。

（2）对塔进行加压和减压，达到正常操作压力。

（3）对塔进行加热和冷却，使其接近操作温度。

（4）向塔中加入原料。

（5）开启塔顶冷凝器、再沸器和各种加热器的热源、各种冷却器的冷源。

（6）对塔的操作条件和参数逐步进行调整，使塔的负荷及产品质量尽快地达到正常操作值，转入正常操作。

（三）正常运行

顺利开车之后，进入正常运行阶段，此阶段内各项工艺参数均基本稳定，操作工人应时刻关注各项参数的变化情况，并据此进行及时调整，使生产安全稳定运行，同时应定期认真填写生产记录报表。

（四）停车

停车也是生产中十分重要的环节，当装置运转一定周期后，设备和仪表将发生各种各样的问题，继续维持生产在生产能力和原材料消耗等方面已经达不到经济合理的要求，还存在着发生事故的潜在危险，于是需停车进行检修。要实现装置完全停车，尽快转入检修阶段，必须做好停车准备工作，制订合理的停车步骤，预防各种可能出现的问题。精馏塔的停车步骤一般如下：

（1）制订一个降负荷计划，逐步降低塔的负荷，相应地减少加热剂和冷却剂用量，直至完全停止。如果塔中有直接蒸汽（如催化裂化装置主分馏塔），为避免塔板漏液，多出一些合格产品，减少冷却剂用量时可适当增加一些直接蒸汽的量。

（2）停止加料。

（3）排放塔中存液。

（4）实施塔的降压或升压、降温或升温，用惰性气体清扫或冲洗等，使塔接近常温或常压，打开入孔通大气，为检修做好准备。

三、操作注意事项

（一）塔正常操作时

塔正常操作时，气体穿过塔板上的孔道上升，液体则错流经过板面，越过溢流堰进入降液管到下一层塔板。在刚开车时，蒸汽则倾向于通过降液管和塔板上蒸汽孔道上升，液体趋向于经塔上孔道泄漏，而不是横流过塔板进入降液管。只有当气-液两相流率适当在降液管中建立起液封时，才逐渐变成正常流动状况。基斯特提出了建立起液封的3条准则：

（1）气体通过塔板上孔道的流速需足够大，能阻止液体从孔道中泄漏，使液体横流过塔板，越过溢流堰到达降液管。

（2）气体一开始流经降液管的流速需足够小，使液体越过溢流堰后能降落并通过降液管。

（3）降液管必须被液体封住，即液管中液层高度必需大于降液管的底隙。

（二）全回流操作时

全回流操作在精馏塔开车中常被采用，在塔短期停料时，往往也用全回流操作来保持塔的良好操作状况，全回流操作还是脱除塔中水分的一种方法。全回流开车一般既简单又有效，因为塔不受上游设备操作干扰，有比较充裕的时间对塔的操作进行调整，全回流操作时塔中容易建立起浓度分布，达到产品组成的规定值，并能节省料液用量和减少不合格产品量。全回流操作时可应用料液，也可用塔合格的或不合格的产品，这时塔中建立的状况与正常操作时较接近，一旦正式加料运转，容易调整得到合格产品。

对回流比大的高纯度塔，全回流开车有很大吸引力，建议乙烯精馏塔和丙烯精馏塔采取此开车办法，因为这类塔从开车到操作稳定需较长时间，全回流时塔中状况与操作状况比较接近。对于回流比小或很易开车的塔，则往往无须采取全回流开车办法。

全回流操作开车办法对于下列两种情况不大合适，或需采取一些措施：

（1）物料在较长时期的全回流操作中，特别是在塔釜较高温度区内可能发生不希望的反应，除非能选出合适的物料在全回流操作中不发生上述反应，否则应避免在这种场合应用全回流操作。

（2）物料中含有微量危险物质，如丁二烯精馏塔中的微量乙烯基乙炔、丙烯精馏塔中的微量丙二烯和甲基乙炔。它们在正常操作中不会引起麻烦，但在长期全回流操作中又遇到塔顶馏出物管线的阀门渗漏时，实际上相当于一个间歇精馏，这些有害物质会随时间的延长在塔中逐渐达到浓集，从而导致爆炸或其他一些事故。丁二烯精馏塔在全回流操作中，由于乙烯基乙炔浓集而发生爆炸的事故已有报道。选用物料中应清除这些微量物质，例如，通过加氢操作清除丙烯-丙烷物料中的甲基乙炔和丙二烯，才能采用全回流操作的开车办法，否则应避免采用。

 **知识拓展**

蒸氨塔操作流程

下面以蒸氨塔分离氨气和水为例来学习常见的精馏操作。

蒸氨塔是涉及一种氨水蒸氨的设备。针对现有蒸氨塔蒸氨效率低、传质效率差、使用寿命短、操作弹性小、性价比低的问题，这里提供了一种蒸氨塔，它包括塔壳，塔壳内设有塔板，塔板上设有泡罩，所述泡罩的下边缘为锯齿状。这一实用新型的泡罩的下边缘为锯齿状，将由泡罩溢出的气体均匀分割成多股气流进入液相中，消除了气流在液相中的偏析现象，使气、液两相接触充分，传质效果好，蒸氨效率高，利于推广应用。

一、岗位任务

通过蒸氨塔经过精馏操作将氨水中的氨和水分开，得到的产品液氨送到氨储罐区，残液回收利用。

二、精馏原理

把液体混合物经过多次部分汽化和部分冷凝，使液体分离成相当纯的组分的操作称为精馏，连续精馏塔可以想象成是由一个个简单蒸馏釜串联起来的，由于原料液中组分的挥发度不同，每经过一个蒸馏釜蒸馏一次，蒸汽中轻组分的含量就提高一次，即 $y_{n+1} > y_n > x$（y 代表气相组成，x 代表液相组成），增加蒸馏釜的个数就可得到足够纯的轻组分，而塔釜中残液中所含轻组分的量会越来越少，接近于零。将这些蒸馏釜叠加起来，在结构上加以简化即成为精馏塔。

本工序就是利用蒸氨塔分出氨水中的轻组分物质氨和重组分物质水而得到产品液氨。蒸氨塔采用垂直筛板塔，它比传统的浮阀塔板有更好的传质、传热性能。

三、工艺流程

从界区外送来的15%氨水进入稀氨水槽，经稀氨水泵加压到1.7MPa左右打到热交换器，与塔釜出来的精馏残液换热回收热量后，氨水被加热到140～160℃进入蒸氨塔；蒸氨塔下部的再沸器采用大于2.2MPa的饱和蒸汽间接加热釜液，保持温度在203℃左右。塔顶蒸汽温度约为43℃时进入冷凝器Ⅰ冷凝，在此部分气氨冷凝为液氨，未冷凝气氨进入冷凝器Ⅱ进一步冷凝为液氨，两冷凝器中冷凝的液氨部分直接流入蒸氨塔作为回流，另一部分作为产品流入储氨罐，经高压气体加压后，压到液氨罐区。蒸氨塔底含量很低的残液经热交换器回收热量后，送到界区外。

四、正常操作时的工艺指标

（一）温度
（1）蒸汽塔进料温度大于140℃。
（2）蒸氨塔塔釜温度为203℃。
（3）蒸氨塔塔顶温度为43℃。

（二）压力
（1）蒸汽压力不小于2.0MPa。
（2）蒸氨塔压力不小于1.7MPa。

（三）液位
蒸氨塔液位为50%～70%。

（四）回流比
蒸氨塔回流比为3～5。

（五）成分
（1）液氨中氨含量不小于99.5%。
（2）残液中氨含量小于0.07%。

五、精馏岗位的原始开车

（一）安装后的检查
（1）按照工艺流程图和管道安装图，检查所有的设备和管道安装是否齐全和正确。
（2）检查水、电、汽是否处于正常的供应状态。
（3）检查仪表等是否齐全，并能投入正常运转。

（二）系统的吹净
在安装过程中，设备和管道内可能存有灰尘、油泥、棉纱、铁屑和焊渣等杂物，必须进行吹净，以免在试车过程中将运转设备的部件打坏或堵塞管道、设备。

水管和蒸汽管可以不吹，只吹塔器和回流槽，按照流程的先后顺序将设备和管道拆开，逐段吹除，吹完一段安装一段，直到吹完为止。

用空压机向系统内输送 0.4MPa 的压缩空气作为吹净气源。

（三）系统的试压和试漏

检查设备和管道的施工记录和试验报告，如果压力管道和压力容器部分已做了系统压力试验，可以与其他常压系统一起做气密试漏，否则应与其他常压设备隔断进行气密性试验，试验压力为设备设计压力的 1.15 倍。

气密试漏的方法：向系统打入 0.2MPa 左右的压缩空气，然后对每一个焊缝、阀门、法兰、螺钉孔和丝扣等用耳听、手摸、涂肥皂水等办法进行查漏，如果发现泄漏处，应及时做好标记，逐个消除，再进行试漏，直到完全合格为止。

（四）运转设备的单体试车

精馏系统的单体运转设备主要是泵类，按泵的单体试车方法进行。主要是检查泵的电动机启动是否正常，转动方向是否正确，出口是否有压力，进口是否有泄漏抽空等现象。

可以先用消防水带给氨水储槽注水，然后再向蒸氨塔打液，同时检查泵的出口压力、电动机电流，根据回流槽液位下降和塔釜液位的上升便可知道泵的运行情况。

（五）系统的清洗

（1）用消防水带往稀氨水储槽内注水。

（2）启动氨水泵往蒸氨塔内注水。

（3）打开蒸氨塔排污阀，排一会儿水，关闭排污阀，建立液位。

（4）往蒸氨塔再沸器内通蒸汽，进行蒸煮。

（5）进料管线的清洗：打开蒸氨塔进料阀，拆开热交换器前管线上的法兰，让蒸氨塔中的气液从进料管线倒经热交换器最终从敞口处流出。

（6）在清洗过程中，其他管线、取样口均可打开法兰不断排放，直到清洁为止。

（7）由于吹净效果较差，所以精馏的原始开车关键是蒸煮，务必要清洗彻底。清洗完毕，即可按正常步骤开车。

六、开车前的准备工作

（1）检查所有静止设备是否完好，人孔是否封死。

（2）检查各转动设备是否完好，是否处于开车状态。

（3）检查各仪表、阀门是否正常。

（4）检查蒸汽压力是否满足开车状况。

（5）检查各有关盲板是否拆除。

（6）通知调度室、成品库、氨水岗位准备开车。

七、正常开车

（1）联系氨水岗位，开氨水泵，打开热交换器进出口阀门，向蒸氨塔进料，使塔釜液位达 1/2~2/3。

（2）打开蒸氨塔冷凝器冷却水阀，通冷却水。

（3）打开蒸氨塔再沸器蒸汽出口阀，并用压力自调阀控制蒸汽压力，控制釜温在 205℃左右。当蒸氨塔冷凝器出现冷凝液时，打开蒸氨塔回流管线阀门，建立回流，根据回流量加减蒸汽量，最终控制蒸氨塔塔釜温度在 201~204℃，塔顶温度在 41~43℃。

打开液氨采出阀，采出液氨。最终维持回流比为 3~5。

(4) 稳定各塔的操作，使各项指标都在控制范围内。

(5) 待稳定后，使各有关的自调投入使用。

(6) 开车后 2h 采样分析液氨一次，合格后送成品储槽。

(7) 系统正常后，全面检查一遍是否有异常情况。

八、停车操作

（一）正常停车

(1) 通知调度室、成品室、氨水岗位。

(2) 停氨水泵，关泵进出口阀门。

(3) 关闭蒸氨塔再沸器蒸汽进口阀。

(4) 关闭液氨取出阀口，蒸氨塔采取全回流操作。

(5) 把蒸氨塔塔釜和溶液放入地下槽并打回稀氨水储槽。

(6) 停用全部自调。

（二）临时停车（以蒸氨系统不检修、不置换为原则）

停各泵，关闭各塔进出口阀，减少蒸汽量，保持塔内全回流，各温度点不变。

九、不正常情况的处理

(1) 塔入料困难：蒸汽量过大。

(2) 淹塔：入料量过大或蒸汽量过大。

(3) 塔底无液位：塔底液位调节失灵；蒸汽量大。

(4) 采出液氨质量不合格：调节回流比和蒸汽加入量。

第四节　精馏过程异常现象及处理方法

一、液泛

在精馏操作中，下层塔板上的液体涌至上层塔板，破坏了塔的正常操作，这种现象称为液泛。这主要是由于塔内上升蒸汽的速度过大，超过了最大允许速度造成的。另外在精馏操作中，也常常遇到液体负荷太大，使溢流管内液面上升，以致上下塔板的液体连在一起，破坏了塔的正常操作的现象，这也是液泛的一种形式。以上两种现象都属于液泛，但引起的原因不同。

二、雾沫夹带

雾沫夹带是指气体自下层塔板带至上层塔板的液体雾滴。在传质过程中，大量雾沫夹带会使不应该上到塔顶的重组分带到产品中，从而降低产品的质量，同时会降低传质过程中的浓度差，致使塔板效率下降。对于给定的塔来说，最大允许的雾沫夹带量就限定了气体的上升速度。影响雾沫夹带量的因素很多，如塔板间距、空塔速度、堰高、液流速度及物料的物理化学性质等。

三、液体泄漏

液体泄漏俗称漏液，塔板上的液体从上升气体通道倒流入下层塔板的现象称为泄漏。在精馏操作中，当上升气体所具有的能量不足以穿过塔板上的液层，甚至低于液层所具有的位能时，就会托不住液体而产生泄漏。空塔速度越低，泄漏越严重。其结果是使一部分液体在塔板上没有和上升气体接触就流到下层塔板，不应留在液体中的低沸点组分没有蒸出去，致使塔板效率下降。因此，塔板的适宜操作的最低空塔速度是由液体泄漏量所限制的，正常操作中要求塔板的泄漏量不得大于塔板上液体量的10%。

四、返混现象

在有降液管的塔板上，液体横过塔板与气体呈错流状态，液体中易挥发组分的浓度沿着流动的方向逐渐下降。但是当塔板上的液体形成涡流时，浓度高的液体和浓度低的液体就混在一起，破坏了液体沿流动方向的浓度变化，这种现象称为返混现象。返混现象能导致分离效果的下降。返混现象的发生，受到很多因素的影响，如停留时间、液体流动情况、流道的长度、塔板的水平度、水力梯度等。

五、加热故障

加热介质故障。

六、再沸器故障

再沸器故障有泄漏、堵塞、虹吸遭破坏、强制循环量不够、液面不准、重组分底部积累等。

七、泵打不上量

回流泵过滤器堵塞、液位太低、出口阀开度过小、轻组分太多等情况都可能造成泵打不上量。泵在启动时打不上量往往是因为没有预冷好，物料在泵内汽化所致。

 练习题

1. 什么是回流，精馏操作过程中回流有什么作用？
2. 什么是全回流操作，主要应用有哪些？
3. 精馏塔为什么要设蒸馏釜或再沸器？
4. 什么是液泛、夹带、漏液现象？
5. 简述精馏原理及实现精馏定态操作的必要条件。
6. 连续精馏流程主要由哪些设备组成，还有哪些辅助设备？
7. 通常对特定的精馏塔和物系，影响精馏操作的因素有哪些？
8. 解释泡点、露点、沸点的定义。
9. 精馏操作开车前的准备工作有哪些？
10. 简述精馏的操作步骤。
11. 简述精馏操作中常见的异常现象。

第八章 换 热 器

换热器是将热流体的部分热量传递给冷流体的设备，又称热交换器。换热器的应用十分广泛，如日常生活中取暖用的暖气散热片、汽轮机装置中的凝汽器和航天火箭上的油冷却器等，都是换热器。换热器还广泛应用于化工、石油、动力和原子能等工业部门。它的主要功能是保证工艺过程对介质所要求的特定温度，同时也是提高能源利用率的主要设备之一。换热器既可是一种单独的设备，如加热器、冷却器和凝汽器等；也可是某一工艺设备的组成部分，如氨合成塔内的热交换器。在化工生产中换热器可作为加热器、冷却器、冷凝器、蒸发器和再沸器等，其主要适用于加热、冷却、蒸发、冷凝、干燥等方面。

第一节 换热设备的类型及应用

换热器因其使用的条件不同，其容量、压力、温度等变动范围较大，为了适应不同的用途，故要采用各种形式及结构的换热器。换热器的种类很多，按用途可分为冷却器、冷凝器、加热器、再沸器、蒸汽发生器、废热（或余热）锅炉等；按换热方式可分为直接接触式换热器、蓄热式换热器、间壁式换热器，最常用的是间壁式换热器。下面介绍几种常见的间壁式换热器的特点及应用。

一、蛇管式换热器

蛇管式换热器是以蛇形管作为传热元件的换热器，一般是用金属或非金属管子弯曲成所需的形状，如圆形、螺旋形和长的蛇形管。如图 8-1 所示，它是最早出现的一种换热设备，具有结构简单和操作方便等优点。根据管外流体冷却方式的不同，蛇管式换热器又分为沉浸式和喷淋式。

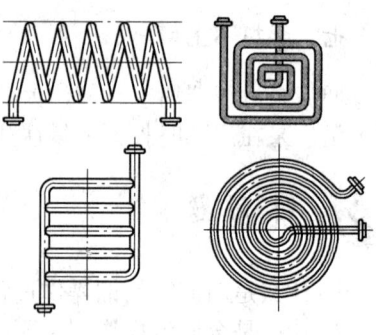

图 8-1　常用蛇管形状

（一）沉浸式蛇管换热器

沉浸式蛇管换热器如图 8-2 所示。蛇管沉浸在盛有流体的容器内，一种流体在容器中流动，另一种流体在蛇管内流动，两者通过蛇管壁进行换热。蛇管多以金属管子弯绕而成，或由弯头、管件和直管连接组成，也可制成适合不同设备形状要求的蛇管。该换热器使用时沉浸在盛有被加热或被冷却介质的容器中，两种流体分别在管内、外进行换热，常用于高压流体的冷却，以及反应器的传热元件。

优点：该换热器结构简单，造价低廉，操作敏感性较小，管子可承受较大的流体介质压力。

缺点：管外流体的流速小，传热系数小，传热效率低，需要的传热面积大，设备显得笨重。

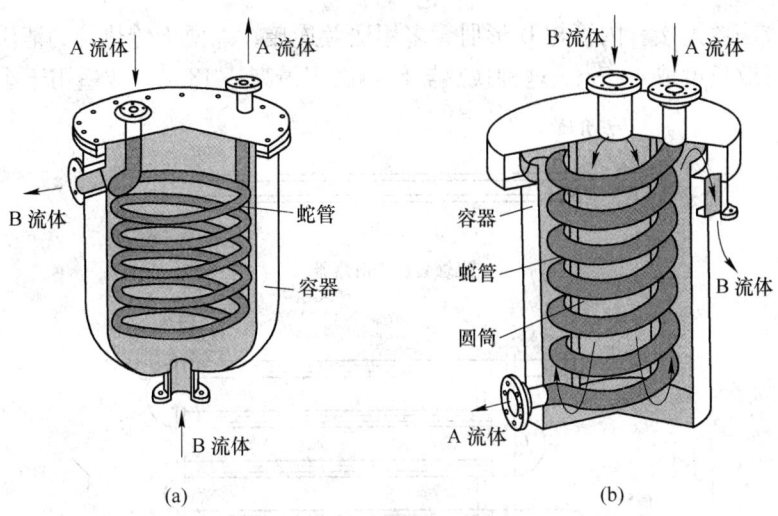

图 8-2　沉浸式蛇管换热器

（二）喷淋式蛇管换热器

喷淋式蛇管换热器的结构如图 8-3 所示，将蛇管成排地固定在钢架上，被冷却的流体在管内流动，冷却水由管排上方的喷淋装置均匀淋下。

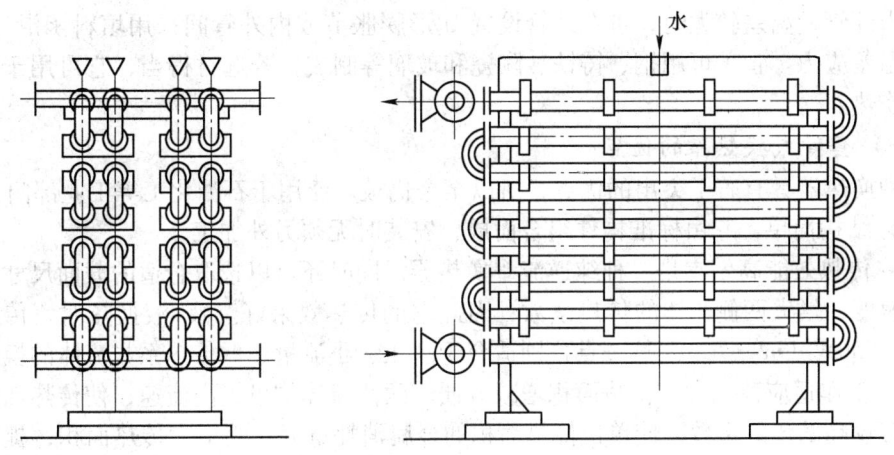

图 8-3　喷淋式蛇管换热器

优点：与沉浸式蛇管换热器相比，该换热器管外流体的传热系数大，且便于检修和清洗。

缺点：该换热器体积庞大，占地较大，水滴会溅洒到周围环境，且喷淋不易均匀；冷却水用量较大，有时喷淋效果不够理想。

二、套管式换热器

以同心套管中的内管作为传热元件的换热器称为套管式换热器（图 8-4）。两种不同直径的管子套在一起组成同心套管，每一段套管称为"一程"，每程的内管（传热管）接 U 形肘管，而外管用短管依次连接成排，固定于支架上。热量通过内管管壁由一种流体传递给另一种流体。通常，热流体由上部引入，而冷流体则由下部引入。套管中外管的两端与内管用焊接或法兰连接。内管与 U 形肘管多用法兰连接，以便于传热管的清洗和增减。每程传热管的有效长度取 4~7m。这种换热器传热面积最高达 18m²，故适用于小容量换热。

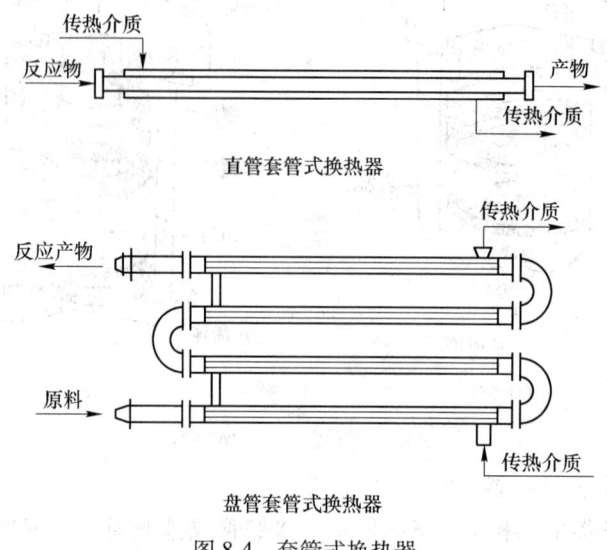

图 8-4　套管式换热器

当内外管壁温差较大时，可在外管设置 U 形膨胀节或内外管间采用填料函滑动密封，以减小温差应力。管子可用钢、铸铁、陶瓷和玻璃等制成，若选材得当，它可用于腐蚀性介质的换热。

（一）套管式换热器的优点

这种换热器具有若干突出的优点，所以至今仍被广泛用于石油化工等工业部门：

（1）结构简单。它由标准构件组合而成，安装时无须另外加工。

（2）传热效能高。它是一种纯逆流型换热器，同时还可以选取合适的截面尺寸，以提高流体速度，增大两侧流体的传热系数，因此它的传热效果好。液-液换热时，传热系数为 870~1750W/(m²·℃)。这一点特别适合于高压、小流量、低传热系数流体的换热。

（3）工作适应范围大，传热面积增减方便。两侧流体均可提高流速，使传热面的两侧都可以有较高的传热系数，使单位传热面积的金属消耗量大。为增大传热面积，提高传热效果，可在内管外壁加设各种形式的翅片，并在内管中加设刮膜扰动装置，以适应高黏度流体的换热。

（4）可以根据安装位置任意改变形态，利于安装。

（二）套管式换热器的缺点

（1）管接头多，检修、清洗和拆卸都较麻烦，在可拆连接处容易造成泄漏。

（2）占地面积大；单位传热面积金属耗量多，约为管壳式换热器的 5 倍；流阻大。

（3）生产中有较多材料选择受限。套管式换热器内管中大多不允许有焊接，因为焊接会造成受热膨胀开裂，而大多数套管式换热器为了节省空间，选择弯制、盘制成蛇管形态，故有较多特殊的耐蚀性材料无法正常生产。

（4）套管式换热器在国内还没有形成统一的焊接标准，各个企业都是根据其他换热产品的经验选择焊接方式，所以，套管式换热器的焊接处出现各类问题已司空见惯，需要经常注意检查、保养。

（三）套管式换热器的清洗

套管式换热器长期运行会导致设备被水垢堵塞，使效率降低、能耗增加、寿命缩短。如果水垢不能被及时地清除，就会面临设备维修、停机或者报废更换的危险。长期以来，传统的清洗方式如机械方法（刮、刷）、高压水、化学清洗（酸洗）等在对换热器清洗时出现很多问题，不能彻底清除水垢等沉积物，并对设备造成腐蚀，残留的酸对材质产生二次腐蚀或垢下腐蚀，最终导致更换设备；此外，由于清洗废液有毒，因此需要大量资金进行废水处理。企业可采用高效环保清洗剂避免上述情况，其具有高效、环保、安全、无腐蚀的特点，不但清洗效果良好，而且对设备没有腐蚀，能够保证换热器的长期使用。

三、管壳式换热器（列管式换热器）

管壳式换热器是目前用得最为广泛的一种换热器，主要由壳体、传热管束、管板、折流板和管箱等部件组成，壳体多为圆筒形，内部放置了由许多管子组成的管束，管子的两端固定在管板上，管子的轴线与壳体的轴线平行。进行换热的冷热两种流体，一种在管内流动，称为管程流体；另一种在管外流动，称为壳程流体。为了增加壳程流体的速度以改善传热，在壳体内安装了折流板。折流板可以提高壳程流体速度，迫使流体按规定路程多次横向通过管束，增强流体湍流程度。

流体每通过管束一次称为一个管程；每通过壳体一次称为一个壳程。为提高管内流体速度，可在两端管箱内设置隔板，将全部管子均分成若干组。这样流体每次只通过部分管子，因而在管束中往返多次，称为多管程。同样，为提高管外流速，也可在壳体内安装纵向挡板，迫使流体多次通过壳体空间，称为多壳程。多管程与多壳程可配合应用。

由于管内外流体的温度不同，因而换热器的壳体与管束的温度也不同。如果两温度相差很大，换热器内将产生很大热应力，导致管子弯曲、断裂，或从管板上拉脱。因此，当管束与壳体温度差超过50℃时，需采取适当补偿措施，以消除或减少热应力。根据所采用的补偿措施，管壳式换热器可分为以下几种主要类型：固定管板式换热器、浮头式换热器、U形管式换热器、填料函式换热器。

（一）固定管板式换热器

固定管板式换热器（图8-5）管束两端的管板与壳体连成一体，结构简单，但只适用于冷热流体温度差不大，且壳程不需机械清洗的换热操作。当温度差稍大而壳程压力又不太高时，可在壳体上安装有弹性的补偿圈，以减小热应力。

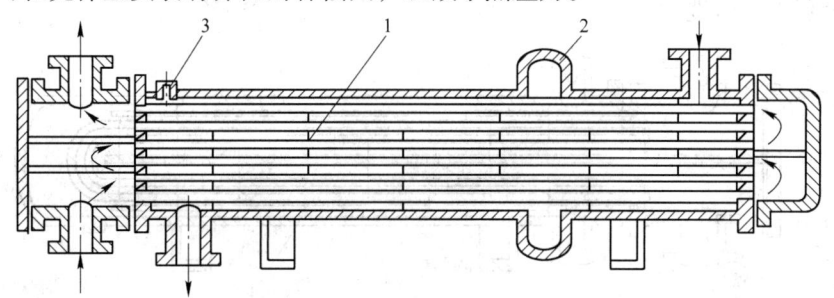

图 8-5　固定管板式换热器
1—挡板；2—补偿圈；3—放气嘴

优点：结构简单、紧凑、能承受较高的压力，造价低，管程清洗方便，管子损坏时易于堵管或更换。

　　缺点：当管束与壳体的壁温或材料的线膨胀系数相差较大时，壳体和管束中将产生较大的热应力。

　　应用：这种换热器适用于壳侧介质清洁且不易结垢并能进行清洗，管、壳程两侧温差不大或温差较大但壳侧压力不高的场合。为减少热应力，通常在固定管板式换热器中设置柔性元件膨胀节、挠性管板等来吸收热膨胀差。

　　补偿方式：补偿圈（或称膨胀节）。这种补偿方法简单，但不宜用于两流体的温差太大（应不大于70℃）和壳方流体压强过高（一般不高于6atm）的场合。

　　（二）浮头式换热器

　　浮头式换热器（图8-6）管束一端的管板可自由浮动，完全消除了热应力，且整个管束可从壳体中抽出，便于机械清洗和检修。浮头式换热器的应用较广。

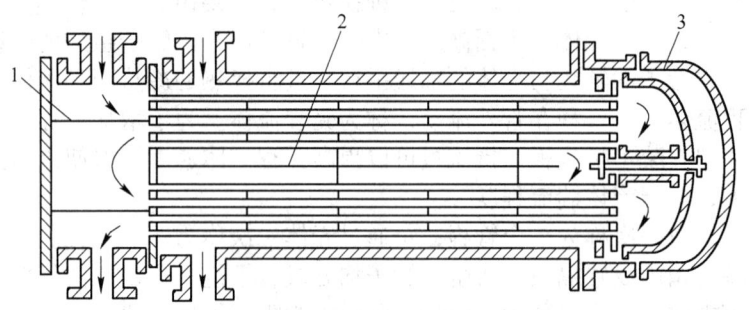

图 8-6　浮头式换热器
1—管程隔板；2—壳程隔板；3—浮头

　　优点：管间和管内清洗方便，不会产生热应力。

　　缺点：结构复杂，造价比固定管板式换热器高，设备笨重，材料消耗量大，且浮头小，盖在操作中无法检查，制造时对密封要求较高。

　　应用：这种换热器适用于壳体和管束之间温差较大或壳程介质易结垢的场合。

　　（三）U形管式换热器

　　U形管式换热器（图8-7）每根换热管皆弯成U形，两端分别固定在同一管板上下两区，借助于管箱内的隔板分成进出口两室。此种换热器完全消除了热应力，结构比浮头式简单，但管程不易清洗。

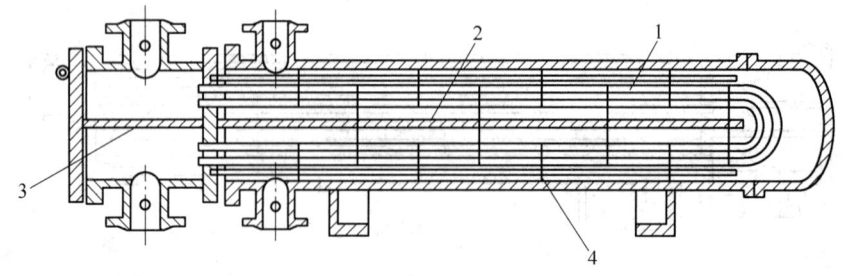

图 8-7　U形管式换热器
1—U形管；2—壳程隔板；3—管程隔板；4—折流板

　　优点：结构比较简单、价格便宜，承压能力强。

　　缺点：由于受弯管曲率半径的限制，其换热管排布较少，管束最内层管间距较大，管

板的利用率较低，壳程流体易形成短路，对传热不利。当管子泄漏损坏时，只有管束外围处的 U 形管便于更换，内层换热管坏了不能更换，只能堵死，而损坏一根 U 形管相当于损坏两根管，报废率较高。

应用：该换热器适用于管、壳壁温差较大或壳程介质易结垢需要清洗，又不适宜采用浮头式换热器和固定管板式换热器的场合，特别适用于管内走清洁而不易结垢的高温、高压、腐蚀性大的物料。

通过图 8-7 可以看到，换热器中设有折流板，是换热器中常见的零部件，它有着非常重要的作用，能够引导壳程流体反复地改变方向做错流流动或其他形式的流动，并可调节折流板间距以获得适宜流速，提高传热效率，折流板还可起到支撑管束的作用。常用折流板有弓形和圆盘-圆环形两种，弓形的有单弓形、双弓形及三弓形，单弓形和双弓形应用最多。折流板的固定是通过拉杆和定距管来实现的。

（四）填料函式换热器

填料函式换热器（图 8-8）的结构特点与浮头式换热器类似，浮头部分露在壳体以外，在浮头与壳体的滑动接触面处采用填料函式密封结构。采用填料函式密封结构，可使管束在壳体轴向自由伸缩，不会产生壳壁与管壁热变形差而引起的热应力。其结构较浮头式换热器简单，加工制造方便，节省材料，造价比较低廉，且管束从壳体内可以抽出，管内、管间都能进行清洗，维修方便。

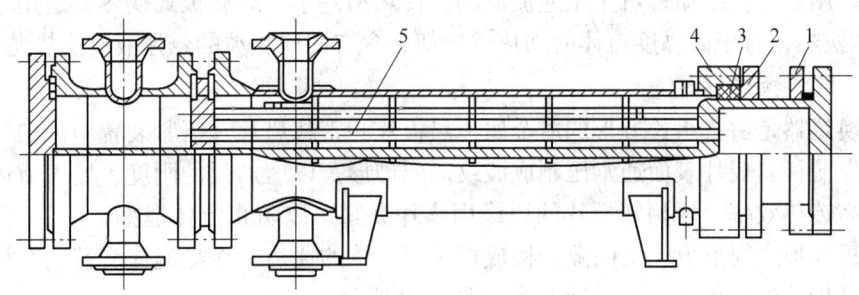

图 8-8　填料函式换热器

1—活动管板；2—填料压盖；3—填料；4—填料函；5—纵向隔板

因填料处易产生泄漏，放填料函式换热器一般适用于 4MPa 以下的工作条件，且不适用于易挥发、易燃、易爆、有毒及贵重介质，使用温度也受填料的物性限制。填料函式换热器现在已很少采用。

四、板面式换热器

板面式换热器是通过板面进行换热的换热器。板面式换热器按传统板面的结构形式可分为以下 5 种：螺旋板式换热器、板式换热器、板翅式换热器、板壳式换热器和伞板式换热器。

板面式换热器的传热性能要比管式换热器优越，其结构上的特点使流体能在较低的速度下就达到湍流状态，从而加强了传热。板面式换热器采用板材制作，在大规模组织生产时，可降低设备成本，但其耐压性能比管式换热器差。

（一）螺旋板式换热器

如图 8-9 所示，螺旋板式换热器是由两块平行钢板卷制成的具有两个螺旋通道的螺旋体构成的,并在其上安有端盖(或封板)和接管。螺旋通道的间距靠焊在钢板上的定距柱来保证。

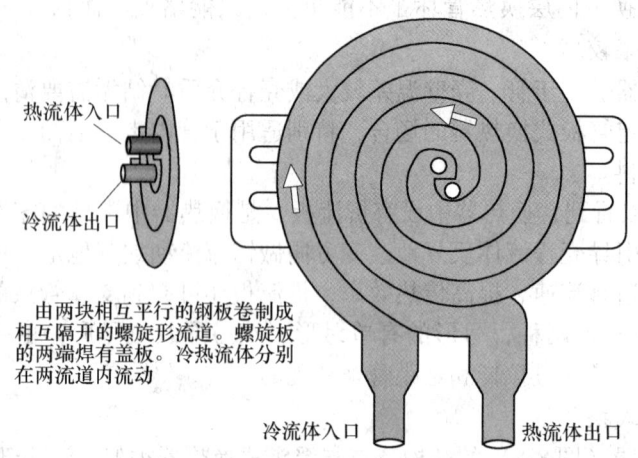

热流体入口

冷流体出口

由两块相互平行的钢板卷制成
相互隔开的螺旋形流道。螺旋板
的两端焊有盖板。冷热流体分别
在两流道内流动

冷流体入口   热流体出口

图 8-9 螺旋板式换热器

螺旋板式换热器的结构紧凑,单位体积内的传热面积为管壳式换热器的 2~3 倍,传热效率比管壳式换热器高 50%~100%;制造简单;材料利用率高;流体单通道螺旋流动,有自冲刷作用,不易结垢;可呈全逆流流动,传热温差小。螺旋板式换热器适用于液-液、气-液流体换热,对于高黏度流体的加热或冷却、含有固体颗粒的悬浮液的换热尤为适合。

(二) 板式换热器

板式换热器是由一组长方形的薄金属传热板片和密封垫片及压紧装置组成的,其结构类似板框压滤机。板片表面通常压制成波纹形或槽形,以增加板的刚度,增大流体的湍流程度,提高传热效率。两相邻板片的边缘用垫片夹紧,以防止流体泄漏,起到密封作用,同时也使板与板之间形成一定间隙,构成板片间流体的通道。冷热流体交替地在板片两侧流过,通过板片进行传热,其流动方式如图 8-10 所示。

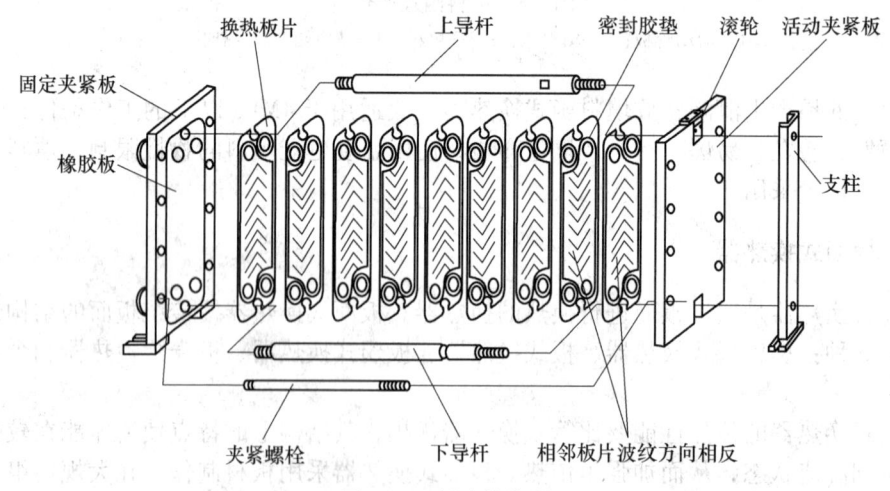

换热板片   上导杆   密封胶垫   滚轮 活动夹紧板

固定夹紧板

橡胶板

支柱

夹紧螺栓   下导杆   相邻板片波纹方向相反

图 8-10 板式换热器

板式换热器由于板片间流通的当量直径小,板形波纹使截面变化复杂,流体的扰动作用激化，因此在低流速下即可达到湍流，具有较高的传热效率。同时板式换热器还具有结构紧凑、使用灵活、清洗和维修方便、能精确控制换热温度等优点，应用范围较广。其缺点是密封周边太长，不易密封，渗漏的可能性大；承压能力低；使用温度受密封垫片材料耐温性能的限制不宜过高；流道狭窄，易堵塞，处理量小；流动阻力大。

板式换热器可用于处理从水到高黏度的液体的加热、冷却、冷凝、蒸发等过程，适用于经常需要清洗、工作环境要求十分紧凑的场合。

（三）板翅式换热器

板翅式换热器的基本结构是在两块平行金属板（隔板）之间放置一种波纹状的金属导热翅片，翅片称为"二次表面"，在其两侧边缘以封条密封而组成单元体，对各单元体进行不同的组合和适当的排列，并用钎焊焊牢组成板束，把若干板束按需要组装在一起，便构成逆流式、错流式、错逆流式板翅式换热器，如图 8-11 所示。

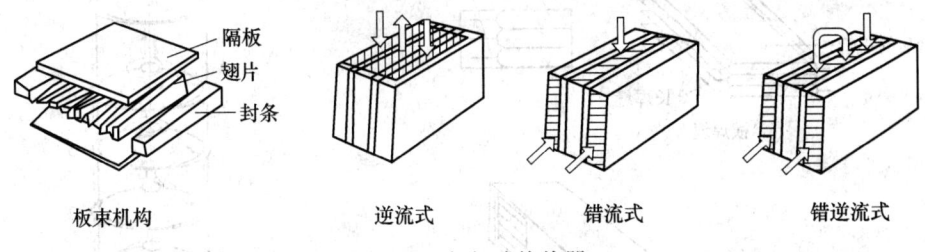

图 8-11 板翅式换热器

冷、热流体通过分别流过间隔排列的冷流层和换热层而实现热量交换。一般翅片传热面积占总传热面积的 75%~85%，翅片与隔板间通过钎焊连接，大部分热量由翅片经隔板传出，小部分热量直接通过隔板传出。不同几何形状的翅片使流体在流道中形成强烈的湍流，使热阻边界层不断破坏，从而有效地降低热阻，提高传热效率。另外，翅片焊于隔板之间，可起到骨架和支撑作用，使薄板单元件结构有较高的强度和承压能力。

板翅式换热器是一种目前世界上传热效率较高的换热设备，其传热系数比管壳式换热器大 3~10 倍。板翅式换热器的主要优点是结构紧凑、轻巧，单位体积内的传热面积一般都能达到 2500~4370 m^2/mm^3，几乎是管壳式换热器的十几倍到几十倍，而相同条件下换热器的质量只有管壳式换热器的 10%~65%；适应性广，可用作气-气、气-液和液-液的热交换，也可用作冷凝和蒸发，同时适用于多种不同的流体在同一设备中操作，特别适用于低温或超低温的场合。其主要缺点是结构复杂，造价高；流道小，易堵塞，不易清洗，难以检修等。

（四）板壳式换热器

板壳式换热器主要由板束和壳体两部分组成，是介于管壳式换热器和板式换热器之间的一种换热器，如图 8-12 所示。

板束相当于管壳式换热器的管束，每一板束元件相当于一根管子，由板束元件构成的流道称为板壳式换热器的板程，相当于管壳式换热器的管程；板束与壳体之间的流通空间则构成板壳式换热器的壳程。板束元件的形状可以是多种多样的。

板壳式换热器具有管壳式换热器和板式换热器两者的优点：结构紧凑，单位体积包含的换热面积较管壳式换热器增加了 70%；传热效率高，压力降小；与板式换热器相比，由于没有密封垫片，较好地解决了耐温、抗压与高效率之间的矛盾；容易清洗，但焊接技术要求高。板壳式换热器常用于加热、冷却、蒸发、冷凝等过程。

（五）伞板式换热器

伞板式换热器是中国独创的新型高效率换热器，由板式换热器演变而来。伞板式换热器是由伞形传热板片、异形垫片、端盖和进出口接管等组成。它以伞形板片代替平板片，从而使制造工艺大为简化，成本降低。蜂螺型伞板式换热器的工作原理如图 8-13 所示。该设备的螺旋流道内具有湍流花纹，增加了流体的扰动程度，因而提高了传热效率。

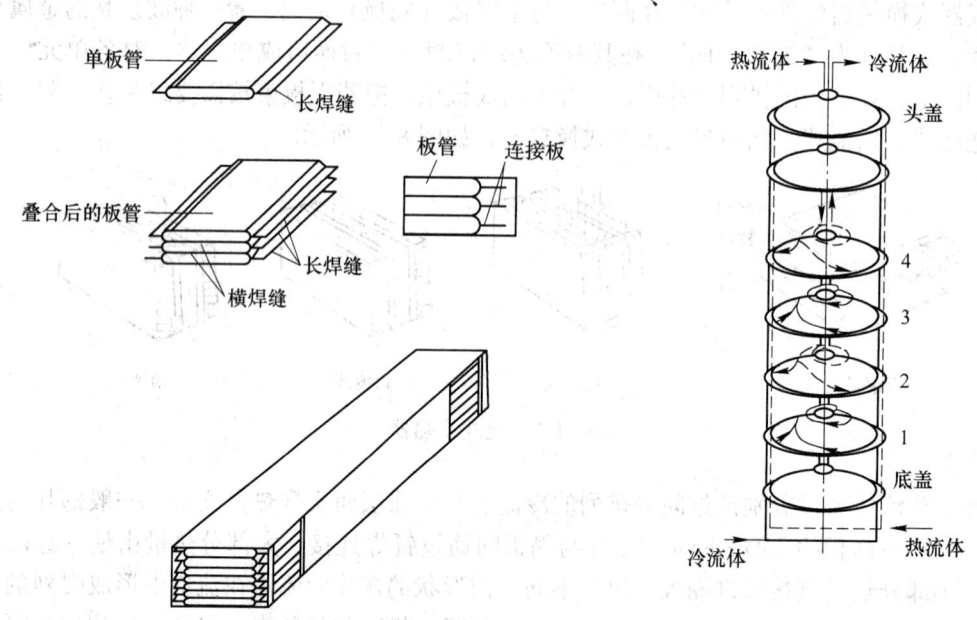

图 8-12　板壳式换热器的板束结构　　　　图 8-13　蜂螺型伞板式换热器

伞板式换热器具有结构紧凑、板片间容易密封、传热效率高、便于拆洗等优点。但由于设备的流道较小，容易堵塞等结构所限，不宜处理较脏的介质，目前一般只适用于液-液及液-蒸汽换热、处理量小、工作压力及工作温度较低的场合。

五、其他类型的换热器

（一）夹套式换热器

夹套式换热器（图 8-14）是间壁式换热器的一种，是在容器外壁安装夹套制成的，结构简单；但其加热面受容器壁面限制，传热系数也不高。为提高传热系数且使釜内液体受热均匀，可在釜内安装搅拌器。当夹套中通入冷却水或无相变的加热剂时，也可在夹套中设置螺旋隔板或其他增加湍动的措施，以提高夹套一侧的传热系数。为补充传热面的不足，也可在釜内部安装蛇管。夹套式换热器广泛用于反应过程的加热和冷却。

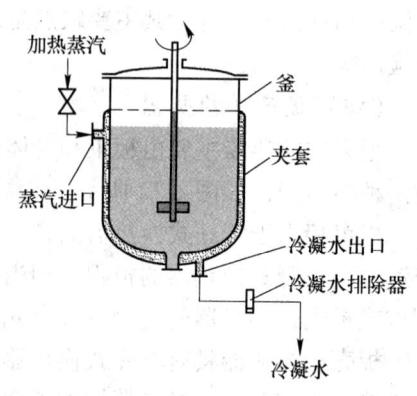

图 8-14　夹套式换热器

（二）空冷器

空冷器的结构如图 8-15 所示。空冷器的优点为：一般来说，空冷器空气侧压力降为 100~200Pa，所以运行费用低；空冷系统的维护费一般为水冷系统维护费的 20%~30%；空气腐蚀性低，不需采取任何清理污垢的措施；空气的成本基本为零。

空冷器的缺点是冷却效果较低，受环境温度影响大。

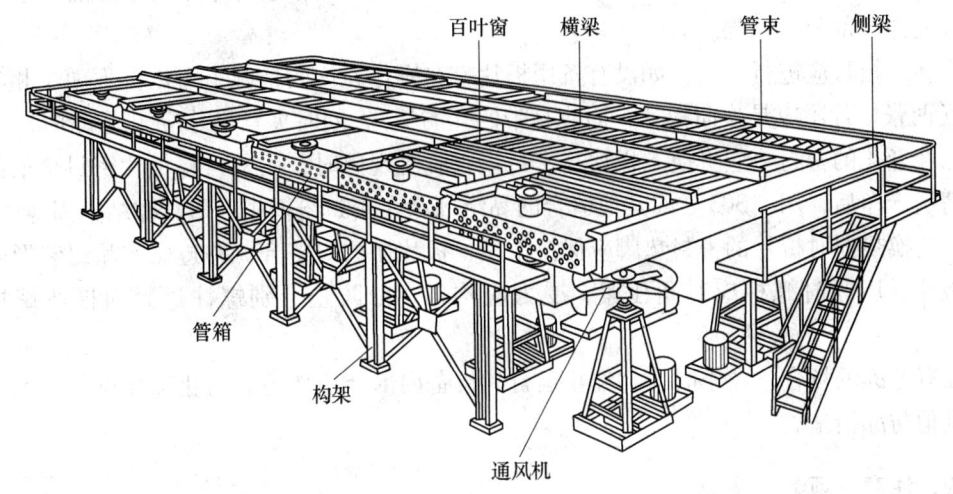

图 8-15　空冷器的结构

第二节　换热器的操作

一、使用前的准备

（1）使用前应检查夹紧螺栓是否松动，按照换热器说明书紧到相应尺寸，保证所有螺栓均匀一致。

（2）使用前可用自来水进行 20min 左右的清洗循环，以免有物料或残渣附积。

（3）在管路系统中应设有放气阀，开启后应排出设备中的空气，以防止空气停留在设备中，降低传热效果。

（4）冷热介质进出口接管的安装，应严格按出厂铭牌所规定方向连接；否则，不能发挥设备最佳性能。

二、正常使用

（1）开始运行操作时，若两种介质压力不一样，应先缓慢打开低压侧阀门，然后打开高压侧阀门。

（2）停车运行时应缓慢切断高压侧流体，再切断低压流体，这样做会延长设备的使用寿命。

（3）换热器应在规定的工作温度、压力范围等条件下工作，超温、超压可能破坏密封性能造成泄漏；禁止操作时猛烈冲击。

三、维护保养

设备长期运行后板片表面将产生不同程度的水垢或沉积物，会降低传热效率和增加流阻，因此设备应根据水质、温度、介质特性等实际情况定期拆开检查，清除污垢。可用碳酸钠溶液和棕刷子清洗板片。不得用金属刷子，以免划伤板片表面和降低抗腐蚀性能。对于通道内少量的泥沙沉积或介质中的杂物沉淀，也可以采用与运行方向相反的短暂反运行，以便冲出部分沉积物。

损坏的板片应进行更换，如没有备用板片，在操作允许的情况下可以拆下两个相邻的板片（两张板片不应是换向板片，而应是带四孔的板），同时夹紧尺寸应相应减少。

已经老化的密封垫应更换。板片与密封垫有脱落现象时，用稀料将板片密封垫槽的黏结剂清洗干净后，用"303"或其他适合的黏结剂涂在密封垫槽中，重新黏结牢固。

组装换热器时板片的密封垫脚应保持干净，板片摆放应整齐，并遵照产品组装形式图组装板片。压紧时螺柱应对角压紧，受力应均匀，以防止个别螺柱过紧而损坏螺柱的板片。

在有冬冻的场合，冬季时应将停止运行的设备内部介质放掉，防止冻坏设备，也可以采用其他防冻措施。

四、注意事项

（1）设备长期运行后，当在排放孔或其他密封部位发现有介质少量渗出时应分析原因，如果是螺柱松动可以按要求夹紧；如果是密封垫老化，则应更换。

（2）设备吊装时应使用起吊螺栓或起吊孔，不得起吊设备其他部位。

（3）设备是按规定的操作条件确定其规格的流程组合，因此应严格按原操作条件运行，不得随意改变冷热介质品种及其流程，原是液-液的热交换系统严禁改为气-液交换系统。

第三节　换热器常见异常现象及处理方法

一、管子的振动与防振措施

管壳式换热器中管子产生振动是一种常见故障。引起振动的原因有：管束与泵、压缩机产生的共振；由于流速、管壁厚度、折流板间距、管束排列等综合因素的影响而引起的振动；流体横向穿过管束时产生的冲击等。若振动现象严重，则可能产生的结果有：相邻管子或管子与壳体间发生碰撞，使管子和壳壁受到磨损而开裂；管子撞击折流板而被切断；管端与管板连接处松动而发生泄漏；管子发生疲劳破坏；增大壳程流体的流动阻力等。

当换热管发生振动时，应针对振动产生的不同原因采取不同的对策。常用的方法有：在流体入口处设置缓冲措施防止脉冲；尽量减小折流板上的孔径与管子外径间隙；减小折流板间隔，使管子振幅变小；加大管壁厚度和折流板厚度，增加管子刚性等。

二、管壁积垢

换热器操作中所处理的流体，有的是悬浮液，有的夹带有固体颗粒，有的黏结物含量高，有的含有泥沙、藻类等杂质，随着使用时间的延长，在换热管的内外表面上会产生积垢。积垢引起的故障有：总导热系数下降，传热效率降低；换热管的管径因积垢而减小，使流体通过管内的流速增加，造成压力损失增大；管壁腐蚀，腐蚀严重时，造成管壁穿孔，两种流体混合而破坏正常操作。

对积垢采取的措施有：加强巡回检查，了解积垢的程度；对某些可净化的流体，在进入换热器前进行净化（如水处理）；对于易结垢的流体，应采用容易检查、拆卸和清洗的结构；定期进行污垢的清除等。

换热设备经长时间运转后，因为介质的腐蚀、冲蚀、积垢、结焦等原因，所以管子内外表面都有不同程度的结垢，甚至堵塞，所以在停工检修时必须进行彻底清洗。常用的清洗（扫）方法有风扫、气扫、酸洗法、机械清洗法、高压水冲洗法、海绵球清洗法等：

（1）酸洗法。酸洗法是用盐酸作为清洗剂，酸洗法又分为浸泡法和循环法两种。

（2）机械清洗法。对严重的结垢和堵塞，可用钻的方法疏通和清理。如在一般的钻头上焊一根 $\phi12\sim14mm$ 的圆钢，圆钢上按钻头的旋向用 10 号镀锌铁丝绕成均匀的螺旋线，每间隔 $30\sim50cm$ 焊在圆钢上，然后将圆钢一端深入管子内，另一端用手电钻带动旋转，这样就可清除管内结焦和积垢，若管内未被堵死，则可同时从另一端用细胶管向管内通水冲洗，效果更好。

（3）高压水冲洗法。高压水冲洗法多用于结焦严重的管束的清洗，如催化油浆换热器。

（4）海绵球清洗法。将较松软并富有弹性的海绵球塞入管内，使海绵球受到压缩而与管内壁接触，然后用人工或机械法使海绵球沿管壁移动，不断摩擦管壁，达到消除积垢的目的。

三、管子的泄漏

管子发生泄漏的事故较多，主要原因有：介质的冲刷引起的磨损，导致管壁破裂；介质或积垢腐蚀穿孔；管子振动引起管子与管板连接处泄漏。

当发现管子有泄漏现象时，采取的措施视泄漏管数的多少而定。如果管束中仅有一根或数根管子泄漏，可采用堵塞的方法进行修理，即用做成锥形的金属材料塞在管子两端打紧焊牢，将损坏的管子堵死不用。金属材料的硬度应低于管子材料的硬度。金属锥塞的锥度一般为 $3°\sim5°$。采用堵管的方法解决管子泄漏现象简单易行，但堵管总数不得超过10%，否则将对传热效果产生较大影响。当发生泄漏的管子较多时，应采用更换管子的方法进行修理。更换管子时，首先采用钻孔、铰孔或錾削的方法拆除已损坏的管子，拆除管子时，应注意不要损坏管板的孔口，以便更新管子时，使管子与管板有较严密的连接；然后采用胀接或焊接的方法将新管连接在管板上。

四、常见故障及处理方法

换热器在使用过程中应严格按照操作规程，经常检查，发现问题及时处理，常见故障有以下几种。

（一）外漏

1. 产生原因

（1）夹紧尺寸不到位、各处尺寸不均匀（各处尺寸偏差不应大于 3mm）或夹紧螺栓松动。

（2）部分密封垫脱离密封槽；密封垫主密封面有脏物；密封垫损坏或垫片老化。

（3）板片发生变形，组装错位引起跑垫。

（4）在板片密封槽部位或二道密封区域有裂纹。

2. 处理方法

（1）在无压状态，按制造厂提供的夹紧尺寸重新夹紧设备，尺寸应均匀一致，压紧尺寸的偏差应不大于±0.2N mm（N 为板片总数），两压紧板间的平行度应保持在 2mm 以内。

（2）在外漏部位上做好标记，然后将换热器解体，逐一排查解决，最后重新装配或更换垫片和板片。

（3）将换热器解体，对板片变形部位进行修理或者更换板片。在没有板片备件时可将变形板片暂时拆除后重新组装使用。

（4）重新组装拆开的板片时，应清洁板面，防止污物黏附于垫片密封面。

（二）串液

1. 产生原因

（1）板材选择不当导致板片腐蚀产生裂纹或穿孔。

（2）操作条件不符合设计要求。

（3）板片冷冲压成型后的残余应力和装配中夹紧尺寸过小造成应力腐蚀。

（4）板片泄漏槽处有轻微渗漏，造成介质中有害物质浓缩腐蚀板片，形成串液。

2. 处理方法

（1）更换有裂纹或穿孔的板片，在现场用透光法查找板片裂纹。

（2）调整运行参数，使其达到设计条件。

（3）换热器维修组装时夹紧尺寸应符合要求，并不是越小越好。

（4）合理匹配板片材料。

（三）压降过大

1. 产生原因

（1）运行系统管路未进行正常吹洗，特别是新安装系统管路中许多脏物（如焊渣等）进入板式换热器的内部，因为板式换热器流道截面面积较小，所以换热器内的沉淀物和悬浮物聚集在角孔处和导流区内，导致该处的流道面积大为减小，造成主要压力损失在此部位。

（2）板式换热器首次选型时面积偏小，造成板间流速过高而压降偏大。

（3）板式换热器运行一段时间后，因板片表面结垢引起压降过大。

2. 处理方法

（1）清除换热器流道中的脏物或板片结垢，对于新运行的系统，根据实际情况每周清洗一次。

（2）二次循环水最好采用经过软化处理后的软水，以免水垢附积。

（3）对于集中供热系统，可以采用一次向二次补水的方法。

（四）供热温度不能满足要求

1. 产生原因

（1）一次侧介质流量不足，导致热侧温差大，压降小。

（2）冷侧温度低，并且冷、热末端温度低。

（3）并联运行的多台板式换热器流量分配不均。

（4）换热器内部结垢严重。

2. 处理方法

（1）增加热源的流量或加大热源介质管路直径。

（2）平衡并联运行的多台板式换热器的流量。

（3）拆开板式换热器，清洗板片表面的结垢。

注意：将换热器解体前必须冷却至常温，以免造成人身伤害或板片等因温度骤降引起永久性变形。

 **练习题**

1. 简述换热器的作用。

2. 简述换热器的分类方式。

3. 简述常见的管壳式换热器的类型。

4. 简述沉浸式换热器的优缺点。

5. 简述螺旋板式换热器的适用管路。

6. 简述空冷器的优点。

7. 简述换热器的防振措施。

8. 简述换热器串液产生的原因和处理措施。

9. 简述换热管泄漏产生的原因和处理措施。

10. 简述换热操作时的注意事项。

11. 简述换热器的清洗方法。

12. 简述换热器的换热不足产生的原因。

第四部分

分析化学

FENXI HUAXUE

　　分析化学是研究物质组成的分析方法及相关理论的学科，按测定原理与操作方法可分为化学分析与仪器分析。以化学反应为基础的分析方法称为化学分析法。化学分析法简单、准确、历史悠久，是分析化学的基础。滴定分析法是经典的化学分析法之一，本部分知识主要介绍化学分析法中的滴定分析法。分析化学的实验步骤主要有采样、制样、测定、计算，采样与制样是工业分析的基础，本部分对工业分析中采样与制样知识也做了简要介绍。

第九章　分析化学中的误差

定量分析的目的是准确测定试样中组分的含量，因此分析结果必须具有一定的准确度。在定量分析中，由于受分析方法、测量仪器、所用试剂和分析工作者主观条件等多种因素的限制，分析结果与真实值不完全一致。即使采用最可靠的分析方法，使用最精密的仪器，由技术很熟练的分析人员进行测定，也不可能得到绝对准确的结果。同一个人在相同条件下对同一种试样进行多次测定，所得结果也不会完全相同。这表明，在分析过程中，误差是客观存在、不可避免的。因此，我们应该了解分析过程中误差产生的原因及其出现的规律，以便采取相应的措施减小误差，提高分析结果的准确度。

第一节　准确度与误差

一、准确度

分析结果的准确度是指分析结果与真实值的接近程度，分析结果与真实值之间差别越小，则分析结果的准确度越高。准确度的大小用误差来衡量，误差是指测定结果与真值之间的差值。误差又可分为绝对误差和相对误差。绝对误差（E）表示测定值（x）与真实值（x_T）之差，即

$$E = x - x_T \tag{9-1}$$

相对误差（E_r）表示误差在真实值中所占的百分率，即

$$E_r = \frac{E}{x_T} \times 100\% \tag{9-2}$$

例如，用分析天平称量两物体的质量分别为 1.6380g 和 0.1637g，假设两物体质量的真实值各为 1.6381g 和 0.1638g，则两者的绝对误差分别为

$$E_1 = 1.6380 - 1.6381 = -0.0001（g）$$
$$E_2 = 0.1637 - 0.1638 = -0.0001（g）$$

两者的相对误差分别为

$$E_{r1} = \frac{-0.0001}{1.6381} \times 100\% \approx -0.006\%$$

$$E_{r2} = \frac{-0.0001}{0.1638} \times 100\% \approx -0.06\%$$

由此可见，绝对误差相等，相对误差并不一定相等。在上例中，同样的绝对误差，称量物体越重，其相对误差越小。因此，用相对误差来表示测定结果的准确度更为确切。

绝对误差和相对误差都有正负值。正值表示分析结果偏高，负值表示分析结果偏低。

二、定量分析误差产生的原因

误差按其性质可以分为系统误差和随机误差两大类。也有人将操作过失造成的结果与真值间的差异称为过失误差。其实，过失是错误，是实验过程中应该加以避免的，如试样分解时分解不够完全、称样时试样洒落在容器外、读错刻度、看错砝码、看错读数、记错数据、加错试剂等。

（一）系统误差

系统误差是指分析过程中由于某些固定的原因所造成的误差。系统误差的特点是具有单向性和重现性，即它对分析结果的影响比较固定，使测定结果系统地偏高或系统地偏低；当重复测定时，它会重复出现。系统误差产生的原因是固定的，它的大小、正负是可测的，理论上讲，只要找到原因，就可以消除系统误差对测定结果的影响。因此，系统误差又称为可测误差。

根据系统误差产生的原因，可将其分为以下几种：

（1）方法误差。方法误差是由于分析方法本身所造成的误差，如滴定分析中指示剂的变色点与化学计量点不完全一致、质量分析中沉淀的溶解损失等。

（2）仪器误差。仪器误差是由于仪器本身不够精确而造成的误差，如天平砝码、容量器皿刻度不准确等。

（3）试剂误差。由于实验时所使用的试剂或蒸馏水不纯而造成的误差称为试剂误差，如试剂或蒸馏水中含有微量被测物质或干扰物质等。

（4）操作误差。操作误差（个人误差）是由于分析人员所掌握的分析操作与正确的分析操作的差别或分析人员的主观原因所造成的误差。例如，质量分析对沉淀的洗涤次数过多或不够；个人对颜色的敏感程度不同，在辨别滴定终点的颜色时，有人偏深，有人偏浅；读取滴定管读数时个人习惯性地偏高或偏低等。

（二）随机误差

随机误差又称为偶然误差，它是由某些随机（偶然）的原因所造成的。例如，测量时环境温度、气压、湿度、空气中尘埃等的微小波动；个人一时辨别的差异而使读数不一致（例如，在滴定管读数时，估计的小数点后第二位的数值，几次读数不一致）。随机误差的产生是由于一些不确定的偶然原因造成的，因此，其数值的大小、正负都是不确定的，所以，随机误差又称为不可测误差。随机误差在分析测定过程中是客观存在、不可避免的。

从表面上看，随机误差的出现似乎很不规律，但如果进行多次测定，则可发现随机误差的分布也是有规律的，它的出现符合正态分布规律，即：

（1）绝对值相等的正误差和负误差出现的概率相同，因而大量等精度测量中各个误差的代数和有趋于零的趋势。

（2）绝对值小的误差出现的概率大，绝对值大的误差出现的概率小，绝对值很大的误差出现的概率非常小。

正态分布规律可以用图 9-1 所示的正态分布曲线表

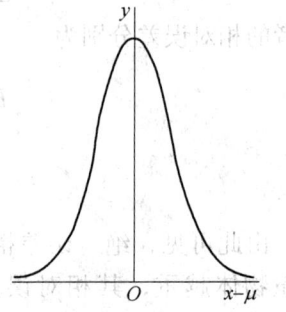

图 9-1　随机误差的正态分布曲线

示。图中横坐标轴 $x - \mu$ 代表偶然误差的大小（x 表示测量值，μ 表示总体平均值），纵坐标轴 y 代表偶然误差发生的概率密度。

在实际工作中，系统误差与随机误差往往同时存在，并无绝对的界限。在判断误差类型时，应从误差的本质和具体表现上入手加以甄别。

第二节 精密度与偏差

在分析工作中，最后处理分析数据时要用统计方法进行处理：首先对一些偏差比较大的可疑数据按本章中介绍的 Q 检验法进行检验，决定其取舍；然后计算出数据的平均值，以及各数据对平均值的偏差、平均偏差与标准偏差等；最后按照要求的置信度求出平均值的置信区间。

在实际工作中，真值是无法知道的。虽然在分析化学中存在着"约定"的一些真值，如原子量等，但待测样品是不存在真值的，既然如此，用误差就无法衡量分析结果的好坏。在实际工作中，人们总是在相同条件下对同一试样进行多次平行测定，得到多个测定数据，取其算术平均值，以此作为最后的分析结果。

所谓精密度就是多次平行测定结果相互接近的程度，精密度高表示结果的重复性或再现性好。重复性表示同一操作者在相同条件下，获得一系列结果之间的一致程度。再现性表示不同操作者在不同条件下，获得一系列结果之间的一致程度。精密度的高低用偏差来衡量。偏差又称为表观误差，是指各单次测定结果与多次测定结果的算术平均值之间的差别。几个平行测定结果的偏差如果都很小，则说明分析结果的精密度比较高。

一、平均值

对某试样进行 n 次平行测定，测定数据为 x_1，x_2，$\cdots$，x_n，则其算术平均值 $\bar{x}$ 为：

$$\bar{x} = \frac{1}{n}(x_1 + x_2 + \cdots + x_n) = \frac{1}{n}\sum_{i=1}^{n} x_i \tag{9-3}$$

二、平均偏差和标准偏差

计算平均偏差 $\bar{d}$ 时，先计算各次测定对于平均值的绝对偏差 d_i：

$$d_i = x_i - \bar{x} \quad (i = 1, 2, \cdots) \tag{9-4}$$

然后计算出各次测量偏差的绝对值的平均值，即得平均偏差 $\bar{d}$：

$$\bar{d} = \frac{1}{n}\sum_{i=1}^{n} |d_i| = \frac{1}{n}\sum_{i=1}^{n} |x_i - \bar{x}| \tag{9-5}$$

将平均偏差除以算术平均值可得相对平均偏差：

$$相对平均偏差 = \frac{\bar{d}}{\bar{x}} \times 100\% \tag{9-6}$$

用平均偏差和相对偏差表示精密度比较简单，但由于在一系列的测定结果中，小偏差占多数，大偏差占少数，如果按总的测定次数要求计算平均偏差，所得结果会偏小，大偏差得不到应有的反映。例如，下面 A、B 两组分析数据，通过计算得各次测定的绝对偏差分别为：

d_A: +0.15, +0.39, 0.00, -0.28, +0.19, -0.29, +0.20, -0.22, -0.38, +0.30

$$n = 10, \quad \overline{d_A} = 0.24$$

d_B: -0.10, -0.19, +0.91*, 0.00, +0.12, +0.11, 0.00, +0.10, -0.69*, -0.18

$$n = 10, \quad \overline{d_B} = 0.24$$

两组测定结果的平均偏差相同，而实际上 B 数据中出现两个较大偏差（+0.91，-0.69），测定结果精密度较差。为了反映这些差别，引入标准偏差。

在一般的分析工作中，只做有限次数的平行测定，这时标准偏差用 s 表示：

$$s = \sqrt{\frac{\sum_{i=1}^{n}(x_i - \overline{x})^2}{n-1}} = \sqrt{\frac{\sum_{i=1}^{n}d_i^2}{n-1}} \tag{9-7}$$

上述两组数据的标准偏差分别为 $s_A = 0.28$，$s_B = 0.40$。可见采用标准偏差表示精密度比用平均偏差更合理。这是因为，将单次测定的偏差平方后，较大的偏差就能显著地反映出来，因此能更好地反映数据的分散程度。

相对标准偏差也称为变异系数（CV），其计算式为

$$CV = \frac{s}{\overline{x}} \times 100\% \tag{9-8}$$

例 9-1 分析某铁矿石中铁的含量，其结果为 37.45%，37.20%，37.50%，37.30%，37.25%。计算结果的平均值、平均偏差、标准偏差及变异系数。

解 由式（9-3）得：
$$\overline{x} = \left(\frac{37.45 + 37.20 + 37.50 + 37.30 + 37.25}{5}\right) \times 100\% = 37.34\%$$

由式（9-4）得单次测量的偏差分别为

$d_1 = +0.11\%$, $d_2 = -0.14\%$, $d_3 = +0.16\%$, $d_4 = -0.04\%$, $d_5 = -0.09\%$

则由式（9-5）和式（9-6）得平均偏差和相对平均偏差分别为：
$$\overline{d} = \left(\frac{0.11 + 0.14 + 0.16 + 0.04 + 0.09}{5}\right) \times 100\% \approx 0.11\%$$

$$s = \sqrt{\frac{0.11^2 + 0.14^2 + 0.16^2 + 0.04^2 + 0.09^2}{5-1}} \times 100\% \approx 0.13\%$$

由式（9-8）得变异系数为：
$$CV = \frac{0.13}{37.34} \times 100\% \approx 0.35\%$$

第三节　准确度与精密度的关系

精密度表示测定结果的重复性，它以平均值为衡量标准，只与偶然误差有关；准确度则表示测定结果的正确性，它以真实值为衡量标准，由系统误差和偶然误差所决定。那么，如何从精密度和准确度两方面评价分析结果呢？我们通过一个实例来说明问题。

图 9-2 显示了甲、乙、丙、丁 4 人测定同一试样中铁的质量分数时所得的结果。

由图 9-2 可见，甲所得的结果的准确度和精密度均较好，结果可靠；乙的分析结果的精密度虽然很高，但准确度较低；丙的精密度和准确度都很差；丁的精密度很差，平均值虽然接近真实值，但这是正负误差凑巧相互抵消的结果，因此丁的结果也不可靠。

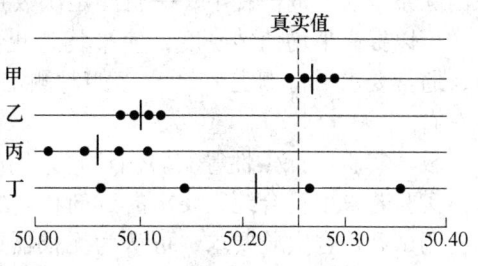

图 9-2　不同工作者分析同一试样的结果

●—个别测定值；|—平均值

由此可得以下结论：

（1）精密度是保证准确度的先决条件，即准确度高一定需要精密度高；精密度差，所测结果不可靠，就失去了衡量准确度的前提。

（2）精密度高不一定能保证准确度高，但可以找出精密而不准确的原因，而后加以校正，就可以使测定结果既精密又准确。

第四节　提高分析结果准确度的方法

在定量分析中误差是不可避免的，为了获得准确的分析结果，必须尽可能地减少分析过程中的误差，特别要避免操作者粗心大意、违反操作规程或不正确使用分析仪器的情况出现。针对分析测试的具体要求，可以采取多种措施，减小分析过程中各种误差的影响，提高分析结果的准确度。

一、选择合适的分析方法

各种分析方法的准确度和灵敏度是不相同的。质量分析和滴定分析的灵敏度虽不高，但对于高含量组分的测定，能获得比较准确的结果。例如，铁的质量分数为 60.00% 的试样，用重铬酸钾法测定，测得的相对误差为 0.2%，则测定结果的含量范围是 59.88%~60.12%。如果用分光光度法进行测定，由于方法的相对误差约为 3%，测得铁的质量分数范围将在 52.8%~61.8%，误差显然大得多。若试样中铁的质量分数为 0.1%，则用重铬酸钾法无法测定，这是由于方法的灵敏度达不到。若用分光光度法进行测定，可能测得的铁的含量范围为 0.097%~0.103%，结果完全符合要求。

二、减小测量误差

为了保证分析结果的准确度，必须尽量减小测量误差。例如，一般分析天平两次称量的误差为 ±0.0002g，为了使测量时的相对误差在 0.1% 以下，试样质量就不能太小。相对误差的计算公式为：

$$相对误差 = \frac{绝对误差}{被称物质量} \times 100\%$$

可见称取试样的质量必须在 0.2g 以上。

在滴定分析中，滴定管读数两次的误差常有 ±0.02mL，为了使测量时的相对误差小于 0.1%，消耗滴定剂的体积必须在 20mL 以上。

三、增加平行测定次数

随机误差是由偶然的不固定的原因造成的，在分析过程中始终存在，是不可消除的。

在消除系统误差的前提下，平行测定次数越多，平均值越接近真实值。因此，增加测定次数，可以提高平均值精密度，使平均值更接近真实值。在一般化学分析中，对于同一试样，通常要求平行测定 2~4 次。如对测定结果的准确度要求较高，可增加测定次数至 10 次左右。

教学实验（探索性等实验例外）采用的是较为成熟的分析方法，可认为不存在方法误差；实验若采用符合纯度要求的试剂和蒸馏水，可认为不存在试剂误差；若仪器的各项指标也调试到符合实验要求，可认为无仪器误差。那么实验结果误差的来源就是随机误差。若出现非常可疑的离群值，基本可判断实验存在着操作者的操作误差或过失。

四、检查和消除系统误差

精密度高是准确度高的先决条件，而精密度高并不表示准确度高。在实际工作中，有时遇到这样的情况：几个平行测定的结果非常接近，似乎分析工作没有什么问题了，可是一旦用其他可靠的方法检验，就发现分析结果有严重的系统误差，甚至可能因此而造成严重差错。因此，在分析工作中，必须十分重视系统误差的消除，以提高分析结果的准确度。造成系统误差的原因有多方面，根据具体情况可采用不同的方法加以消除。一般系统误差可用下面的方法进行检验和消除。

（一）对照试验

对照试验是检验系统误差的有效方法。通常采用的对照试验方法有 3 种：（1）在相同条件下，以所用的分析方法对标准试样（已知结果的准确值）与被测试样同时进行测定，通过对标准试样的分析结果与其标准值的比较，可以判断测定是否存在系统误差；（2）在相同条件下，以所用的分析方法与经典的分析方法对同一试样进行测定，对分析结果进行对照，以检验是否存在系统误差；（3）通过加入回收的方法进行对照试验，即在试样中加入已知量的被测组分后进行分析，通过结果计算出回收率，从而判断是否存在系统误差。

在许多生产单位，为了检查分析人员之间是否存在系统误差和其他问题，常在安排试样分析任务时，将一部分试样重复安排在不同分析人员之间，互相进行对照试验，这种方法称为内检。有时又将部分试样送交其他单位进行对照分析，这种方法称为外检。

（二）空白试验

由蒸馏水、试剂和器皿带进杂质所造成的系统误差，一般可通过做空白试验来扣除。

空白试验，就是在不加待测组分的情况下，按照与待测组分分析同样的操作步骤和条件进行实验。实验所得结果称为空白值。从试样分析结果中扣除空白值后，就可得到比较可靠的分析结果。当空白值较大时，应找出原因，加以消除，如选用纯度更高的试剂和改用其他适当的器皿等。在进行微量分析时，空白试验是必不可少的。

（三）校准仪器和量器

仪器不准确引起的系统误差，可以通过校准仪器来减小其影响，如砝码、容量瓶、移液管和滴定管等。在精确的分析中，必须进行校准，在测定时采用校正值。

（四）采用辅助方法校正分析结果

分析过程中的系统误差，有时可采用适当的方法进行校正。例如，采用电重量分析法测定纯度为 99.9% 以上的铜，因电解不很完全而引起负的系统误差。为此，可用分光光度法测定溶液中未被电解的残余铜，将分光光度法得到的结果加到电重量分析法的结果中去，即可得到铜的较准确的结果。

第五节　分析结果的处理

一、平均值的置信区间

在实际工作中，通常总是把测定数据的平均值作为分析结果报出。测得的少量数据的平均值总是带有一定的不确定性，它不能明确地说明测定的可靠性。在要求准确度较高的分析工作中，报出分析报告时，应同时指出测定结果包含的真实值所在的区间范围，这一范围就称为置信区间，区间包含真实值的概率称为置信度或置信水准，常用 P 表示。

在图9-3中，曲线上各点的横坐标是 $x - \mu$，其中 x 为单次测定值，μ 为总体平均值，在消除系统误差的前提下 μ 无限趋向于真实值，因此 $x - \mu$ 即为单次测定的误差。曲线上各点的纵坐标表示误差出现的概率密度。曲线与横坐标从 $-\infty$ 到 $+\infty$ 之间所包围的面积表示具有各种大小误差的测定值落在这一范围内的概率，应为100%。由数学统计计算可知，真实值落在 $\mu \pm \sigma$、$\mu \pm 2\sigma$ 和 $\mu \pm 3\sigma$ 的概率分别为68.3%、95.5%和99.7%。也就是说，在1000次的测定中，只有3次测量值的误差大于 $\pm 3\sigma$。以上是对无限次的测定而言的。

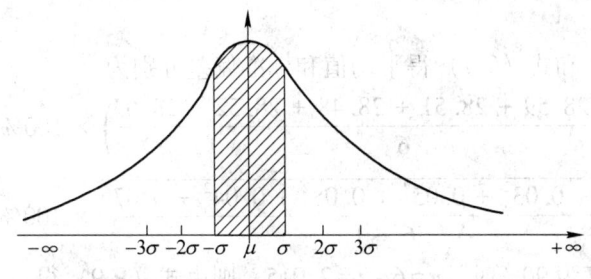

图9-3　误差分布的频率范围

对于有限次数的测定，真实值 μ 与平均值 $\bar{x}$ 之间有如下关系：

$$\mu = \bar{x} \pm \frac{ts}{\sqrt{n}} \tag{9-9}$$

式中　　s——标准偏差；

　　　　n——测定次数；

　　　　t——在选定的某一置信度下的概率系数，可根据测定次数从表9-1中查得。

表 9-1　不同测定次数及不同置信度下的 t 值

测定次数 n	置信度 P				
	50%	90%	95%	99%	99.5%
2	1.000	6.314	12.706	63.657	127.32
3	0.816	2.920	4.303	9.925	14.089
4	0.765	2.353	3.182	5.841	7.453
5	0.741	2.132	2.776	4.604	5.598

续表 9-1

测定次数 n	置信度 P				
	50%	90%	95%	99%	99.5%
6	0.727	2.015	2.571	4.032	4.773
7	0.718	1.943	2.447	3.707	4.317
8	0.711	1.895	2.365	3.500	4.029
9	0.706	1.860	2.306	3.355	3.832
10	0.703	1.833	2.262	3.250	3.690
11	0.700	1.812	2.228	3.169	3.581
21	0.687	1.725	2.086	2.845	3.153
∞	0.674	1.645	1.960	2.576	2.807

式（9-9）表示，在一定置信度下，以测定的平均值 $\bar{x}$ 为中心，包括总体平均值 μ 的范围，这就是平均值的置信区间。

例 9-2　分析 SiO_2 的质量分数，得到下列数据：28.62%，28.59%，28.51%，28.48%，28.52%，28.63%。求平均值、标准偏差和置信度分别为 90% 和 95% 时，平均值的置信区间。

解　由式（9-3）和式（9-7）得平均值和标准偏差分别为

$$\bar{x} = \left(\frac{28.62 + 28.59 + 28.51 + 28.48 + 28.52 + 28.63}{6}\right) \times 100\% \approx 28.56\%$$

$$s = \sqrt{\frac{0.06^2 + 0.03^2 + 0.05^2 + 0.08^2 + 0.04^2 + 0.07^2}{6 - 1}} \times 100\% = 0.06\%$$

查表 9-2，置信度为 90% 时，$n=6$，$t=2.015$，则由式（9-9）得：

$$\mu = \left(28.56 \pm \frac{2.015 \times 0.06}{\sqrt{6}}\right) \times 100\% \approx (28.56 \pm 0.05)\%$$

同理，置信度为 95% 时，$n=6$，$t=2.571$，则由式（9-9）得：

$$\mu = \left(28.56 \pm \frac{2.571 \times 0.06}{\sqrt{6}}\right) \times 100\% \approx (28.56 \pm 0.07)\%$$

上述计算说明，随着置信度的增加，置信区间同时增大。

从表 9-1 中还可以看出，当测量次数 n 增大时，t 值减小；当测定次数为 20 次以上到测定次数为∞时，t 值相差不多，这表明当 n>20 时，再增加测定次数对提高测定结果的准确度已经没有什么意义，因此只有在一定的测定次数范围内，分析数据的可靠性才随平行测定次数的增多而增加。

二、可疑值的取舍

分析工作者获得一系列数据后，需要对这些数据进行处理。在一组平行测定的数据中，有时会出现较为离群的数据（一个甚至多个），这些数据称为可疑值或离群值。若这些数据是由实验过失造成的，则应该将该数据坚决舍弃；否则就不能随便将它舍弃，而必须用统计方法来判断是否舍去。判断的方法很多，常用的有四倍法、格鲁布斯法和 Q 检验法等，其中 Q 检验法比较严格而且使用比较方便。在此只介绍 Q 检验法。

在一定置信度下，Q 检验法可按下列步骤，判断可疑数据是否舍去：

（1）先将数据从小到大排列为：

$$x_1, x_2, \cdots, x_{n-1}, x_n$$

（2）计算出统计量 Q：

$$Q = \frac{\left| 可疑值 - 相邻值 \right|}{最大值 - 最小值}$$

也就是说，若 x_1 为可疑值，则统计量 Q 为：

$$Q = \frac{x_2 - x_1}{x_n - x_1}$$

若 x_n 为可疑值，则统计量 Q 为：

$$Q = \frac{x_n - x_{n-1}}{x_n - x_1}$$

式中，分子为可疑值与相邻值的差值；分母为整组数据的最大值与最小值的差值，也称之为极值。Q 越大，说明 x_1 或 x_n 离群越远。

（3）根据测定次数和要求的置信度由表9-2查得 $Q_{表值}$。

（4）将 Q 与 $Q_{表值}$ 进行比较，判断可疑数据的取舍。若 $Q > Q_{表值}$，则可疑值应该舍去，否则应该保留。

表 9-2　不同置信度下舍弃可疑数据的 Q 值

置信度 P	测定次数 n							
	3	4	5	6	7	8	9	10
90%	0.94	0.76	0.64	0.56	0.51	0.47	0.44	0.41
95%	0.98	0.85	0.73	0.64	0.59	0.54	0.51	0.48
99%	0.99	0.93	0.82	0.74	0.68	0.63	0.60	0.57

例 9-3　分析某矿石中钒的质量分数，4 次分析测定结果为 20.39%，20.41%，20.40%，20.16%，用 Q 检验法判断 20.16 是否舍弃（置信度为 90%）。

解　将测定值由小到大排列：

$$20.16, 20.39, 20.40, 20.41$$

则

$$Q = \frac{20.39 - 20.16}{20.41 - 20.16} = \frac{0.23}{0.25} \approx 0.92$$

查表 9-2，在置信度为 90%，$n = 4$ 时，$Q_{表值} = 0.76 < Q = 0.92$。因此，该数值舍弃。

例 9-4　用基准 Na_2CO_3 标定 HCl，测得其浓度为 0.1033，0.1060，0.1035，0.1031，0.1022，0.1037。上述 6 次测定值中，0.1060 是否应舍去（置信度为 95%）？求平均值、标准偏差及置信度为 95% 和 99% 时平均值的置信区间。

解　根据数据统计处理过程做如下处理：

（1）用 Q 检验法检验并且判断有无可疑值舍弃：

$$Q = \frac{0.1060 - 0.1037}{0.1060 - 0.1022} = \frac{0.0023}{0.0038} \approx 0.605$$

由表 9-2 查得，当测定次数 $n=6$ 时，若置信度 $P=95\%$，则 $Q_{表值}=0.64$，所以 $Q<Q_{表值}$，则 0.1060 不应该舍去。

（2）根据所有保留值，求出平均值 $\bar{x}$：

$$\bar{x}=\frac{0.1033+0.1060+0.1035+0.1031+0.1022+0.1037}{6}\approx0.1036$$

（3）求出标准偏差 s：

$$s=\sqrt{\frac{0.0003^2+0.0024^2+0.0001^2+0.0005^2+0.0001^2+0.0014^2}{6-1}}\approx0.0013$$

（4）求出置信度为 95%，$n=6$ 时，平均值的置信区间。

查表 9-1，得 $t=2.571$，则

$$\mu=0.1036\pm\frac{2.571\times0.0013}{\sqrt{6}}\approx0.1036\pm0.0014$$

求出置信度为 99%，$n=6$ 时，平均值的置信区间。

查表 9-1，得 $t=4.032$，则

$$\mu=0.1036\pm\frac{4.032\times0.0013}{\sqrt{6}}\approx0.1036\pm0.0021$$

第六节 有 效 数 字

一、有效数字的概念

有效数字是实际能测到的数字。在有效数字中，只有最后一位数是不确定的、可疑的。有效数字位数由仪器准确度决定，它直接影响测定结果的相对误差。

（1）零的作用：

1）数字 1~9 前的 0 起定位作用，不计入有效数字，数字 1~9 中、后的 0 计入有效数字，如 0.03040（4 位）、1.0008（5 位）、0.0382（3 位）、0.0040（2 位）。

2）数字 1~9 后的 0 含义不清楚时，有效位数不确定、含糊，如 3600（有效位数不确定、含糊，因为可看成 4 位有效数字，但它也可能是 3 位或 2 位有效数字，分别写成指数形式表示为 3.6×10^3、3.60×10^3、3.600×10^3）、1000（有效位数不确定、含糊，原因同上，分别写成指数形式表示为 1.0×10^3、1.00×10^3、1.000×10^3）。

（2）倍数、分数、常数可看成具有无限多位有效数字，如 10^3、1/3、π、e。

（3）pH、pM、lgc、lgK 等对数值，有效数字的位数取决于小数部分（尾数）的位数，因整数部分代表该数的方次，如 pM＝5.00（2 位）→ $[M]=1.0\times10^{-5}$（2 位）；pH＝10.34（2 位）；pH＝0.03（2 位）。

（4）数据的第一位数大于等于 8 的，可多计一位有效数字，如 9.45×10^4、95.2%、8.65（4 位）。

（5）不能因为变换单位而改变有效数字的位数，如 24.01mL→24.01 $\times10^{-3}$L。

（6）误差只需保留 1~2 位。

二、有效数字的修约规则

有效数字的修约规则为"四舍六入五成双"：

（1）当测量值中修约的那个数字等于或小于 4 时，该数字舍去，如 3.148→3.1。

（2）当测量值中修约的那个数字等于或大于 6 时进位，如 0.736→0.74。

（3）当测量值中修约的那个数字等于 5 时（5 后面无数据或是 0 时），如进位后末位数为偶数则进位，舍去后末位数为偶数则舍去，如 75.5→76。当 5 后面还有不是 0 的任何数时，进位，如 2.451→2.5、1.2513→1.3。

（4）修约数字时，只允许对原测量值一次修约到所需要的位数，不能分次修约，如 13.4748→13.47（对）、13.4565→13.456→13.46→13.5→14（错）。

三、运算规则

（一）加减法

当几个数据相加减时，它们和或差的有效数字位数，应以小数点后位数最少的数据为依据，因为小数点后位数最少的数据的绝对误差最大。例如，

$$0.0121 + 25.64 + 1.05782 =?$$

绝对误差　　± 0.0001　± 0.01　± 0.00001

由于在加和的结果中总的绝对误差值取决于 25.64，所以

$$0.0121 + 25.64 + 1.05782 = 0.01 + 25.64 + 1.06 \approx 26.71$$

又如，

$$50.1 + 1.45 + 0.5812 \approx 52.1$$

（二）乘除法

当几个数据相乘除时，它们积或商的有效数字位数，应以有效数字位数最少的数据为依据，因为有效数字位数最少的数据的相对误差最大。例如，

$$0.0121 \times 25.64 \times 1.05782 =?$$

相对误差　　$\pm 0.8\%$　$\pm 0.4\%$　$\pm 0.009\%$

由于结果的相对误差取决于 0.0121，所以

$$0.0121 \times 25.64 \times 1.05782 = 0.0121 \times 25.6 \times 1.06 \approx 0.328$$

四、有效数字运算规则在分析化学中的应用

（1）根据分析仪器和分析方法的准确度正确读出和记录测定值，且只保留一位不确定数字。

（2）在计算测定结果之前，先根据运算方法（加减或乘除）确定欲保留的位数，然后按照数字修约规则对各测定值进行修约，先修约，后计算。

（3）分析化学中的计算主要有以下几类：

1）一类是各种化学平衡中有关浓度的计算，一般为 4 位，在化学平衡计算中，结果一般为 2 位有效数字（由于 K 值一般为 2 位有效数字）。

2）另一类是计算测定结果，其有效数字位数与待测组分在试样中的相对含量有关。对于高含量组分（一般大于 10%）的测定，有 4 位有效数字；对于中含量组分（1% ～

10%）的测定，有 3 位有效数字；对于微量组分（<1%）的测定，有 1 位或两位有效数字。

3）常量分析法一般为 1 位有效数字（$E_r \approx 0.1\%$），微量分析法为两位有效数字。

4）各种常数取值一般为 2~3 位。

 练习题

1. 误差既然可用绝对误差表示，为什么还要引入相对误差？

2. 准确度与精密度有什么不同，它们与误差及偏差的关系分别是怎样的？

3. 什么是平均偏差与标准偏差，引入标准偏差有什么意义？

4. 偶然误差与操作中的过失有什么不同，如何减少偶然误差？

5. 下列数字各含有几位有效数字？

（1）1.302；（2）0.056；（3）10.300；（4）0.0001；（5）40.08；（6）6.3×10^{-3}；（7）998；（8）0.50%；（9）pH = 4.22。

第十章 滴定分析方法

滴定分析法是经典的化学分析法，适用于常量组分的分析，简便、快速、准确，现在仍在广泛使用。滴定分析法中用到的方法技能又是学习仪器分析的前提与基础。

第一节 滴定分析法概述

滴定分析法又称为容量分析法，是采用滴定的方式，将一种已知准确浓度的溶液（称为标准溶液）滴加到被测物质的溶液中（或者将被测物质的溶液滴加到标准溶液中），直到所滴加的标准溶液与被测物质按一定的化学计量关系定量反应为止，然后根据标准溶液的浓度和用量，计算出被测物质的含量。

一、基本术语

通常将标准溶液通过滴定管滴加到被测物质溶液中的过程称为滴定，此时，滴加的标准溶液称为滴定剂，被滴定的试液称为滴定液。滴加的标准溶液与待测组分按一定的化学计量关系恰好定量反应完全这一点，称为化学计量点（简称计量点，stoichiometric point，sp）。在滴定中，一般利用指示剂颜色的变化等方法来判断化学计量点的到达，指示剂颜色发生突变而终止滴定的这一点称为滴定终点（简称终点，end point，ep）。滴定终点与化学计量点不一定恰好吻合，由此造成的误差称为终点误差或滴定误差。

滴定分析法是化学分析中重要的分析方法，主要用于常量组分分析，其应用十分广泛。它具有较高的准确度，一般情况下，测定的相对误差小于0.2%，常作为标准方法使用，且操作简便、快捷。

二、滴定分析法的分类及对化学反应的要求

（一）滴定分析法的分类

基于化学反应的类型不同，滴定分析法可分为酸碱滴定法、沉淀分析法、配位滴定法和氧化还原滴定法四大类滴定法。

（二）滴定分析法对化学反应的要求

不是任何化学反应都能用于滴定分析，用于滴定分析的化学反应必须符合下列条件：

（1）反应必须定量进行。这是定量计算的基础，它包含双重定义：一是反应必须具有确定的化学计量关系，即反应按一定的反应方程式进行；二是反应要进行到实际上完全反应完，通常要求反应率达到99.9%以上。

（2）反应必须要有较快的反应速率。对于反应速率较慢的反应，有时可通过加热或加入催化剂的方法来加速反应的进行。

（3）反应应无副反应发生。

（4）必须有适当简便的方法确定反应终点。

三、滴定分析法中的滴定方式

滴定分析法中常用的4种滴定方式如下。

（一）直接滴定法

凡能满足上述条件的化学反应，都可采用直接滴定法进行，即选用适当的标准溶液直接滴定被测物质。直接滴定法是滴定分析法中最常用和最基本的滴定方法。如果反应不能完全满足上述条件，或者被测物质不能与标准溶液直接起作用时，可视情况不同采用下述几种方式进行滴定。

（二）返滴定法

若试液中待测组分与滴定剂反应很慢（如 Al^{3+} 与 EDTA 的反应），或滴定的是固体试样（如用 HCl 滴定 $CaCO_3$ 固体），或滴定的物质不稳定（如滴定 $NH_3 \cdot H_2O$）等，可采用返滴定法，即先准确地加入已知过量的标准溶液，使之与试液中的被测物质或固体试样进行反应，待反应完成后，再用另一种标准溶液滴定反应后剩余的标准溶液。例如，不能用 HCl 标准溶液直接滴定 $CaCO_3$ 固体，可先加入已知并过量的 HCl 标准溶液与 $CaCO_3$ 固体反应，反应后剩余的 HCl 用标准 NaOH 溶液返滴定。

（三）置换滴定法

当待测组分所参与的反应不能定量进行时，可采用置换滴定法，即先选用适当的试剂与待测组分反应，使其定量地置换出另一种物质，再用标准溶液滴定这种物质。例如，$Na_2S_2O_3$ 不能直接滴定 $K_2Cr_2O_7$ 或其他强氧化剂，因为在酸性溶液中 $K_2Cr_2O_7$ 可将 $S_2O_3^{2-}$ 氧化为 $S_4O_6^{2-}$ 和 SO_4^{2-} 等混合物，反应没有定量关系。如果在 $K_2Cr_2O_7$ 的酸性溶液中加入过量的 KI，可使 $K_2Cr_2O_7$ 还原并定量地生成 I_2，再用 $Na_2S_2O_3$ 标准溶液滴定 I_2，从而可测定 $K_2Cr_2O_7$。

（四）间接滴定法

有些不能与滴定剂直接起反应的物质，可以通过另外的化学反应定量转化为可被滴定的物质，再用标准溶液进行滴定，即以间接滴定方式进行测定。例如，Ca^{2+} 在溶液中没有可变价态，不能用氧化还原法直接滴定，但可先将 Ca^{2+} 沉淀为 CaC_2O_4，过滤洗净后，用 H_2SO_4 溶解 CaC_2O_4 沉淀，再用 $KMnO_4$ 标准溶液滴定溶液中的 $C_2O_4^{2-}$，从而可间接测定 Ca^{2+} 的含量。

不同滴定方式的应用，大大扩展了滴定分析法的应用范围。

四、基准物质和标准溶液

（一）基准物质

滴定分析中离不开标准溶液，能用于直接配制或标定标准溶液的物质称为基准物质。基准物质应符合下列要求：

（1）纯度要足够高（质量分数在 99.99% 以上）。

（2）组成恒定。试剂的实际组成与其化学式完全相符（包括结晶水）。

（3）性质稳定。不易与空气中的 O_2 及 CO_2 反应，也不吸收空气中的水分。

（4）有较大的摩尔质量，以降低称量时的相对误差。

（5）试剂参加滴定反应时，应定量进行。

（二）标准溶液的配制

标准溶液的配制方法有直接法和标定法两种：

（1）直接法。凡符合基准物质条件的试剂，都可用直接法进行配制。其步骤为：准确称取一定量的基准物质，溶解后定量转入一定体积的容量瓶中定容，然后根据基准物质的质量和溶液的体积，计算出该标准溶液的准确浓度。例如，准确称取 4.9039g 基准物质 $K_2Cr_2O_7$，用水溶解后，置于 1L 容量瓶中定容，即得 0.01667mol/L 的 $K_2Cr_2O_7$ 标准溶液。

（2）标定法。标定法又称间接法，有很多试剂不符合基准物质的条件，就不能用直接法配制标准溶液，这时，可采用标定法配制。其步骤为：先配制成近似于所需浓度的溶液，然后用基准物质（或已经用基准物质标定过的标准溶液）通过滴定来确定它的准确浓度，这一过程称为标定。例如，欲配制 0.1mol/L 的 NaOH 标准溶液，可先配成近似浓度的 0.1mol/L 的 NaOH 溶液，然后称取一定量的基准物质（如 $H_2C_2O_4 \cdot 2H_2O$）进行标定，或者用已知准确浓度的 HCl 标准溶液进行标定，便可求得 NaOH 标准溶液的准确浓度。

在实际工作中，有时选用与被分析试样组成相似的"标准试样"来标定标准溶液，以消除共存元素的影响。

注意： 标准溶液配好后，应视标准溶液的性质而在细口玻璃瓶或聚乙烯塑料瓶中保存，防止水分蒸发和灰尘落入。

（三）标准溶液浓度的表示方法

1. 用物质的量浓度表示

物质 B 的物质的量浓度 $c(B)$，是指溶液中所含溶质 B 的物质的量 n 除以溶液的体积 V。表示式如下：

$$c(B) = n(B)/V \tag{10-1}$$

注意： 表示物质的量浓度时，必须指明基本单元。如某硫酸溶液的浓度，由于选择不同的基本单元，其摩尔质量就不同，浓度亦不相同，如 $c(H_2SO_4) = 0.1mol/L$，$c\left(\frac{1}{2}H_2SO_4\right) = 0.2mol/L$，$c(2H_2SO_4) = 0.05mol/L$。

基本单元的选择，一般以化学反应的计量关系为依据。

2. 用滴定度表示

在生产单位的例行分析中，为了简化计算，常用滴定度（T）表示标准溶液的浓度。滴定度是指每毫升滴定剂溶液相当于被测物质的质量（g 或 mg）或质量分数。例如，采用 $K_2Cr_2O_4$ 标准溶液滴定 Fe^{2+} 溶液，滴定度为 $T(Fe/K_2Cr_2O_4) = 0.005000mol/L$，即表示每毫升 $K_2Cr_2O_4$ 溶液恰好能与 0.005000g 的 Fe^{2+} 反应。如果在滴定中消耗该 $K_2Cr_2O_4$ 标准溶液 2350mL，则被滴定溶液中铁的质量为：

$$m(Fe) = 0.005000 \times 23.50 = 0.11759 \text{（g）}$$

3. 用质量浓度表示

在微量或痕量组分分析中，常用质量浓度表示标准溶液的浓度。质量浓度是指溶质 B 的质量除以溶液的体积，用符号 $\rho(B)$ 表示：

$$\rho(B) = m(B)/V \tag{10-2}$$

例如，浓度为 0.1000g/L 的铜标准溶液，可表示为 $\rho(Cu^{2+}) = 0.1000g/L$。

第二节　酸碱滴定法

一、酸碱指示剂

（一）酸碱指示剂的作用原理

酸碱指示剂一般是有机弱酸或有机弱碱。它们的酸式结构和碱式结构具有不同的颜色。当溶液 pH 值改变时，指示剂获得质子转化为酸式结构或失去质子转化为碱式结构，从而引起溶液颜色的变化。下面以酚酞、甲基橙为例来说明。

（1）酚酞。酚酞是一种有机弱酸，是一种单色指示剂。在酸性溶液中，酚酞主要以无色的羟式结构存在；在碱性溶液中平衡向右移动，酚酞转化为红色醌式结构。

（2）甲基橙。甲基橙是一种有机弱碱，是一种双色指示剂。当溶液酸度增大时，甲基橙主要以酸式结构（醌式）存在，溶液显红色；当溶液酸度减小时，甲基橙主要以碱式结构（偶氮式）存在，溶液显黄色。

可见，指示剂的变色随溶液 pH 值改变。pH 值的变化引起指示剂结构上的转变，从而显示出不同颜色。

（二）酸碱指示剂的变色范围

酸碱指示剂的颜色变化与溶液的 pH 值有关。其理论变色范围为 $pH = pK_a(HIn) \pm 1$，在变色范围内应当观察到碱式色和酸式色的混合色。在这个范围中，我们可以用肉眼观察到溶液的颜色由酸式色变为碱式色，或由碱式色变为酸式色，该范围称为指示剂的理论变色范围。

从理论上讲，指示剂的变色范围应当是两个 pH 单位，但实际上靠人眼观察到的指示剂变色范围与理论值往往有区别。例如，$pK_a(HIn)$（酚酞）$= 9.1$，理论计算变色范围为 8.1~10.1，而实际测得变色范围为 8.0~9.6。这是由于肉眼对各种颜色的敏感程度不同及指示剂两色之间的相互掩盖能力不同。在实际应用中，一种指示剂的变色范围应越窄越好，将这种指示剂用于滴定，化学计量点与指示剂的变色点十分接近，可以减小终点误差。表 10-1 列出了一些常用指示剂及其变色范围。

表 10-1　常见的酸碱指示剂及其变色范围

指示剂	变色范围 pH 值	颜色		$pK_a(HIn)$
		酸式色	碱式色	
百里酚蓝（第一次变色）	1.2~2.8	红	黄	1.7
百里酚蓝（第二次变色）	8.0~9.6	黄	蓝	8.9
甲基黄	2.9~4.0	红	黄	3.3
甲基橙	3.1~4.4	红	黄	3.4
溴酚蓝	3.0~4.6	黄	紫	4.1
甲基红	4.4~6.2	红	黄	5.0
溴百里酚蓝	6.2~7.6	黄	蓝	7.3

指示剂	变色范围 pH 值	颜色		$pK_a(HIn)$
		酸式色	碱式色	
中性红	6.8~8.0	红	橙黄	7.4
酚酞	8.0~9.6	无	红	9.1
百里酚酞	9.4~10.6	无	蓝	10.0
溴甲酚绿	4.0~5.6	黄	蓝	5.0

（三）影响指示剂变色范围的因素

1. 指示剂的用量

指示剂的用量对指示剂变色范围的影响可以从以下两方面分析。一是对单色指示剂（如酚酞、百里酚酞等）而言，指示剂的用量对变色范围有较大的影响。例如，在 50~100mL 溶液中滴加 2~3 滴 0.1%酚酞溶液，pH=9 时显粉红色；而在同样条件下，若加 10~15 滴酚酞，则在 pH=8 时就显粉红色。二是对双色指示剂（如甲基橙）来说，用量太大时，指示剂酸式色与碱式色相互掩盖，使变色过程拉长，使终点颜色变化不敏锐。因此，应选择合适的指示剂用量。指示剂用量的选择，应在变色明显的前提下越少越好。

2. 温度

决定指示剂变色范围的一个重要参数是 $pK_a(HIn)$，而 $pK_a(HIn)$ 的值取决于指示剂本性和体系的温度，温度改变时，指示剂的 $pK_a(HIn)$ 将有所改变，因而指示剂的变色点和变色范围也随之变动。例如，甲基橙在室温下的变色范围是 3.1~4.4，在 100℃ 时为 2.5~3.7。

3. 滴定方向

由于人眼对于各种颜色的敏感程度不同，考虑到指示剂的实际变色情况，一般还要注意滴定时的方向。例如，酚酞由无色变到红色，颜色变化明显，易于辨别，宜采用碱滴定酸；反之变色不明显，易造成滴定剂过量。同样甲基橙由黄色变到红色较红色变到黄色更易辨别，这时宜用酸滴定碱。因此，若考虑变色的敏锐性，还应注意滴定的方向。

4. 溶剂

不同的溶剂得失质子的能力不同，所以，同一指示剂在不同的溶剂中有不同的 $pK_a(HIn)$，即存在不同的变色范围。

此外，当溶液中存在胶体或大量的盐时，指示剂的变色范围也将发生变化。

（四）混合指示剂

表 10-1 所列的都是单一指示剂，变色范围一般比较宽，有些指示剂颜色的变化也不是很明显。在一些酸碱滴定中，若使用这类指示剂，则难以达到所要求的准确度，这时可采用混合指示剂。混合指示剂具有变色范围窄、变色敏锐等优点。混合指示剂主要是利用颜色的互补作用而形成的。混合指示剂通常有两种配制方法：一种方法是在某种指示剂中加入一种不随溶液 H^+ 浓度变化而改变颜色的"惰性染料"；另一种方法是将两种或两种以上的指示剂混合配成。混合指示剂变色更加明显，变色范围更窄。常用的混合指示剂如表 10-2 所示。

表 10-2　酸碱滴定中常用的混合指示剂

混合指示剂的组成	变色点 pH 值	颜色		备　注
		酸式色	碱式色	
1 份 0.1%甲基橙水溶液， 1 份 0.25%靛蓝二磺酸钠水溶液	4.1	紫	黄绿	pH＝4.1，灰色
3 份 0.1%溴甲酚氯乙醇溶液， 1 份 0.2%甲基红乙醇溶液	5.1	酒红	绿	pH＝5.1，灰色
1 份 0.1%溴甲酚绿钠盐水溶液， 1 份 0.1%氯酚红钠盐水溶液	6.1	蓝绿	蓝紫	pH＝5.4，蓝绿色； pH＝5.8，蓝色； pH＝6.0，蓝色带紫色； pH＝6.2，蓝紫色
1 份 0.1%中性红乙醇溶液， 1 份 0.1%次甲基蓝乙醇溶液	7.0	蓝紫	绿	pH＝7.0，蓝紫色
1 份 0.1%甲酚红钠水溶液， 3 份 0.1%百里酚蓝钠盐水溶液	8.3	黄	紫	pH＝8.2，玫瑰色； pH＝8.4，紫色
1 份 0.1%百里酚蓝 50%乙醇溶液， 3 份 0.1%酚酞 50%乙醇溶液	9.0	黄	紫	从黄色到绿色再到紫色
2 份 0.1%百里酚酞乙醇溶液， 1 份 0.1%茜素黄乙醇溶液	10.2	黄	紫	

二、酸碱滴定法的基本原理

将一种酸逐滴加入一种碱液中，或将一种碱逐滴加入一种酸液中时，溶液的 pH 值不断变化。若以溶液的 pH 值为纵坐标，加入溶液的体积 V（或滴定分数 T）为横坐标作图，所得到的图称为酸碱滴定曲线。从滴定曲线上不仅可以了解到待测物质能否直接准确被滴定，同时还可以了解如何正确选择指示剂。在酸碱滴定中，不同类型的酸碱滴定过程中 pH 值的变化规律各不相同，下面分别予以讨论。

（一）强酸强碱的滴定

以 0.1000mol/L 的 NaOH 溶液滴定 20.00mL 0.1000mol/L 的 HCl 溶液为例，滴定曲线可以采用"两点两线"法制作。"两点两线"即滴定（点）前、滴定开始至化学计量点（线）前、化学计量点（线）时和化学计量点（线）后 4 个阶段：

（1）滴定前，即滴定曲线的起点，溶液的 pH 值取决于 HCl 的起始浓度：

$$c(H^+) = 0.1000mol/L, pH = 1.00$$

（2）滴定开始至化学计量点前，溶液的 pH 取决于剩余 HCl 的浓度：

$$c(H^+) = 0.1000mol/L \times [V(HCl) - V(NaOH)]/[V(HCl) + V(NaOH)]$$

$V(HCl) = 20.00mL$，只要给出一个 $V(NaOH)$，就可计算出一个对应的 $c(H^+)$。例如，当 $V(NaOH) = 19.98mL$ 时，有

$$c(H^+) = 0.1000 \times (20.00 - 19.98)/(20.00 + 19.98) \approx 5.0 \times 10^{-5} (mol/L), pH = 4.30$$

（3）化学计量点时。化学计量点即两种物质按照化学反应完全反应的这一点，溶液应为中性，此时，$V(NaOH) = 20.00mL$：

$$c(\mathrm{H}^+) = c(\mathrm{OH}^-) = 1.0 \times 10^{-7}\ \mathrm{mol/L}, \mathrm{pH} = 7.00$$

（4）化学计量点后，溶液的 pH 值取决于过量的 NaOH 的浓度：

$$c(\mathrm{H}^+) = 0.1000\mathrm{mol/L} \times [V(\mathrm{NaOH}) - V(\mathrm{HCl})]/[V(\mathrm{HCl}) + V(\mathrm{NaOH})]$$

$V(\mathrm{HCl}) = 20.00\mathrm{mL}$，只要给出一个 $V(\mathrm{NaOH})$，就可计算出一个对应的 $c(\mathrm{H}^+)$。例如，当 $V(\mathrm{NaOH}) = 20.02\mathrm{mL}$ 时，有

$$c(\mathrm{H}^+) = 0.1000 \times (20.02 - 20.00)/(20.02 + 20.00) = 5.0 \times 10^{-5}(\mathrm{mol/L})$$

$$\mathrm{pOH} = 4.30, \mathrm{pH} = 9.7$$

按照以上方法，给出多个 $V(\mathrm{NaOH})$，就可计算出对应的 pH 值，结果列于表 10-3 中。

表 10-3　0.1000mol/L NaOH 滴定 20.00mL 0.1000mol/L HCl 时溶液 pH 值的变化

滴入 NaOH 溶液的体积/mL	滴定分数 T	溶液的 pH 值
0.00	0.000	1.00
18.00	0.900	2.28
19.80	0.990	3.30
19.98	0.999	4.30
20.00	1.000	7.00
20.02	1.001	9.70
20.20	1.010	10.70
22.00	1.100	11.68
40.00	2.000	12.52

表 10-3 中的第二列为滴定分数，一般用 T 表示。T 与所加滴定剂体积相同，是一个常用以衡量滴定反应进行程度的参数，是所加滴定剂与被滴定组分的物质的量之比。例如，起点为 $T = 0.000$，计量点为 $T = 1.000$，滴定开始至化学计量点前 $T < 1$，化学计量点后 $T > 1$。

以滴定分数（或 NaOH 的加入体积）为横坐标，相对应的 pH 值为纵坐标，绘制 pH-T 酸碱滴定曲线，如图 10-1 所示。

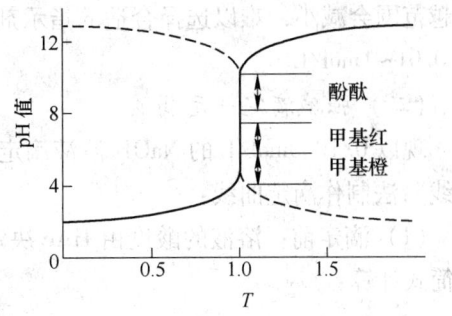

图 10-1　0.1000mol/L 的 NaOH 滴定 20.00mL
0.1000mol/L 的 HCl 溶液（实线）
和 0.1000mol/L 的 HCl 滴定 20.00mL 的
0.1000mol/L 的 NaOH 溶液（虚线）的滴定曲线

从表 10-3 和图 10-1 可以看出，从滴定开始到 $T = 0.999$（即加入 19.98mL 的 NaOH 溶液）时，溶液的 pH 值由 1.00 到 4.30 只改变了 3.3 个 pH 单位，曲线变化比较平坦；再滴入 0.04mL 的 NaOH 溶液（约 1 滴）时，T 由 0.999 增大为 1.001，加入的 NaOH 溶液比较少，但溶液的 pH 值迅速由 4.30 增大到 9.70，溶液呈碱性，曲线几乎与纵坐标平行，此后再滴入过量 NaOH 溶液所引起 pH 值的变化就较小。由此可见，在化学计量点前后，从剩余 0.02mL 的 HCl 到过量 0.02mL 的 NaOH（即滴定分数从 0.999 至 1.001），只加入了约 1 滴（0.04mL）NaOH 溶液，pH 却从 4.30 突变到 9.70，改变了 5.4 个 pH 单位，这种 pH 值的急剧变化称为滴定突跃。突跃所在的 pH 值范围称为滴定突跃范围。滴定突跃范围的规定是以误差为依据的，滴定若在 $T = 0.999$ 时终止，则引起的相对误差为 -0.1%，若在 $T = 1.001$ 时终止，则引起的相对误差为 $+0.1\%$。

也就是说，只要滴定的终点在突跃范围内，则滴定的误差不超过 ±0.1%，不可能符合滴定分析准确度的要求。显然，最理想的指示剂应该恰好在化学计量点变色，但实际上，只要指示剂的变色点的 pH 值处于滴定突跃范围内，引起的滴定误差都不超过±0.1%，就能够满足滴定分析法的准确度要求。

通常选择指示剂的原则：指示剂的变色范围全部或部分落在滴定的突跃范围之内。

对于强酸滴定强碱，如 HCl 滴定 NaOH，情况相似，但溶液 pH 值的变化方向相反，如图 10-1 中的虚线所示。滴定的突跃范围是 9.70~4.30，酚酞、甲基红均适用。如果用甲基橙作为指示剂，从黄色滴定到橙色，将有+0.2% 的误差。从以上讨论可以看出，碱滴定中的滴定突跃范围的大小与酸碱溶液的浓度有关。如图 10-2 所示，酸碱溶液的浓度越大，突跃范围越大；酸碱溶液的浓度越小，突跃范围也就越小。对 0.01000mol/L 的 NaOH 溶液滴定 0.01000mol/L 的 HCl，突跃范围缩小为 5.30~8.70，甲基橙不再适用；若用 1.000mol/L 的 NaOH 溶液滴定 1.000mol/L 的 HCl，突跃范围将扩大为 3.30~10.70。在滴定分

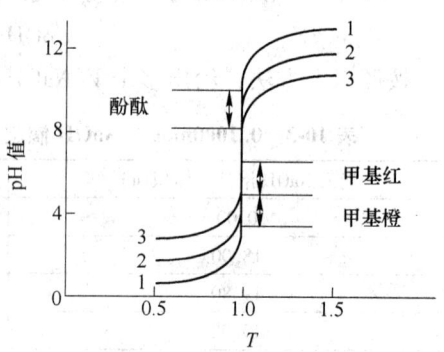

图 10-2　不同浓度 NaOH 溶液滴定不同
浓度 HCl 溶液的滴定曲线
1—1.00mol/L；2—0.10mol/L；
3—0.01mol/L

析中，溶液的浓度不宜过大或过小，浓度过大时，终点误差会增大；浓度过小时，滴定的突越范围会减小，难以选择合适的指示剂。因此，在酸碱滴定中，常用的酸碱溶液的浓度为 0.01~1mol/L。

（二）强碱滴定一元弱酸

现以 0.1000mol/L 的 NaOH 溶液滴定 20.00mL 0.1000mol/L 的 HAc 为例，采用"两点两线"法制作滴定曲线：

（1）滴定前。溶液的酸度由 HAc 决定，且 $c/K_a(HAc) > 500$，则溶液的 pH 值可以用最简式计算：

$$c(H^+) = \sqrt{K_a(HAc) \cdot c(HAc)} = \sqrt{1.8 \times 10^{-5} \times 0.1000} \approx 1.34 \times 10^{-3} \ (mol/L)$$

$$pH = 2.89$$

（2）滴定开始至化学计量点前。溶液是剩余的 HAc 与生成的 Ac⁻ 两者形成的酸碱共轭体系，符合缓冲溶液的最简式计算条件，溶液的 pH 值可按下式计算：

$$pH = pK_a(HAc) - \lg \frac{c(HAc)}{c(Ac^-)}$$

给定一个 $V(NaOH)$，就可以确定 $c(HAc)$ 与 $c(Ac^-)$，进而计算体系的 pH 值。例如，当 $V(NaOH) = 19.98$mL 时，有

$$c(HAc) = 0.1000 \times \frac{20.00 - 19.98}{20.00 + 19.98} \approx 5.0 \times 10^{-5} \ (mol/L)$$

$$c(Ac^-) = 0.1000 \times \frac{19.98}{20.00 + 19.98} \approx 5.0 \times 10^{-2} \ (mol/L)$$

$$pH = 4.74 - \lg \frac{5.0 \times 10^{-5}}{5.0 \times 10^{-2}} = 7.74$$

（3）在化学计量点时。HAc 已全部转化为 Ac^-，$c(Ac^-) = 0.1000 \times \dfrac{20.00}{40.00} = 0.050\,mol/L$，则溶液的 pH 值可以用最简式计算：

$$c(OH^-) = \sqrt{\frac{K_w}{K_a(HAc)} c(Ac^-)} = \sqrt{0.0500 \times 5.6 \times 10^{-10}} \approx 5.29 \times 10^{-6}\ (mol/L)$$

$$pOH = 5.28，pH = 8.72$$

（4）在化学计量点后。体系由反应生成的 NaAc 和过量的 NaOH 组成，Ac^- 虽为弱碱，但在过量的 NaOH 存在时抑制了其水解，故体系的酸度由过量的 NaOH 决定。例如，当加入 NaOH 溶液 20.02mL 时，有

$$c(OH^-) = 0.1000 \times \frac{20.02 - 20.00}{20.02 + 20.00} \approx 5.0 \times 10^{-5}\ (mol/L)$$

$$pOH = 4.30，pH = 9.70$$

用类似的方法可以计算滴定过程中加入任意体积 NaOH 时溶液的 pH 值。结果列于表 10-4 中，并绘制滴定曲线，如图 10-3 所示。

表 10-4　0.1000mol/L 的 NaOH 滴定 20.00mL 0.1000mol/L 的 HAc 时溶液 pH 值的变化

滴入 NaOH 溶液的体积/mL	滴定分数 T	溶液的 pH 值
0.00	0.000	2.89
18.00	0.900	5.70
19.80	0.990	6.73
19.98	0.999	7.74
20.00	1.000	8.70
20.02	1.001	9.70
20.20	1.010	10.70
22.00	1.100	11.68
40.00	2.000	12.52

从表 10-4 中的数据及图 10-3 的滴定曲线可以看出：由于 HAc 是弱酸，只有部分发生电离，因此其滴定曲线的起点要比强碱滴定同浓度盐酸的 pH 值高出 1.87 个 pH 单位，即曲线的起点高；从滴定开始到大约 20% 的 HAc 被滴定的这一段，由于反应生成的 Ac^- 产生同离子效应，抑制了 HAc 的解离，因此 $c(H^+)$ 下降，pH 值升高较快，这段滴定曲线的斜率较大；继续滴定，溶液中逐渐增多的 Ac^- 与体系中剩余的 HAc 形成缓冲溶液，滴定曲线在这一段较为平坦；在接近计量点时，由于 HAc 浓度过小，缓冲体系被破坏，溶液

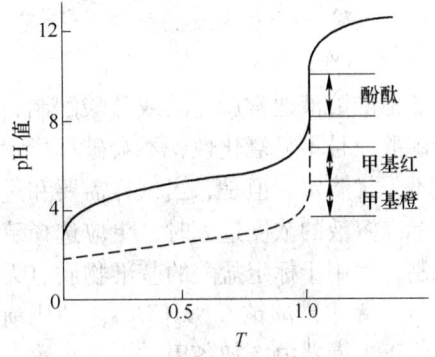

图 10-3　0.1000mol/L 的 NaOH 滴定 20.00mL 0.1000mol/L 的 HAc 溶液（实线）和 0.1000 mol/L 的 NaOH 滴定 20.00mL 0.1000mol/L 的 HCl 溶液（虚线）的滴定曲线

的 pH 值被破坏，溶液的 pH 值发生突变，当滴定分数由 0.999 增大到 1.001，即加入的 NaOH 体积从 19.98mL 到 20.02mL 时，对应的相对误差在 ±0.1% 之间，溶液的 pH 值变化了 1.96 个 pH 单位，由于滴定产物 NaAc 是弱碱，因此在化学计量点时溶液呈碱性，且突跃范围全部落在了碱性范围内，因此，在酸性范围内变色的指示剂（如甲基橙、甲基红等）都不能使用，而只能选择在碱性范围内变色的指示剂，如酚酞、百里酚酞等。

　　与强碱滴定强酸不同的是，强碱滴定弱酸滴定突跃范围的大小除了与浓度成正比外，还与弱酸的强度成正比（图 10-4）。从滴定曲线上可以看出，当酸的浓度一定时，酸的 K_a 值越大，即酸越强时，滴定突跃范围越大；酸的 K_a 值越小，即酸越弱时，滴定突跃范围越小。当 $K_a < 10^{-9}$ 时，几乎没有突跃，因此，无法选择指示剂确定终点。综合浓度与酸的强度 K_a 两个因素，滴定突跃范围的大小将由酸性溶液浓度 c_a 与 K_a 的乘积所决定。$c_a K_a$ 越大，突跃范围越大；$c_a K_a$ 越小，突跃范围越小。当 $c_a K_a$ 很小时，化学计量点前

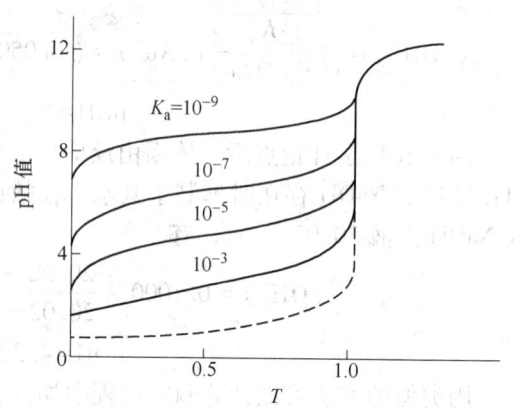

图 10-4　NaOH 溶液滴定浓度一定但
强度不同的酸溶液的滴定曲线

后溶液的 pH 变化非常小，便无法用指示剂准确地确定滴定终点。由于人眼在辨认颜色时的局限性，一般存在 ±0.2pH 单位的不准确性，所以一般要求滴定突跃范围在 0.4 个 pH 单位以上，否则就不能准确滴定。以此为据，计算后可知，只有弱酸的 $c_a K_a \geq 10^{-8}$，滴定的突跃范围方可达到 0.4 个 pH 单位以上，这时终点误差在 ±0.1 之间。因此，弱酸能被准确滴定的条件为 $c_a K_a \geq 10^{-8}$；同理，弱碱能被准确滴定的条件为 $c_b K_b \geq 10^{-8}$（c_b 为碱性溶液的溶度，K_b 为碱性溶液的强度）。需要说明的是，对于不符合上述条件的弱酸（碱），虽不能借助指示剂直接滴定，但仍可以采取其他的滴定方式，如采用仪器指示终点或用非水滴定法等方法进行滴定。

三、酸碱滴定法的应用

（一）酸碱标准溶液的配制和标定

1. 酸标准溶液

酸标准溶液通常用盐酸或硫酸配制，其中应用较广泛的是盐酸。这是由于盐酸的酸性强于硫酸，且不显氧化性，不会破坏指示剂；大多数氯化物易溶于水，各种阳离子的存在一般不干扰滴定。但是，当试样需要和过量的酸标准溶液共煮时，要选择硫酸，当所需要的酸标准溶液的浓度过大时，更应选择硫酸。盐酸易挥发，不稳定，其标准溶液采用标定法配制，常用于标定盐酸的基准物质有无水碳酸钠和硼砂等：

　　（1）无水碳酸钠（Na_2CO_3）。使用前将无水碳酸钠置于电烘箱中，在 180℃下干燥 2~3h，置于干燥器内冷却备用。

　　（2）硼砂（$Na_2B_4O_7 \cdot 10H_2O$）。硼砂在水中重结晶两次（结晶析出温度在 50℃以下）就可获得符合基准试剂条件的硼砂，析出的晶体在室温下暴露在 60%~70% 相对湿度的空气中干燥 24h。干燥的硼砂结晶必须保存在密闭的试剂瓶中，以防失水。

2. 碱标准溶液

碱标准溶液常用 NaOH 和 KOH 来配制，也可用中强性碱 $Ba(OH)_2$ 来配制，但以 NaOH 标准溶液应用最多。碱标准溶液易吸收空气中的 CO_2，使其浓度发生变化，因此，配好的 NaOH 等碱标准溶液应注意保存。$Ba(OH)_2$ 可用来配制不含碳酸盐的碱标准溶液。配制不含 CO_3^{2-} 的 NaOH 溶液的常用方法：先配成 NaOH 的饱和溶液（约 50%），此时 Na_2CO_3 因溶解度很小而沉于溶液底部，取上层清液，用经煮沸而除去 CO_2 的蒸馏水稀释至所需浓度。

苛性碱标准溶液会侵蚀玻璃，最好用塑料容器储存。在一般情况下，也可用玻璃瓶储存碱标准溶液，但必须用橡胶塞。

由于 NaOH 固体易吸收空气中的 CO_2 和水分，因此碱标准溶液通常不是直接配制的，而是先配制成近似浓度（$0.01 \sim 1mol/L$，多半是 $0.1 \sim 0.5mol/L$），然后用基准物质标定。

标定碱溶液时，常用邻苯二甲酸氢钾和草酸等作为基准物质进行直接标定。

（1）邻苯二甲酸氢钾（$KHC_8H_4O_4$）。易得到纯品，在空气中不吸水，容易保存。邻苯二甲酸氢钾通常于 $100 \sim 125℃$ 时干燥 2h 后备用。干燥温度不宜过高，否则会引起脱水而成为邻苯二甲酸酐。$KHC_8H_4O_4$ 与 NaOH 起反应时，物质的量比为 1:1，其摩尔质量较大，因此，它是标定碱标准溶液较好的基准物质。若 NaOH 的浓度为 $0.1mol/L$，在计量点时溶液呈微碱性（pH 值约为 9.1），可用酚酞作为指示剂。

（2）草酸（$H_2C_2O_4 \cdot 2H_2O$）。相当稳定，相对湿度在 5% ~ 95% 时不会风化失水。草酸是二元弱酸（$K_{a1} = 5.9 \times 10^{-2}$，$K_{a2} = 6.4 \times 10^{-5}$），用 NaOH 滴定时，草酸分子中的两个 H^+ 一次被 NaOH 滴定，到计量点时，溶液略偏碱性（pH 值约为 8.4），pH 值突跃范围为 7.7 ~ 10.0，可选用酚酞作为指示剂。

配制成 $H_2C_2O_4$ 溶液时，水中不应含有 CO_2。光和催化作用（尤其二价锰盐）能加快空气对溶液中 $H_2C_2O_4$ 的氧化作用，草酸也会自动分解为 CO_2 和 CO。因此，应该妥善保存 $H_2C_2O_4$ 溶液（常放置在暗处）。

（二）食醋中总酸量的测定

食醋是一种以醋酸为主要成分的混合酸溶液，还含有少量乳酸等其他有机弱酸，用 NaOH 标准溶液滴定时，只要符合 $c_aK_a \geq 10^{-8}$ 条件的酸均可被滴定，况且这些共存于食醋中的酸的 K_a 之间的比值小于 10^4，因此，测定的是食醋中的总酸量。分析结果用主成分醋酸表示。由于是强碱滴定弱酸，滴定突跃在碱性范围，化学计量点时的 pH ≈ 8.7，所以可选用酚酞作为指示剂。

由于 CO_2 溶于水后形成的 H_2CO_3 要消耗 NaOH 标准溶液，故对滴定有影响。为了获得准确的分析结果，所取醋酸试液必须用不含 CO_2 的蒸馏水稀释，并用不含 H_2CO_3 的 NaOH 标准溶液进行滴定。

醋酸的含量常用质量浓度表示。

（三）混合碱的测定

NaOH、$NaHCO_3$、Na_2CO_3 及其混合物 $NaOH + Na_2CO_3$、$Na_2CO_3 + NaHCO_3$ 用盐酸标准溶液直接测定，是混合碱测定的主要内容。

混合碱的测定主要采用双指示剂法，即先在碱样中加入酚酞作为指示剂，用盐酸标准溶液滴定至酚酞变色，再在反应液中加入第二种指示剂甲基橙，继续滴定至甲基橙变色，根据酚酞变色及甲基橙变色时消耗的盐酸的体积，就可判断碱样的组成及计算其中各组分的含量。双指示剂法中，最关键的一个组分是 Na_2CO_3，酚酞变色时，Na_2CO_3 转化为 $NaHCO_3$，继续滴定至甲基橙变色时，$NaHCO_3$ 转化为 CO_2 和 H_2O，即酚酞变色之前，$NaHCO_3$ 不与 HCl 反应，而 NaOH 在酚酞变色时已反应完全，以此为据，就可根据酚酞变色及甲基橙变色时分别消耗的 HCl 的体积判断碱样的组成及进行碱样中各组分含量的计算：

$$Na_2CO_3 \xrightarrow{酚酞} NaHCO_3 \xrightarrow{甲基橙} CO_2 + H_2O$$
$$V_1(HCl) \qquad V_2(HCl)$$

特点：$V_1(HCl) = V_2(HCl)$。

例 10-1　某碱灰试样，除含 Na_2CO_3 外，还可能含有 NaOH 或 $NaHCO_3$ 及不与酸发生反应的物质。今称取 1.100g 该试样溶于适量水后，用酚酞作为指示剂时，消耗 HCl 溶液（1.00mL 的 HCl 溶液相当于 0.0140g 的 CaO）13.30mL 到达终点。若用甲基橙作为指示剂，同样质量的试样需要该浓度 HCl 溶液 31.40mL 才能到达终点。计算试样中各组分的质量分数。

解　依据题意，题中试样若用双指示剂法连续滴定，则在指示剂酚酞与甲基橙变色时，分别消耗的盐酸的体积为 V_1 和 V_2：

$$V_1 = 13.30mL，V_2 = 31.40 - 13.30 = 18.10mL$$

因为 $V_2 > V_1$，所以样品为 Na_2CO_3、$NaHCO_3$ 及不与酸发生反应的杂质的混合物。

设试样的质量为 $m(s)$，已知 1.00mL 的 HCl 溶液相当于 0.0140g 的 CaO，所以

$$c(HCl) = \frac{2m(CaO)}{M(CaO)V(HCl)}$$
$$= \frac{2 \times 0.0140}{56.08 \times 1.00 \times 10^{-3}}$$
$$\approx 0.4993mol/L$$

$$w(NaHCO_3) = \frac{c(HCl)(V_2 - V_1)M(NaHCO_3)}{m(s)}$$
$$= \frac{0.4993 \times (18.10 - 13.30) \times 10^{-3} \times 84.01}{1.100}$$
$$\approx 0.1830$$

$$w(Na_2CO_3) = \frac{c(HCl)V_1M(Na_2CO_3)}{m(s)}$$
$$= \frac{0.4993 \times 13.30 \times 10^{-3} \times 106.0}{1.100}$$
$$\approx 0.6399$$

（四）有机物中氮的测定——凯氏定氮法

谷物与肉类的蛋白质、生物碱、肥料及合成药物等物质的主要组成元素是 C、H、O

和 N，其中氮的测定通常采用凯氏定氮法进行。测氮时，以 $CuSO_4$ 为催化剂，并加入 K_2SO_4，提高沸点，以促进分解过程，使样品与浓 H_2SO_4 在回流共煮下进行消化消解，将 C 转化为 CO_2，H、O 转化为 H_2O，N 转化为 NH_3。生成的 CO_2 和 H_2O 在反应温度下全部逸散了，而 NH_3 在浓硫酸介质中转化为硫酸铵。加浓 NaOH 溶液使介质呈碱性，使 $(NH_4)_2SO_4$ 转化为 NH_3，然后加热蒸馏放出氨气。用过量的 HCl 标准溶液吸收 NH_3，采用甲基橙或甲基红作为指示剂，再以 NaOH 标准溶液返滴过量的 HCl 溶液，即可测出样品中的氮。计算公式为

$$w(N) = \frac{[c(HCl)V(HCl) - c(NaOH)V(NaOH)]M(N)}{m(s)}$$

采用凯氏定氮法测得的氮是总氮，由总氮量乘以蛋白质换算系数可计算蛋白质的含量。

蒸馏产生的 NH_3 也可用过量的 H_3BO_3（$K_{a1} = 5.8 \times 10^{-10}$）溶液吸收：

$$NH_3 + H_3BO_3 \Longrightarrow NH_4^+ + H_2BO_3^-$$

再用 HCl 标准溶液滴定生成的 $H_2BO_3^-$，即

$$H_2BO_3^- + H^+ \Longrightarrow H_3BO_3$$

终点产物是 NH_4^+ 和 H_3BO_3，$pH \approx 5$，选甲基红为指示剂。此法优点是只需一种标准溶液（HCl），H_3BO_3 只作吸收剂，只需保证过量，其浓度和体积不需考虑。

$$n(P_2O_5) = \frac{1}{52}n(NaOH)$$

$$w(P_2O_5) = \frac{[c(NaOH)V(NaOH) - c(HCl)V(HCl)] \times \frac{1}{52} \times M(P_2O_5)}{m(s)}$$

第三节 配位滴定法

配位滴定法是以配位反应为基础的滴定分析法。该方法中配位剂与金属离子生成稳定配位物，常用的配位剂是一类有机配位剂——胺羧配位剂。其中最常用的是 EDTA（乙二胺四乙酸），因此配位滴定法又称为 EDTA 滴定法。

一、EDTA 简介及其金属离子配位的特点

（一）EDTA 简介

EDTA 是一个四元有机弱酸，其结构式为 $(HOOCCH_2)_2$—N—$(CH_2)_2$—N—$(CH_2COOH)_2$，为书写方便，用 H_4Y 表示其分子式。EDTA 微溶于水，不溶于酸，在分析工作中多用其二钠盐作为滴定剂。乙二胺四乙酸二钠是白色结晶粉末，用 $Na_2H_2Y \cdot 2H_2O$ 表示，也称为 EDTA。

当 EDTA 溶于水时，如果溶液的酸度很高，它的两个羧基可再接受 H^+ 形成 H_6Y^{2+}，这样，就相当于六元酸，有 7 种形式存在，如表 10-5 所示。

表 10-5 不同 pH 值时 EDTA 的主要存在形式

pH 值	<0.9	0.9~1.6	1.6~2.0	2.0~2.67	2.67~6.16	6.16~10.26	>10.26
主要存在形体	H_6Y^{2+}	H_5Y^+	H_4Y	H_3Y^-	H_2Y^{2-}	HY^{3-}	Y^{4-}

在不同 pH 值时，EDTA 的主要存在形式不同，浓度也不同。在这 7 种形式中，只有 Y^{4-} 能与金属离子直接配位，形成稳定的配位物。因此，溶液的酸度越低，Y^{4-} 存在形式越多，EDTA 的配位能力越强。

（二）EDTA 与金属离子配位的特点

EDTA 与金属离子配位具有以下特点：

（1）除一价金属离子外，多数金属离子与 EDTA 可形成稳定的配位物。

（2）一般情况下，EDTA 与多数金属离子形成配位比为 1∶1 的配位物，而与金属离子价态无关。

（3）反应速率快。大多数金属离子与 EDTA 形成配位物的反应很快（瞬间完成），符合滴定要求。

（4）EDTA 与无色金属离子所形成的配位物都是无色的，有利于用指示剂确定终点。有色金属离子与 EDTA 配位时，一般生成颜色更深的配位物。

（5）溶液的酸度或碱度高时，一些金属离子与 EDTA 配位形成酸式配位物或碱式配位物。

二、金属指示剂

配位滴定指示终点的方法很多，其中最重要的是使用金属指示剂指示终点。酸碱指示剂是以指示溶液中 H^+ 浓度的变化确定终点的，金属指示剂则是以指示溶液中金属离子浓度的变化确定终点的。

（一）金属指示剂的作用原理

金属指示剂是一种有机染料，能与某些金属离子形成与染料本身颜色不同的有色配位物。例如，用 EDTA 滴定 Mg^{2+}，以铬黑 T（EBT）作指示剂，滴定开始时溶液中有大量的 Mg^{2+}，部分 Mg^{2+} 与指示剂配位，呈现配位物 $MgIn^-$ 的红色；随着 EDTA 的加入，它逐渐与 Mg^{2+} 配位呈配位物 MgY^{2-}；在化学计量点附近，Mg^{2+} 浓度降至很低，加入的 EDTA 进而夺取配位物 $MgIn^-$ 中的 Mg^{2+}，使指示剂游离出来，即

$$MgIn^- + HY^{3-} \Longrightarrow MgY^{2-} + HIn^{2-}$$
$$\text{（红）} \qquad\qquad\qquad \text{（蓝）}$$

此时溶液呈现蓝色，表示达到滴定终点。

作为金属指示剂，必须具备以下条件：

（1）金属指示剂配位物与指示剂的颜色应有明显区别，终点颜色变化才明显。金属指示剂多是有机弱酸，颜色随 pH 值而变化，因此必须控制合适的 pH 值范围。还以铬黑 T 为例，它在溶液中有如下平衡：

$$H_2In^- \Longrightarrow HIn \Longrightarrow In^{3-}$$
$$\text{紫红色} \qquad \text{蓝色} \qquad \text{橙色}$$
$$pH \leqslant 6.3 \quad pH = 8.0 \sim 10.0 \quad pH > 11.6$$

当 pH<6.3 时，呈紫红色，当 pH>11.6 时，呈橙色，均与铬黑 T 金属配位物的红色相近。为使终点变化明显，使用铬黑 T 的最适宜酸度 pH 值应为 8.0~10.0。

（2）金属指示剂配位物（MIn）的稳定性应比金属–EDTA 配位物（MY）的稳定性低，否则 EDTA 不能夺取 MIn 中的 M，即使过了化学计量点也不变色，就失去了指示剂的作用。但是金属指示剂配位物稳定性不能太低，否则终点变色不敏锐。因此，为了使滴定的准确度高，MIn 的稳定性要适当，以免终点会过早或过迟到达，后面将对此进行定量讨论。

（3）指示剂与金属离子的反应必须进行迅速，且有良好的可逆性，才能用于滴定。

（二）常用的金属指示剂

（1）铬黑 T。如前所述，铬黑 T 是在弱碱性溶液中滴定 Mg^{2+}、Zn^{2+}、Pb^{2+} 等的常用指示剂。

（2）二价酚橙（XO）。二价酚橙是在酸性溶液（pH<6.0）中许多金属离子配位滴定所使用的极好指示剂，常用于锆、钍、钪、铟、稀土、钇、铋、镉、汞的直接或间接滴定法中。会封闭 XO 的离子，如铝、镍、钴、铜、镓等，可采用返滴定法，即当 pH 值为 5.0~5.5（六次甲基四胺缓冲溶液）时，加入过量 EDTA 后，再用锌或铅返滴定。三价铁离子可在 pH 为 2~3 时，以硝酸铋返滴定法测定。

二甲酚橙为多元酸（6 级解离常数），在 pH 值为 5.0~6.0 时，二甲酚橙为黄色，它与金属离子形成的配位物为红色。二甲酚橙与各种金属离子形成的配位物的稳定性不同，产生明显颜色变化的最高酸度也就不同，如表 10-6 所示。

表 10-6　二甲酚橙与金属离子显色的最高酸度

金属离子	酸度 $[c(HNO_3)/(mol/L)]$	金属离子	pH 值
Zr^{4+}、Hf^{4+}	1.0	Pb^{2+}、Al^{3+}、In^{3+}、Ga^{3+}	3.0
Bi^{3+}	0.5	镧系元素、Y^{3+}	3.0~4.0
Fe^{3+}	0.2	Zn^{2+}、Co^{2+}、Tl^{3+}	4.0
Th^{4+}	0.1	Cu^{2+}	5.0
Sc^{3+}	0.05	Mn^{2+}、Ni^{2+}、Cd^{2+}、Hg^{2+}	5.0~5.5

（3）PAN。PAN 与 Cu^{2+} 的显色反应非常灵敏，但很多其他金属离子，如 Ni^{2+}、Co^{2+}、Zn^{2+}、Pb^{2+}、Bi^{3+}、Ca^{2+} 与 PAN 反应慢或灵敏度低。若以 Cu–PAN 为间接金属指示剂，则可测定多种金属离子。Cu–PAN 指示剂是 CuY 和 PAN 的混合液。将此液加到含有被测金属离子 M 的试液中时，发生如下置换反应：

$$CuY + PAN + M \Longrightarrow MY + Cu - PAN$$
$$（黄绿） \qquad\qquad （紫红）$$

溶液呈现紫红色。当加入的 EDTA 定量配位 M 后，EDTA 将夺取 Cu–PAN 中的 Cu^{2+}，从而使 PAN 游离出来：

$$Cu - PAN + Y \Longrightarrow CuY + PAN$$
$$（紫红） \qquad\qquad （黄绿）$$

溶液由紫红色变为黄绿色，指示终点到达。因滴定前加入的 CuY 与最后生成的 CuY 是相等的，故加入的 CuY 并不影响测定结果。

在几种离子的连续滴定中，若分别使用几种指示剂，往往发生颜色干扰。而 Cu - PAN 可在很宽的 pH 值范围（pH 值为 1.9~12.2）内使用，就可以在同一溶液中连续指示终点。

（4）其他指示剂。1）类似 Cu - PAN 这样的间接指示剂，还有 Mg - EBT；2）在 pH = 2 时，磺基水杨酸（无色）与 Fe^{3+} 形成紫红色配位物，可用作滴定 Fe^{3+} 的指示剂；3）在 pH = 12.5 时，钙指示剂（蓝色）与 Ca^{2+} 形成紫红色配位物，可用作滴定钙的指示剂。

（三）使用金属指示剂时存在的问题

（1）指示剂的封闭现象。某些金属指示剂配位物（MLN）较相应的金属 EDTA 配位物（MY）稳定，显然此指示剂不能作为滴定该金属的指示剂。在滴定其他金属离子时，若溶液中存在这些金属离子，则溶液一直呈现 MIn 的颜色，即使到了化学计量点也不变色，这种现象称为指示剂的封闭现象。例如，在 pH = 10 时，以铬黑 T 为指示剂滴定 Ca^{2+}、Mg^{2+} 总量时，Al^{3+}、Fe^{3+}、Cu^{2+}、Co^{2+}、Ni^{2+} 等会封闭铬黑 T，致使终点无法确定。往往由于试剂或蒸馏水的质量差，含有微量的上述离子也使得指示剂失效。解决的办法是加入掩蔽剂，使干扰离子生成更稳定的配位物，从而不再与指示剂作用。Al^{3+}、Fe^{3+} 对铬黑 T 的封闭可加三乙醇胺予以消除；Cu^{2+}、Co^{2+}、Ni^{2+} 可用 KCN 掩蔽；Fe^{3+} 也可先用抗坏血酸还原为 Fe^{2+}，再加 KCN 以 $Fe(CN)_4^{2-}$ 形式掩蔽。若干扰离子的量太大，则需预先分离除去。

（2）指示剂的僵化现象。有些指示剂或金属指示剂配位物在水中的溶解度太小，使得滴定剂与金属指示剂配位物交换缓慢，终点拖长，这种现象称为指示剂僵化。解决的办法是加入有机溶剂或加热，以增大其溶解度。例如，用 PAN 作指示剂时，经常加入酒精或在加热下滴定。

（3）指示剂的氧化变质现象。金属指示剂大多为含双键的有色化合物，易被日光、氧化剂、空气所分解，在水溶液中多不稳定，时间久了会变质。若配成固体混合物则较稳定，保存时间较长。例如，铬黑 T 和钙指示剂，常用固体 NaCl 或 KCl 作稀释剂配制。

三、滴定方式与应用

（一）直接滴定法

若金属与 EDTA 的反应满足滴定的要求，就可直接进行滴定。直接滴定法具有方便、快速的优点，可能引入的误差也较少。因此只要条件允许，应尽可能采用直接滴定法。

实际上大多数金属离子可以采用 EDTA 直接滴定。表 10-7 列出一些元素常用的 EDTA 直接滴定的方法。

表 10-7　直接滴定法示例

金属离子	pH 值	指示剂	其他主要条件
Bi^{3+}	1	二甲酚橙	HNO_3 介质
Fe^{3+}	2	磺基水杨酸	加热至 50~60℃
Th^{4+}	2.5~3.5	二甲酚橙	—
Cu^{2+}	2.5~10	PAN	加酒精或加热
	8	紫脲酸铵	—

续表 10-7

金属离子	pH 值	指示剂	其他主要条件
Zn^{2+}、Cd^{2+}、Pb^{2+}、稀土	5.5	二甲酚橙	
	9~10	铬黑 T	氨性缓冲液，滴定 Pb^{2+} 时还需加酒石酸为辅助配位剂
Ni^{2+}	9~10	紫脲酸铵	氨性缓冲液，加热 50~60℃
Mg^{2+}	10	铬黑 T	—
Ca^{2+}	12	钙指示剂或紫脲酸铵	—

下面仅就钙镁联合测定做介绍。钙与镁经常共存，常需要测定两者的含量。钙、镁的各种测定方法中以配位滴定最为简便。测定方法：先在 pH = 10 的氨性溶液中，以铬黑 T 为指示剂，用 EDTA 滴定。由于 CaY 比 MgY 稳定，故先滴定的是 Ca^{2+}。但它们与铬黑 T 配合物的稳定性相反（lgK（CaIn）= 5.4，lgK（MgIn）= 7.0），因此溶液由紫红变为蓝色，表示 Mg^{2+} 已定量滴定，而此时 Ca^{2+} 早已定量反应，故由此测得的是 Ca^{2+}、Mg^{2+} 总量。

另取同量试液，加入 NaOH 至 pH >12，此时镁以 $Mg(OH)_2$ 沉淀形式掩蔽，选用钙指示剂为指示剂，用 EDTA 滴定 Ca^{2+}。由前后两次测定之差，即可得到镁含量。

（二）返滴定法

在如下一些情况下采用返滴定：

（1）被测离子与 EDTA 反应缓慢。

（2）被测离子在滴定的 pH 值下会发生水解，又找不到合适的辅助配位剂。

（3）被测离子对指示剂有封闭作用，又找不到合适的指示剂。用 EDTA 滴定 Al^{3+} 正是如此：Al^{3+} 与 EDTA 配位缓慢；特别是酸性不高时，Al^{3+} 水解成多核羟配位物，使之与 EDTA 配位更慢；Al^{3+} 又封闭二甲酚橙等指示剂，因此不能用直接滴定法。

采用返滴定法并控制溶液的 pH 值，即可解决上述问题。方法是先加入过量的 EDTA 标准溶液于酸性溶液中，调 pH ≈ 3.5，煮沸溶液。此时溶液的酸度较高，又有过量的 EDTA 存在，Al^{3+} 不会形成多核羟配位物，煮沸则又加速了 Al^{3+} 与 EDTA 的配位反应。然后将溶液冷却，并调 pH 值为 5~6，以保证 Al^{3+} 与 EDTA 配位反应定量进行。最后再加入二甲酚橙指示剂，此时 Al^{3+} 已形成 AlY 配位物，就不再封闭指示剂了。过量的 EDTA 用 Zn^{2+} 标准溶液进行返滴定。这样测定的准确度比较高。表 10-8 列出了一些常用作返滴定剂的金属离子。

表 10-8　常用作返滴定剂的金属离子

pH 值	返滴定剂	指示剂	测定金属离子
1~2	Bi^{3+}	二甲酚橙	ZrO^{2+}、Sn^{4+}
5~6	Zn^{2+}、Pb^{2+}	二甲酚橙	Al^{3+}、Cu^{2+}、Co^{2+}、Ni^{2+}
5~6	Cu^{2+}	PAN	Al^{3+}
10	Mg^{2+}、Zn^{2+}	铬黑 T	Ni^{2+} 稀土
12~13	Ca^{2+}	钙指示剂	Co^{2+}、Ni^{2+}

作为返滴定的金属离子（N）与 EDTA 形成的配位物 NY 必须有足够的稳定性，以保证测定的准确度。但若 NY 比 MY 更稳定，则会发生以下置换反应：

$$N + MY \Longrightarrow NY + M$$

对测定结果的影响有 3 种可能：

（1）若 M、N 都与指示剂反应，则溶液的颜色在终点得到突变。

（2）若 M 不与指示剂反应，且置换反应进行得快，则测定 M 的结果将偏低。

（3）若 M 为封闭指示剂，且置换反应进行得快，则终点将难以判断；若置换反应进行得慢，则不影响结果。例如，ZnY 比 AlY 稳定（$\lg K(\text{ZnY}) = 16.5$，$\lg K(\text{AlY}) = 16.1$），但 Zn^{2+} 可作返滴定剂测定 Al^{3+}，这是反应速率在起作用。Al^{3+} 不仅与 EDTA 配位缓慢，一旦形成 AlY 配位物后离解也慢，尽管 ZnY 比 AlY 稳定，但在滴定条件下，Zn^{2+} 并不能将 AlY 中的 Al^{3+} 置换出来。但是，如果返滴定时温度较高，AlY 活性增大，就有可能发生置换反应，使终点难确定。

（三）置换滴定法

在有多种组分存在的试液中欲测定其中一种组分，采用析出法不仅选择性高而且简便。以复杂铝试样中测定 Al^{3+} 为例，若其中还有 Pb^{2+}、Zn^{2+}、Cd^{2+} 等金属离子，采用返滴定法测定的是 Al^{3+} 与这些离子的总量。若要掩蔽这些干扰离子，必须首先确定含有哪些组分，并加入多种掩蔽剂，这不仅麻烦，且有时难以办到。而若在返滴定至终点后，再加入能与 Al^{3+} 形成更稳定配位物的选择性试剂 NaF，在加热情况下发生如下置换反应：

$$\text{AlY}^- + 6\text{F}^- + 2\text{H}^+ \Longrightarrow \text{AlF}_6^{3-} + \text{H}_2\text{Y}^{2-}$$

则可置换出与铝等物质的量的 EDTA，溶液冷却后再以 Zn^{2+} 标准溶液滴定置换出的 EDTA，即得 Al^{3+} 的含量。此法测 Al^{3+} 的选择性较高，仅 Zr^{4+}、Ti^{4+}、Sn^{4+} 干扰测定。实际上，也可用此法测定锡青铜（含 Sn^{4+}、Cu^{2+}、Pb^{2+}、Zn^{2+}）中的锡。

（四）间接滴定法

有些金属离子与 EDTA 配位物不稳定，而非金属离子则不与 EDTA 形成配位物，利用间接法可以测定它们。若被测离子能定量地沉淀为有固定组成的沉淀，而沉淀中另一种离子用 EDTA 滴定，就可通过滴定后者间接求出被测离子的含量。

四、EDTA 标准溶液的配制和标定

常用 EDTA 标准溶液的浓度是 $0.01 \sim 0.05 \text{mol/L}$。一般采用 EDTA 二钠盐（$\text{Na}_2\text{H}_2\text{Y} \cdot 2\text{H}_2\text{O}$）配制。试剂中常含有 0.3% 的吸附水，若要直接配制标准溶液，必须将试剂在 800℃ 下干燥过夜，或在 120℃ 下烘至恒重。由于水与其他试剂中常含有金属离子，EDTA 标准溶液常采用标定法配制。

蒸馏水的质量是否符合要求，是配位滴定应用中十分重要的问题：（1）若配制溶液的水中含有 Al^{3+}、Cu^{2+} 等，就会使指示剂受到封闭，致使终点难以判断；（2）若水中含有 Ca^{2+}、Mg^{2+}、Pb^{2+}、Sn^{2+} 等，则会消耗 EDTA，在不同的情况下会对结果产生不同的影响。因此，在配位滴定中，必须对所用的蒸馏水的质量进行检查。为保证质量，经常采用二次蒸馏水或去离子水来配制溶液。

EDTA 溶液应当储存在聚乙烯塑料瓶或硬质玻璃瓶中。若储存于软质玻璃瓶中，会不

断溶解玻璃中的 Ca^{2+} 形成 CaY^{2-}，使 EDTA 的浓度不断降低。

标定 EDTA 溶液的基准物质很多，如金属锌、铜、铋及 ZnO、$CaCO_3$、$MgSO_4 \cdot 7H_2O$ 等。金属锌的纯度高（纯度可达 99.99%），在空气中又稳定，Zn^{2+} 与 ZnY^{2-} 均无色，既能在 pH 为 5~6 时以二甲酚橙为指示剂标定，又可在 pH 值为 9~10 的氨性溶液中以铬黑 T 为指示剂标定，终点均很敏锐，因此一般多采用金属锌作为基准物质。

为使测定的准确度高，标定的条件应与测定条件尽可能接近。例如，由试剂或水中引入的杂质（假定为 Ca^{2+}、Pb^{2+}）在不同条件下有不同的影响：（1）在碱性溶液中滴定时，两者均与 EDTA 配位；（2）在弱酸性溶液中滴定时，只有 Pb^{2+} 与 EDTA 配位；（3）在强酸性溶液中滴定，则两者均不与 EDTA 配位。因此若在相同酸度下标定和测定，这种影响就可以抵消。在可能的情况下，最好选用被测元素的纯金属或化合物为基准物质。

第四节 氧化还原滴定法

一、氧化还原滴定中的指示剂

在氧化还原滴定中，可以用电位法确定终点，但更经常地还是用指示剂来指示终点。应用于氧化还原滴定中的指示剂有以下 3 类。

（一）自身指示剂

有些标准溶液或被滴定物质本身有颜色，而滴定产物无色或颜色很浅，则滴定时就无须另加指示剂，本身的颜色变化起着指示剂的作用，称为自身指示剂。例如，MnO_4^- 本身显紫红色，而被还原的产物 Mn^{2+} 则几乎无色，所以用 $KMnO_4$ 来滴定无色或浅色还原剂时，一般不必另加指示剂。化学计量点后稍过量的 MnO_4^- 即可使溶液显粉红色。实验证明，MnO_4^- 浓度为 2×10^{-6} mol/L（相当于 100mL 溶液中有 0.01mL 0.02mol/L 的 $KMnO_4$）时，就能观察到粉红色。

（二）专属指示剂

有些物质本身并不具有氧化还原性，但它能与滴定剂或被测物产生特殊的颜色，因而可指示滴定终点，称为专属指示剂。例如，可溶性淀粉与 I_3^- 生成深蓝色吸附化合物，反应特效而灵敏，蓝色的出现与消失指示终点。酸度过高，淀粉会水解，遇 I_3^- 呈红色，与 $S_2O_3^{2-}$ 作用不易褪色。滴定碘法常在较高酸度下进行，应当临近终点再加淀粉。又如，以 Fe^{3+} 滴定 Sn^{2+} 时，可用 KSCN 为指示剂，当溶液出现 Fe^{3+} 硫氰酸配位物的红色时即为终点。

（三）氧化还原指示剂

氧化还原指示剂本身是氧化剂或还原剂，其氧化态和还原态具有不同的颜色，在滴定中，因被氧化或还原而发生颜色变化，从而指示终点。

若以 $In(Ox)$ 和 $In(Red)$ 分别表示指示剂的氧化态和还原态，则其氧化还原半反应和相应的能斯特方程式如下：

$$In(Ox) + ne \Longrightarrow In(Red)$$

$$\varphi = \varphi^{\ominus'}(\text{In}) + \frac{0.059}{n}\lg\frac{c[\text{In(Ox)}]}{c[\text{In(Red)}]}$$

式中　$\varphi^{\ominus'}(\text{In})$——指示剂的条件电位。随着滴定体系电位的改变，指示剂的 $c(\text{In(Ox)})/c(\text{In(Red)})$ 随之变化，溶液的颜色也发生改变。若 In(Ox) 与 In(Red) 的颜色强度相差不大，当 $c(\text{In(Ox)})/c(\text{In(Red)})$ 从 10/1 变到 1/10 时，指示剂从氧化态颜色变为还原态颜色。相应的指示剂变色的电位范围 (V) 是 $\varphi^{\ominus'}(\text{In}) \pm \frac{0.059}{n}$。

下面重点介绍二苯胺磺酸钠和邻二氮菲亚铁指示剂：

（1）二苯胺磺酸钠。二苯胺磺酸钠试剂以无色的还原形式存在，与氧化剂作用时，先不可逆地被氧化成无色的二苯联苯胺磺酸，再进一步被可逆地氧化成紫色的二苯联苯胺磺酸紫。

二苯胺磺酸钠是 $K_2Cr_2O_7$ 滴定 Fe^{2+} 的常用指示剂，由于指示剂氧化时会消耗少量滴定剂，若溶液浓度较低，准确度要求较高，必须做指示剂校正。

二苯联苯胺磺酸紫在过量 $K_2Cr_2O_7$ 存在时可被进一步不可逆氧化为无色或浅色，因此以 Fe^{2+} 滴定 $K_2Cr_2O_7$ 时不宜以二苯胺磺酸钠为指示剂。

（2）邻二氮菲亚铁。此指示剂可逆性好，终点变化敏锐。由于变色点电位高，多用于以强氧化剂（如 Ce^{4+}）为滴定剂的情况。在强酸中或有能与邻二氮菲生成稳定配位物的离子（如 Cu^{2+}、Co^{2+}、Ni^{2+}、Cd^{2+}、Zn^{2+} 等）时，指示剂会缓慢分解。

选择氧化还原指示剂的原则：指示剂变色点的电位应当处在滴定体系的电位突跃范围内。

二、高锰酸钾法

（一）高锰酸钾法概述

高锰酸钾是一种强氧化剂，它的氧化能力和还原产物与溶液的酸度有很大关系。

高锰酸钾法的优点：氧化能力强，可以直接、间接地测定多种无机物和有机物；MnO_4^- 本身有颜色，一般滴定无须另加指示剂。缺点：标准溶液不太稳定；反应历程比较复杂，易发生副反应；滴定的选择性也较差。但若标准溶液配制、保存得当，滴定时严格控制条件，这些缺点大多可以克服。

（二）标准溶液的配制与标定

市售 $KMnO_4$ 试剂纯度一般为 99%~99.5%，其中含少量 MnO_2 及其他杂质。同时，蒸馏水中常含有少量的有机物，$KMnO_4$ 与有机物会发生缓慢的反应，生成的 $MnO(OH)_2$ 又会促进 $KMnO_4$ 进一步分解。因此，$KMnO_4$ 标准溶液不能直接配制。为了获得稳定的 $KMnO_4$ 溶液，必须按下述方法配制：

（1）称取稍多于计算用量的 $KMnO_4$，溶解于一定体积蒸馏水中。

（2）将溶液加热至沸，保持微沸约 1h，准确放置一周，使还原性物质完全氧化。

（3）用微孔玻璃漏斗过滤除去 $MnO(OH)_2$ 沉淀（滤纸有还原性，不能用滤纸过滤）。

（4）将过滤后的 $KMnO_4$ 溶液储存于棕色瓶中，置于暗处以避免光对 $KMnO_4$ 的催化

若需用浓度较稀的 $KMnO_4$ 溶液，通常用蒸馏水临时稀释并立即标定使用，不宜长期储存。

标定 $KMnO_4$ 溶液的基准物质很多，如 $H_2C_2O_4 \cdot 2H_2O$、$Na_2C_2O_4$、$NH_4Fe(SO_4)_2 \cdot 6H_2O$、$As_2O_3$ 和纯铁丝等。其中最常用的是 $Na_2C_2O_4$，它易于提纯、稳定、无结晶水，在 $105 \sim 110℃$ 烘 2h 即可使用。

在 H_2SO_4 溶液中，MnO_4^- 和 $C_2O_4^{2-}$ 发生如下反应：

$$2MnO_4^- + 5C_2O_4^{2-} + 16H^+ === 2Mn^{2+} + 10CO_2 + 8H_2O$$

为使反应定量进行，应注意以下滴定条件：

（1）温度。此反应在室温下速率极慢，需加热至 $70 \sim 80℃$ 滴定。但若温度超过 $90℃$，则 $H_2C_2O_4$ 部分分解，导致标定结果偏高。

（2）酸度。酸度过低，MnO_4^- 会被部分地还原成 MnO_2；酸度过高，会促进 $H_2C_2O_4$ 分解。一般滴定开始的最宜酸度约为 $1mol/L$。为防止诱导氧化 Cl^- 的反应发生，应当尽量避免在 HCl 介质中滴定，通常在 H_2SO_4 介质中进行。

（3）滴定速度。开始滴定时，MnO_4^- 与 $C_2O_4^{2-}$ 的反应速率很慢，滴入的 $KMnO_4$ 褪色较慢，因此，滴定开始阶段滴定速度不宜太快，否则，滴入的 $KMnO_4$ 来不及和 $C_2O_4^{2-}$ 反应，就在热的酸性溶液中分解：

$$4MnO_4^- + 12H^+ === 4Mn^{2+} + 5O_2 + 6H_2O$$

导致标定结果偏低。若滴定前加入少量 $MnSO_4$ 为催化剂，则在滴定的最初阶段就可以较快的速度进行滴定。

标定好的 $KMnO_4$ 溶液在放置一段时间后，如果发现有 $MnO(OH)_2$ 沉淀析出，应重新过滤并标定。

（三）滴定方法和测定示例

1. 直接滴定法——H_2O_2 的测定

在酸性溶液中，H_2O_2 被 MnO_4^- 定量氧化：

$$2MnO_4^- + 5H_2O_2 + 6H^+ === 2Mn^{2+} + 5O_2 + 8H_2O$$

此反应在室温下即可顺利进行。滴定开始时反应较慢，随着 Mn^{2+} 的生成而加速，也可先加入少量 Mn^{2+} 作为催化剂。

若 H_2O_2 中含有有机物质，则有机物质也消耗 $KMnO_4$，会使测定结果偏高。这时，应当改用碘量法或铈量法测定 H_2O_2。

2. 间接滴定法——Ca^{2+} 的测定

由于 Ca^{2+}、Th^{4+} 等在溶液中没有可变价态，Ca^{2+}、Th^{4+} 等会与溶液中溶解的 CO_2 生成碳酸盐沉淀，因此用高锰酸钾法间接测定。

以 Ca^{2+} 的测定为例，先沉淀为 CaC_2O_4，再经过滤、洗涤后将沉淀溶于热的稀 H_2SO_4 溶液中，最后用 $KMnO_4$ 标准溶液滴定 $H_2C_2O_4$。根据所消耗的 $KMnO_4$ 的量，间接求得 Ca^{2+} 的含量。

为了保证 Ca^{2+} 与 $C_2O_4^{2-}$ 间 1：1 的计量关系，以及获得颗粒较大的 CaC_2O_4 沉淀，以便于过滤和洗涤，必须采取相应的措施：在酸性试液中先加入过量 $(NH_4)_2C_2O_4$，然后用稀氨水慢慢中和试液至甲基橙显黄色，以使沉淀缓慢地生成；沉淀完全后须放置陈化一段时间；用蒸馏水洗去沉淀表面吸附的 $C_2O_4^{2-}$。若在中性或弱碱性溶液中沉淀，会有部分 $Ca(OH)_2$ 或碱式草酸钙生成，将使测定结果偏低。为减少沉淀溶解损失，应当用尽可能少的冷水洗涤沉淀。

3. 返滴定法—— MnO_2 和有机物的测定

一些不能直接用 $KMnO_4$ 溶液滴定的物质，如 MnO_2、PbO_2 和一些有机物等，可以用返滴定法测定。例如，软锰矿中 MnO_2 含量的测定，利用 MnO_2 和 $C_2O_4^{2-}$ 在酸性溶液中的反应：

$$MnO_2 + C_2O_4^{2-} + 4H^+ == Mn^{2+} + 2CO_2 + 2H_2O$$

加入一定量过量的 $Na_2C_2O_4$ 于磨细的矿样中，加 H_2SO_4 并加热，当样品中无棕黑色颗粒存在时，表示试样分解完全。用 $KMnO_4$ 标准溶液趁热返滴定剩余的草酸。由 $Na_2C_2O_4$ 的加入量和 $KMnO_4$ 溶液消耗量之差求出 MnO_2 的含量。

又如，$KMnO_4$ 氧化有机物的反应在碱性溶液中比在酸性溶液中进行得快，采用加入过量 $KMnO_4$ 并加热的方法可进一步加速反应。以甘油测定为例，加入一定量过量的 $KMnO_4$ 到含有试样的 $2mol/L$ 的 $NaOH$ 溶液中，放置，待反应

$$C_3H_8O_3 + 14MnO_4^- + 20OH^- == 3CO_3^{2-} + 14MnO_4^{2-} + 14H_2O$$

完成后，将溶液酸化，MnO_4^{2-} 歧化成 MnO_4^- 和 MnO_2，加入过量的 $FeSO_4$ 标准溶液还原所有高价锰为 Mn^{2+}，最后再以 $KMnO_4$ 标准溶液滴定剩余的 $FeSO_4$。由两次加入 $KMnO_4$ 的量和 $FeSO_4$ 的量可计算甘油的质量分数。甲醛、甲酸、酒石酸、柠檬酸、苯酚、葡萄糖等都可按此法测定。

三、重铬酸钾法

（一）重铬酸钾法概述

重铬酸钾是常用氧化剂之一，在酸性溶液中被还原成 Cr^{3+}：

$$Cr_2O_7^{2-} + 14H^+ + 6e == 2Cr^{3+} + 7H_2O \qquad \varphi^\ominus = 1.33V$$

实际上，在酸性溶液中 $Cr_2O_7^{2-}/Cr^{3+}$ 电对的条件电位较标准电位小得多。例如，在 $1mol/L\ HClO_4$ 溶液中，$\varphi^{\ominus\prime} = 1.03V$；在 $0.5mol/L$ 的 H_2SO_4 溶液中，$\varphi^{\ominus\prime} = 1.08V$；在 $1mol/L$ 的 HCl 溶液中，$\varphi^{\ominus\prime} = 1.00V$。

重铬酸钾用作滴定剂有如下优点：它可以制得很纯（质量分数为 99.99%），在 $150\sim180℃$ 干燥 $2h$ 就可以直接称量配制标准溶液；$K_2Cr_2O_7$ 溶液非常稳定，据文献记载，一瓶 $0.017mol/L$ 的 $K_2Cr_2O_7$ 溶液，放置 24 年后其浓度并无明显改变；$K_2Cr_2O_7$ 氧化性较 $KMnO_4$ 弱，选择性比较高；在 HCl 浓度低于 $3mol/L$ 时，$Cr_2O_7^{2-}$ 不氧化 Cl^-，因此，用 $K_2Cr_2O_7$ 滴定 Fe^{2+} 可以在 HCl 介质中进行。这些都优于高锰酸钾法。

$Cr_2O_7^{2-}$ 的还原产物 Cr^{3+} 呈绿色，滴定中须用指示剂确定终点。常用指示剂是二苯胺磺酸钠。

（二）测定示例

1. 铁矿石中全铁量的测定

重铬酸钾法是测定矿石中全铁量的标准方法。其方法是：试样用热浓 HCl 溶液溶解，

用 $SnCl_2$ 趁热还原 Fe^{3+} 为 Fe^{2+}，冷却后，过量的 $SnCl_2$ 用 $HgCl_2$ 氧化，再用水稀释，并加入 H_2SO_4 – H_3PO_4 混合酸和二苯胺磺酸钠指示剂，立即用 $K_2Cr_2O_7$ 标准溶液滴定至溶液由浅绿（Cr^{3+} 色）变为紫红色。

加入 H_3PO_4 的目的：（1）降低 Fe^{3+}/Fe^{2+} 电对的电位，使二苯胺磺酸钠变色点的电位落在滴定的电位突跃范围内；（2）生成无色的 $Fe(HPO_4)_2^-$，消除了 Fe^{3+} 的黄色，有利于终点的观察。

此法简便、快速而准确，生产上广泛采用。但因预还原用的汞盐有毒，会引起环境污染，近年来出现了一些"无汞定铁法"。以 $SnCl_2$ – $TiCl_3$ 法为例，试样分解后，先用 $SnCl_2$ 还原大部分的 Fe^{3+}，再以钨酸钠作指示剂，滴加 $TiCl_3$ 还原剩余的 Fe^{3+} 后，稍过量的 $TiCl_3$ 就还原 W^{6+} 为 W^{5+}。出现蓝色的钨表示 Fe^{3+} 已定量还原。然后用水稀释溶液，并在 Cu^{2+} 催化下，利用空气或滴加 $K_2Cr_2O_7$ 至蓝色褪去，其后的滴定测定步骤与单独使用 $SnCl_2$ 还原相同。

2. 利用 $Cr_2O_7^{2-}$ – Fe^{2+} 反应测定其他物质

$Cr_2O_7^{2-}$ 与 Fe^{2+} 的反应可逆性强、速率快，计量关系好，无副反应发生，指示剂变色明显。此反应不仅用于测铁，还可利用它间接地测定多种物质：

（1）测定氧化剂：如 NO_3^-（或 ClO_3^-）等，被还原的反应速率较慢，可加入过量的 Fe^{2+} 标准溶液：

$$NO_3^- + 3Fe^{2+} + 4H^+ =\!=\!= 3Fe^{3+} + NO\uparrow + 2H_2O$$

待反应完全后，用 $K_2Cr_2O_7$ 标准溶液返滴定剩余的 Fe^{2+}，即求得 NO_3^- 含量。

（2）测定还原剂：一些强还原剂如 Ti^{3+}（或 Cr^{2+}）等极不稳定，易被空气中的 O_2 所氧化。为使测定准确，可将 Ti^{3+} 流经还原柱后，用盛有 Fe^{3+} 溶液的锥形瓶接收，发生如下反应：

$$Ti^{3+} + Fe^{3+} =\!=\!= Ti^{4+} + Fe^{2+}$$

置换出的 Fe^{2+}，再用 $K_2Cr_2O_7$ 标准溶液滴定。

利用此法还可以测定水的污染程度。水中的还原性无机物和低分子的直链化合物大部分能被 $K_2Cr_2O_7$ 氧化，称为水的化学需氧量的测定。其方法是：在酸性溶液中，以硫酸银为催化剂，加入过量 $K_2Cr_2O_7$，反应后以邻二氮菲亚铁为指示剂，用 Fe^{2+} 标准溶液滴定之。

（3）测定非氧化、还原性物质：如 Pb^{2+}（或 Ba^{2+}）等，先沉淀为 $PbCrO_4$，沉淀过滤、洗涤后溶解于酸中，以 Fe^{2+} 标准溶液滴定 $Cr_2O_7^{2-}$，从而间接求出 Pb^{2+} 的含量。

四、碘量法

（一）碘量法概述

碘量法是基于 I_2 的氧化性及 I^- 的还原性进行测定的。由于固体 I_2 在水中的溶解度很小且易于挥发，通常将 I_2 溶解于 KI 溶液中，此时它以 I_3^- 络离子形式存在，其半反应如下：

$$I_3^- + 2e =\!=\!= 3I^- \qquad \varphi^\ominus = 0.545V$$

为简化并强调化学计量关系，一般仍简写为 I_2。这个电对的电位在标准电位表中居于中间，可见 I_2 是较弱的氧化剂，I^- 则是中等强度的还原剂。可用 I_2 标准溶液直接滴定 $S_2O_3^{2-}$、As^{3+}、SO_3^{2-}、Sn^{2+}、维生素 C 等强还原剂，称为直接碘量法（或碘滴定法）。利用 I^- 的还原作用，可与许多氧化性物质（如 MnO_4^-、$Cr_2O_7^{2-}$、H_2O_2、Cu^{2+}、Fe^{3+} 等）反应，定量地析出 I_2。然后用 $Na_2S_2O_3$ 标准溶液滴定 I_2，从而间接地测定这些氧化性物质。这就是间接碘量法（或称滴定碘法）。间接碘量法应用最广。

I_3^-/I^- 电对可逆性好，其电位在很大的 pH 范围内（pH< 9）不受酸度和其他配位剂的影响，所以在选择测定条件时，只要考虑被测物质的性质即可。

碘量法采用淀粉作为指示剂，其灵敏度甚高，I_2 浓度为 $1 \times 10^{-5} mol/L$ 时即显蓝色。当溶液呈现蓝色（直接碘量法）或蓝色消失（间接碘量法）即为终点。

综上所述，碘量法测定对象广泛，既可测定氧化剂，又可测定还原剂；I_3^-/I^- 电对可逆性好，副反应少；与很多氧化还原法不同，碘量法不仅可在酸性介质中滴定，而且可在中性或弱碱性介质中滴定，同时又有此法通用的指示剂——淀粉。因此，碘量法是一个应用十分广泛的滴定方法。

碘量法中两个主要误差来源是 I_2 的挥发与 I^- 被空气氧化。克服的办法如下：

（1）防止 I_2 挥发：应加入过量 KI 使之形成 I_3^- 络离子；溶液温度勿过高；析出碘的反应最好在带塞的碘瓶中进行；反应完全后立即滴定；滴定时勿剧烈摇动。

（2）光及 Cu^{2+}、NO_2^- 等杂质催化空气氧化 I^-，酸度越高反应越快，因此，应将析出 I_2 的反应瓶置于暗处并事先除去以上杂质，滴定前要使溶液呈微酸性或近中性。

（二）标准溶液的配制与标定

碘量法中常使用的标准溶液是硫代硫酸钠和碘。

1. 硫代硫酸钠溶液的配制与标定

结晶的 $Na_2S_2O_3 \cdot 5H_2O$ 容易风化，并含有少量杂质，因此不能直接称量配制标准溶液。$Na_2S_2O_2$ 溶液不稳定，其原因如下：

（1）被酸分解，即使水中溶解的 CO_2 也能使它发生分解：

$$Na_2S_2O_3 + CO_2 + H_2O == NaHSO_3 + NaHCO_3 + S \downarrow$$

（2）微生物的作用，水中存在的微生物会消耗 $Na_2S_2O_3$ 中的硫，使它变成 Na_2SO_3，这是 $Na_2S_2O_3$ 浓度变化的主要原因。

（3）空气的氧化作用：

$$2Na_2S_2O_3 + O_2 == 2Na_2SO_4 + 2S \downarrow$$

此反应速率较慢，少量 Cu^{2+} 等杂质会加速此反应。

因此，配制 $Na_2S_2O_3$ 溶液时，应当用新煮沸并冷却的蒸馏水，其目的在于除去水中溶解的 CO_2 和 O_2 并杀死细菌；加入少量 $NaCO_3$，使溶液呈弱碱性，以抑制细菌生长；溶液储存于棕色瓶并置于暗处，以防止光照分解。经过一段时间后应重新标定溶液，如发现溶液变混，表示有硫析出，应弃去重配。

标定 $Na_2S_2O_3$ 可用 $K_2Cr_2O_7$、KIO_3 等基准物，都采用间接法标定。

以 $K_2Cr_2O_7$ 为例，它在酸性溶液中与 KI 作用：

$$Cr_2O_7^{2-} + 6I^- + 14H^+ == 2Cr^{3} + 3I_2 + 7H_2O$$

析出的 I_2，以淀粉为指示剂，用 $Na_2S_2O_3$ 滴定。

Cr$_2$O$_7^{2-}$ 与 I$^-$ 反应较慢。为加速反应，须加入过量的 KI 并提高酸度。然而酸度过高又加速空气氧化 I$^-$，一般控制酸度为 0.4mol/L 左右，并在暗处放置 5min，以使反应完成。用 Na$_2$S$_2$O$_3$ 滴定前最好先用蒸馏水稀释，降低酸度可减少空气对 I$^-$ 的氧化，同时使 Cr^{3+} 的绿色减弱，便于观察终点。淀粉应在近终点时加入，否则碘-淀粉吸附化合物会吸留部分 I$_2$，致使终点提前且不明显。溶液呈现稻草黄色（I$_3^-$ 黄色 + Cr^{3+} 绿色）时，预示 I$_2$ 已不多，临近终点。若滴定至终点后，溶液迅速变蓝，表示 Cr$_2$O$_7^{2-}$ 与 I$^-$ 的反应未定量完成，遇此情况，实验应重做。

若是用 KIO$_3$ 标定，只需稍过量的酸，反应即迅速进行，不必放置，空气氧化 I$^-$ 的机会也很少。

2. 碘溶液的配制与标定

I$_2$ 的挥发性强，准确称量较困难，一般是配成大致浓度再标定。先将一定量的 I$_2$ 溶于 KI 的浓溶液中，然后稀释至一定体积。溶液储存于棕色瓶中，防止遇热和与橡胶等有机物接触，否则浓度将发生变化。

碘溶液常用 As$_2$O$_3$ 基准物标定，也可用已标定好的 Na$_2$S$_2$O$_3$ 溶液标定。As$_2$O$_3$ 难溶于水，可用 NaOH 溶解。在 pH 值为 8~9 时，I$_2$ 快速而定量地氧化 AsO$_3^{3-}$。

$$AsO_3^{3-} + I_2 + H_2O \Longrightarrow AsO_4^{3-} + 2I^- + 2H^+$$

标定时先酸化溶液，再加 NaHCO$_3$ 调节 pH $\approx$ 8。

（三）碘量法应用示例

1. 钢铁中硫的测定——直接碘量法

将钢样与金属锡（作助熔剂）置于瓷舟中，放入 1300℃ 的管式炉中，并通空气，使硫氧化成 SO$_2$；用水吸收 SO$_2$，以淀粉为指示剂，用稀碘标准溶液滴定之。其反应如下：

$$S + O_2 \xrightarrow{\text{约 1300℃}} SO_2$$

$$SO_2 + H_2O \longrightarrow H_2SO_2$$

$$H_2SO_3 + I_2 + H_2O \longrightarrow SO_4^{2-} + 4H^+ + 2I^-$$

2. 铜的测定——间接碘量法

碘量法测定铜是基于 Cu^{2+} 与过量 KI 反应定量地析出 I$_2$，然后用 Na$_2$S$_2$O$_3$ 标准溶液滴定，反应如下：

$$2Cu^{2+} + 4I^- \longrightarrow 2CuI + I_2$$

$$I_2 + 2S_2O_3^{2-} \Longrightarrow 2I^- + S_4O_6^{2-}$$

CuI 沉淀表面会吸附一些 I$_2$，导致结果偏低，为此常加入 KSCN，使 CuI 沉淀转化为溶解度更小的 CuSCN，即

$$CuI + SCN^- \Longrightarrow CuSCN + I^-$$

CuSCN 沉淀吸附 I$_2$ 的倾向较小，就提高了测定的准确度。KSCN 应当在接近终点时加入，否则 SCN$^-$ 会还原 I$_2$ 使结果偏低。

如果测定铜矿中的铜，试样用 HNO$_3$ 溶解后，其中所含铁、砷、锑等元素都以高价形态转入溶液。Fe^{3+}、As^{5+}、Sb^{5+} 及过量 HNO$_3$ 均能氧化 I$^-$，从而干扰 Cu^{2+} 的测定。因此，试样溶解后要加浓 H$_2$SO$_4$ 并加热至冒白烟，以逐尽 HNO$_3$ 及氮的氧化物。中和掉过量

H_2SO_4 后，加入 NH_4HF_2（即 NH_4F+HF）缓冲溶液，其作用是：控制溶液的 pH 值为 3~4，As^{5+} 和 Sb^{5+} 都不再氧化 I^-；此 pH 值下 F^- 能有效地配位 Fe^{3+}，从而消除其干扰；由于 pH < 4，Cu^{2+} 不致水解，就保证了 Cu^{2+} 与 I^- 的反应定量进行。

很多具有氧化性的物质都可以用间接碘量法测定，如多种含氧酸（MnO_4^-、ClO^-、IO_4^- 等）、过氧化物、O_3、PbO_2、Cl_2、Br_2、Ce^{4+}，还可以滴定由 $BaCrO_4$、$PbCrO_4$ 沉淀溶解释放的 CrO_4^{2-} 来间接测定 Ba^{2+} 和 Pb^{2+}，所以间接碘量法应用很广泛。

第五节　沉淀滴定法

沉淀滴定法是根据沉淀反应建立的滴定方法。虽然形成沉淀的反应很多，但是能够用来做滴定分析的却很少。其原因是：很多沉淀没有固定的组成；对构晶离子的吸附现象及与其他离子共沉淀造成较大误差；有些沉淀的溶解度比较大，在化学计量点时反应不够完全；很多沉淀反应速率较慢，尤其是一些晶形沉淀，容易产生过饱和现象；缺少合适的指示剂；等等。应用最多的沉淀滴定法是银量法：

$$Ag^+ + X^- \Longrightarrow AgX\downarrow$$

本节重点介绍银量法的基本原理及应用。

沉淀滴定法终点的确定按指示剂作用原理的不同分为 3 种情况：形成有色沉淀、形成有色配位物、指示剂被吸附而引起沉淀颜色的改变。根据所用指示剂的不同，按创立者的名字命名，银量法分为 3 种方法，分别介绍如下。

一、莫尔法——铬酸钾作指示剂

（一）原理

莫尔（Mohr）法是用 K_2CrO_4 作为指示剂，在中性或弱碱性溶液中，用 $AgNO_3$ 标准溶液直接滴定 Cl^-（或 Br^-）。根据分步沉淀的原理，首先生成 AgCl 沉淀，随着 $AgNO_3$ 不断加入，溶液中 Cl^- 越来越小，待 Cl^- 完全反应后，过量的 Ag^+ 与 CrO_4^{2-} 生成砖红色 $AgCrO_4$ 沉淀指示滴定终点。

为准确地测定，必须控制 K_2CrO_4 的浓度：若 K_2CrO_4 浓度过高，终点将出现过早且溶液颜色过深，影响终点的观察；而若 K_2CrO_4 浓度过低，则终点出现过迟，也影响滴定的准确度。实验证明，K_2CrO_4 的浓度以 0.005mol/L 为宜。

（二）滴定条件

（1）滴定应当在中性或弱碱性介质中进行。若在酸性介质中，CrO_4^{2-} 将与 H^+ 作用生成 $HCrO_4^-$（$K=4.3\times10^{14}$，电离平衡常数），溶液中 CrO_4^{2-} 将减小，Ag_2CrO_4 沉淀出现过迟，甚至不会沉淀；但若碱度过高，又将出现 Ag_2O 沉淀。莫尔法测定的最适宜 pH 值范围是 6.5~10.5。若溶液碱性太强，可先用稀 HNO_3 中和至甲基红变橙，再滴加稀 NaOH 至橙色变黄；若酸性太强，则用 $NaHCO_3$、$CaCO_3$ 或硼砂中和。

（2）不能在含有氨或其他能与 Ag^+ 生成配位物的物质存在下滴定，否则会增大 AgCl 和 Ag_2CrO_4 的溶解度，影响测定结果。若试液中有 NH_3 存在，应当先用 HNO_3 中和。而在有 NH_4^+ 存在时，滴定的 pH 值范围应控制在 6.5~7.2。

（3）莫尔法能测定 Cl^-、Br^-，但不能测定 I^- 和 SCN^-。AgI 或 AgSCN 沉淀强烈吸附 I^- 或 SCN^-，使终点过早出现，且终点变化不明显。

（4）莫尔法的选择性较差，凡能与 CrO_4^{2-} 或 Ag^+ 生成沉淀的阳、阴离子均干扰滴定。前者如 Ba^{2+}、Pb^{2+}、Hg^{2+} 等，后者如 SO_3^{2-}、PO_4^{3-}、AsO_4^{3-}、S^{2-}、$C_2O_4^{2-}$ 等。

（三）$AgNO_3$ 标液配制

$AgNO_3$ 标准溶液可以用纯的 $AgNO_3$ 直接配制，更多的是采用标定的方法配制。若采用与测定相同的方法，用 NaCl 基准物标定，则可以消除方法的系统误差。NaCl 易吸潮，使用前要在 $500 \sim 600℃$ 下干燥除去吸附水。常用的方法是将 NaCl 置于洁净的瓷坩埚中，加热至不再有爆破声为止。$AgNO_3$ 溶液见光易分解，应保存于棕色试剂瓶中。

氯化物、溴化物试剂纯度的测定及天然水中氯含量的测定都可采用莫尔法，方法简便、准确。

二、佛尔哈德法——铁铵矾作指示剂

用铁铵矾 $[NH_4Fe(SO_4)_2]$ 作指示剂的银量法称为佛尔哈德（Volhard）法。本法包括直接滴定和返滴定两种方法。

（一）直接滴定法

在 HNO_3 介质中，以铁铵矾作为指示剂，用 NH_4SCN 标准溶液滴定 Ag^+。当 AgSCN 定量沉淀后，稍过量的 SCN^- 与 Fe^{3+} 生成的红色配位物可指示终点的到达。其反应为

$$Ag^+ + SCN^- \Longrightarrow AgSCN\downarrow（白）\quad K_{sp} = 2.0 \times 10^{-12}（K_{sp} \text{表示溶解平衡常数}）$$

$$Fe^{3+} + SCN^- \Longrightarrow FeSCN^{2+}（红）\quad K_{sp} = 200$$

实验证明，为能观察到红色，$FeSCN^{2+}$ 的最低浓度为 6.0×10^{-6} mol/L。通常在终点时 $c(Fe^{3+}) \approx 0.015$ mol/L。

（二）返滴定法

在含有卤素离子的 HNO_3 溶液中，加入一定量过量的 $AgNO_3$，然后以铁铵矾作为指示剂，用 NH_4SCN 标准溶液返滴过量的 $AgNO_3$。由于滴定是在 HNO_3 介质中进行的，许多弱酸盐如 PO_4^{3-}、AsO_4^{3-}、S^{2-} 等都不干扰卤素离子的测定，因此，此法选择性较高。

在用佛尔哈德法测定 Cl^- 时，终点的判断会遇到困难。这是因为 AgCl 沉淀的溶解度比 AgSCN 的大。在临近化学计量点时，加入的 NH_4SCN 将与 AgCl 发生沉淀转化反应：

$$AgCl\downarrow + SCN^- \Longrightarrow AgSCN\downarrow + Cl^-$$

沉淀转化的速率较慢，滴加 NH_4SCN 形成的红色随着溶液的摇动而消失。当出现持久红色时，溶液中的 Cl^- 与 SCN^- 满足如下关系：

$$\frac{c(Cl^-)}{c(SCN^-)} = \frac{K_{sp}(AgCl)}{K_{sp}(AgSCN)} = \frac{3.2 \times 10^{-10}}{2.0 \times 10^{-12}} = 160$$

反应无疑多消耗了 NH_4SCN 标准溶液，这样就导致较大的误差。为避免上述现象的发生，通常采取下述措施：

（1）试液中加入过量 $AgNO_3$ 后，将溶液加热煮沸，使 AgCl 沉淀凝聚，以减少 AgCl 沉淀对 Ag^+ 的吸附。滤去沉淀，并用稀 HNO_3 洗涤沉淀，洗涤液并入滤液中，然后用

NH₄SCN 标准溶液返滴定滤液中过量的 AgNO₃。

（2）试液中加入过量 AgNO₃，再加入有机溶剂（如硝基苯或 1，2-二氯乙烷）1～2mL。用力摇动后，有机溶剂将 AgCl 沉淀包住，使它与溶液隔开，这就阻止了 SCN⁻ 与 AgCl 发生沉淀转化反应。此法方便，但硝基苯毒性较大。

（3）提高 Fe^{3+} 的浓度以减小终点时 SCN⁻ 的浓度，从而减小上述误差。实验证明，若溶液中 $c(Fe^{3+})$ = 0.2mol/L，终点误差将小于 0.1%。

佛尔哈德返滴定法测定 Br⁻、I⁻、SCN⁻ 时不会发生沉淀转化反应，不必采取上述措施。但在测定 PO_4^{3-}、CN⁻、$C_2O_4^{2-}$、CO_3^{2-}、S²⁻、CrO_4^{2-} 时，与测定 Cl⁻ 情况相似，须采用改进的佛尔哈德法，在返滴过量 Ag^+ 之前，将银盐的沉淀除去。

应用佛尔哈德法应注意以下几点：

（1）应当在酸性介质中进行。一般酸度大于 0.3mol/L，若酸度过低，Fe^{3+} 将水解形成 $FeOH^{2+}$ 等深色配位物，影响终点观察。若碱度再大，还会析出 $Fe(OH)_3$ 沉淀。

（2）测定碘化物时，必须先加 AgNO₃ 后加指示剂，否则会发生如下反应：

$$2Fe^{3+} + 2I^- \Longrightarrow 2Fe^{2+} + I_2$$

影响结果的准确度。

（3）强氧化剂和氮的氧化物及铜盐、汞盐都与 SCN⁻ 作用，因而干扰测定，必须预先除去。

（三）标准 NH₄SCN 的配制

标准溶液不能用市售试剂纯的 NH₄SCN 直接配制，而是采用佛尔哈德直接滴定法用 AgNO₃ 标准溶液标定。

三、法扬司法——吸附指示剂

（一）原理

用吸附指示剂指示终点的银量法称为法扬司（Fajans）法。吸附指示剂是一些有机染料，它的阴离子在溶液中容易被带正电荷的胶状沉淀所吸附，吸附后结构变形而引起颜色变化，从而指示滴定终点。

例如，用 AgNO₃ 滴定 Cl⁻ 时，用荧光黄作指示剂。后者是一种有机弱酸（用 HFI 表示），在溶液中离解为黄绿色的阴离子 FI⁻。在化学计量点前，溶液中 Cl⁻ 过量，这时 AgCl 沉淀胶粒吸附 Cl⁻ 而带负电荷，FI⁻ 受排斥而不被吸附，溶液呈黄绿色；而在化学计量点后，加入稍过量的 AgNO₃，使得 AgCl 沉淀胶粒吸附 Ag^+ 而带正电荷。这时，溶液中 FI⁻ 被吸附，溶液由黄绿变为粉红色，指示终点到达。此过程可示意如下。

Cl⁻ 过量时：

$$(AgCl)\ Cl^- + FI^-（黄绿色）$$

Ag^+ 过量时：

$$(AgCl)\ Ag^+ + FI^- \xrightarrow{吸附} (AgCl)\ AgFI（粉红色）$$

（二）滴定条件

为了使终点颜色变化明显，滴定时要注意以下几点：

（1）由于颜色的变化发生在沉淀表面，欲使终点变色明显，应尽量使沉淀的比表面积

大一些。为此，常加入一些保护胶体（如糊精），阻止卤化银凝聚，使其保持胶体状态。溶液太稀时，生成的沉淀少，终点颜色变化不明显，此法不宜使用。

（2）溶液的酸度要适当。常用的吸附指示剂大多是有机弱酸，其 pK_a 各不相同。为使指示剂呈阴离子状态，必须控制适当的酸度。例如，荧光黄（$pK_a = 7$），只能在中性或弱碱性（pH 值为 7~10）溶液中使用；若 pH <7，则主要以 HFI 形式存在，它不被沉淀吸附，无法指示终点。二氯荧光黄（$pK_a = 4$）就可以在 pH 值为 4~10 的范围内使用。曙红的酸性更强（$pK_a \approx 2$），即使 pH 值低至 2，也能指示终点。

（3）滴定中应当避免强光照射。卤化银沉淀对光敏感，易分解析出金属银使沉淀变为灰黑色，影响终点观察。

（4）胶体微粒对指示剂的吸附能力应略小于对被测离子的吸附能力，否则指示剂将在化学计量点前变色。但也不能太小，否则终点出现过迟。卤化银对卤化物和几种吸附指示剂的吸附能力的次序如下：

$$I^- > SCN^- > Br^- > 曙红 > Cl^- > 荧光黄$$

因此，滴定 Cl^- 不能选曙红，而应选荧光黄。几种常用吸附指示剂列于表 10-9 中。

表 10-9　常用吸附指示剂

指示剂	被测离子	滴定剂	滴定条件
荧光黄	Cl^-、Br^-、I^-	$AgNO_3$	pH = 7~10
二氯荧光黄	Cl^-、Br^-、I^-	$AgNO_3$	pH = 4~10
曙红	Br^-、SCN^-、I^-	$AgNO_3$	pH = 2~10
甲基紫	Ag^+	NaCl	酸性溶液

 练习题

1. 能用于滴定分析的化学反应必须具备哪些条件？

2. 什么是化学计量点和滴定终点，二者有何区别？

3. 滴定分析的方式有哪些，各适用于什么情况？

4. 什么是基准物质？它应具备哪些条件，它有什么用途？

5. 什么是缓冲溶液的缓冲范围？影响缓冲范围的因素有哪些，如何影响？

6. 什么是滴定突跃，影响滴定突跃的因素有哪些，它们分别如何影响滴定突跃？

7. 什么是指示剂的变色范围，根据什么原则选择酸碱指示剂？

8. EDTA 与金属离子形成的配位物具有哪些特点？

9. 简述金属指示剂的作用原理。原理使用的金属指示剂应具备哪些条件？

10. 常用的氧化还原滴定法有哪些？请说明在不同方法中分别使用了哪种类型的指示剂。

11. 以 $Na_2C_2O_4$ 标定 $KMnO_4$ 溶液时，应注意控制哪些条件，为什么？

12. 用 $K_2Cr_2O_7$ 法测定铁的质量分数时，加入 H_3PO_4 的作用有哪些？

13. 碘量法测定胆矾的原理是什么，为什么加入 KSCN 和 NH_4HF_2？

第十一章 试样的采集与制备

第一节 采样的基本知识

工业分析的目的是测定工业物料的平均组成。一个分析过程一般经过采样、样品的预处理、测定和结果计算等几个步骤。工业物料的数量，往往以千万吨计，其组成有的比较均匀，有的很不均匀。而我们对物料进行分析时所需的试样量是很少的，不过数克，甚至更少，对这些少量试样的分析结果必须能代表全部物料的平均组成。因此，掌握试样采集和制备的正确方法，是分析工作中至关重要的一步。如果采得的样品由于某种原因不具备充分的代表性，那么即使分析方法好、测定准确、计算无误，也是毫无意义的，有时甚至会给生产和科研带来严重的后果。正确采集和制备具有代表性的样品具有非常重要的意义。

一、基本术语

（1）总体：研究对象的全体。

（2）采样：从总体中取出具有代表性样品的操作。

（3）采样单元：具有界限的一定数量的物料。其界限可能是有形的，如一个容器；也可能是设想的，如物料的某一个具体时间或间隔时间。

（4）份样：用采样器从一个采样单元中一次取得的一定量物料。

（5）样品：从数量较大的采样单元中取得的一个或几个采样单元，或从一个采样单元中取得的一个或几个样品。

（6）原始样品：采集的保持其个体性质的一组样品。

（7）实验室样品：为送往实验室供检验或测试而制备的样品。

（8）保存样品：与实验室样品同时同样制备的、日后有可能用作实验室样品的样品。

（9）代表样品：一种与被采集物料有相同组成的样品，并且此物料被认为是完全均匀的。

（10）试样：由实验室样品制备的从中抽取试料的样品。

（11）试料：用以进行检验或观测的所取得的一定量的试样。

（12）子样：在规定的采样点采取的规定量的物料，用于提供关于总体的信息。

（13）总样：所有子样的合并称为总样。

其他有关采样的名词术语，请查阅国家标准 GB/T 4650—2012《工业用化学产品　采样词汇》。

二、采样目的和原则

（一）采样目的

1. 采样的基本目的

采样的基本目的是从被检的总体物料中取得具有代表性的样品。通过对样品检测，得

到在允许误差内的数据，从而求得被检物料的某一或某些特征的平均值。

2. 采样的具体目的

采样的具体目的可分为以下几个方面，目的不同，要求各异，采样前必须明确具体的采样目的和要求。

（1）技术方面。确定原材料、半成品及成品的质量；控制生产工艺过程；鉴定未知物；确定污染的性质、程度和来源；验证物料的特性；测定物料随时间、环境的变化及鉴定物料的来源等。

（2）商业方面。确定销售价格；验证产品是否符合合同规定；保证产品销售质量；满足用户要求等。

（3）法律方面。检查物料是否符合法令要求；检查生产过程中泄漏的有害物质是否超过允许极限；法庭调查；确定法律责任；进行仲裁等。

（4）安全方面。确定物料是否安全或确定其危险程度；分析发生事故的原因；按危险程度进行物料分类等。

（二）采样原则

为了掌握总体物料的成分、性能、状态等特性，需要从总体物料中采得能代表总体物料的样品，通过对样品的检查来了解总体物料的情况。因此，使采得的样品具有充分的代表性是采样的基本原则。

三、采样的基本程序

（一）采样方案的制订

1. 样品数和样品量

在满足需要的前提下，样品数和样品量越少越好。随意增加样品数和样品量可能导致采样费用的增加和物料的损失。能给出所需信息的最少样品数和最少样品量为最佳样品数和最佳样品量。

（1）样品数。一般化工产品可用多单元物料来处理。

1）对于总体物料的单元数小于 500 的，可按表 11-1 来确定采样单元数的选取。

表 11-1 采样单元数的选取

总体物料的单元数	选取的最少单元数	总体物料的单元数	选取的最少单元数
1~10	全部单元	182~216	18
11~49	11	217~254	19
50~64	12	255~296	20
65~81	13	297~343	21
82~101	14	344~394	22
102~125	15	395~450	23
126~151	16	451~512	24
152~181	17		

2）对于总体物料的单元数大于 500 的，采样的单元数可按总体单元数立方根的 3 倍来确定，即

$$n = 3 \times \sqrt[3]{N}$$

式中　n——采样单元数；

　　　N——物料总体单元数。

上式计算结果中如遇有小数，都进为整数。

例 11-1　有一批物料，其总体单元数为 538 桶，则采样单元数应为多少？

解

$$n = 3 \times \sqrt[3]{538} \approx 22.4$$

将 24.4 进为 25，即应选取 25 桶。

（2）样品量。一般情况下，样品应至少满足以下要求：满足 3 次重复检测的需要；满足备考样品的需要；满足需做制样处理时加工处理的需要。

1）对于均匀样品，可按既定方案或标准规定方法从每个采样单元中取出一定量的样品混匀后成为样品总量，经缩分后得到分析用的试样。

2）对于一些颗粒大小不均匀、成分混杂不齐、组成极不均匀的物料，根据经验可用下式（采样公式）计算：

$$Q = Kd^2$$

式中　Q——采取平均试样的最小量，kg；

　　　K——经验常数，一般为 0.02~0.15；

　　　d——物料中最大颗粒的直径，mm。

例 11-2　现有一批矿物样品，已知 $K = 0.1$，若此矿石最大颗粒的直径为 80mm，则采样最少质量为多少？

解　由 $Q = Kd^2$ 得

$$Q = 0.1 \times 80^2 = 640 (\text{kg})$$

这样大的取样量，不适于直接分析，如果上述物料中的最大颗粒直径为 10mm，则采样量为

$$Q = 0.1 \times 10^2 = 10 (\text{kg})$$

若物料中最大颗粒直径为 1mm，则取样量为

$$Q = 0.1 \times 1^2 = 0.1 (\text{kg})$$

从 0.1kg 再制成试样就容易多了。

可见物料的颗粒直径对取样量有很大的影响，在实际工作中经常将物料中大颗粒粉碎后再进行采样。

2. 采样安全

无论所采样品的性质如何，都要遵守以下规定，即采样地点要有出入安全的通道，符合要求的照明、通风条件，设置在固定装置上的采样点还要满足所取物料性质的特殊要求。

（二）采样记录

为方便分析工作，并为分析结果提供充分、准确的信息，采得样品后，要详细做好采

样记录。采样记录包括以下内容：
(1) 样品名称及样品编号。
(2) 分析项目名称。
(3) 总体物料批号及数量。
(4) 生产单位。
(5) 采样点及编号。
(6) 样品量。
(7) 气象条件。
(8) 采样日期。
(9) 保留日期。
(10) 采样人姓名。

样品盛入容器后，要及时在容器壁上贴上标签，标签内容与采样记录大致相同。

(三) 留样和废弃样品

一些工业样品物料的化学组成在运输和储存期间，易受周围环境条件的影响而发生变化。因此，采得样品后应迅速处理。有的被测项目应在采样现场检测，如不能及时检测，应采取措施予以保存，并在送到实验室后按有关规定处理。

1. 留样

处理后的样品量应满足检测及备考的需要。采得的样品经处理后一般平分为两份，一份供检测用，一份留作备考。每份样品量至少应为检验需要量的 3 倍。留样就是留取、储存、备考样品。样品应专门存放，防止错乱。

2. 对盛样容器的要求

处理后的样品盛入容器后，应及时贴上写有规定内容的标签。盛样品的容器必须符合下列要求，即具有符合要求的盖、塞或阀门，在使用前必须洗净、干燥，材质必须不与样品物质起反应且不能有渗透性，对光敏性物料，盛样容器应是不透光的。

3. 弃样

样品的保存量（作为备考样）、保存环境、保存时间及撤销办法等一般在产品采样方法标准或采样操作规程中都做了具体规定。备检样品储存时间一般不超过 6 个月，根据实际需要和物料的特性，可以适当延长和缩短。留样必须在达到或超过储存期后才能撤销，不可提前撤销。

对剧毒、危险样品的保存和撤销，如爆炸性物质 [包括不用作炸药的不稳定物质、氧化性物质、易燃物质、毒物、腐蚀性和刺激性物质，以及由于物理状态（特别是温度和压力）而引起危险的物质、放射性物质等]，除遵守一般规定外，还必须严格遵守环保及毒物或危险物的有关规定，切不可随意随处撤销。

第二节　采集和处理固体样品

固体工业产品的化学组成和粒度较为均匀，杂质较少，采样方法比较简单，采样过程中除了要注意不带进杂质及引起物料变化外，原则上可以在物料的任意部位进行采样。固体矿物的化学成分和粒度往往很不均匀，杂质较多，采样过程较为烦琐、困难。现以商品煤样采样方法为例，重点介绍不均匀固体物料的采样方法。

一、采样工具

常用的采样工具有以下几种。

（一）自动采样器

自动采样器适用于从运输皮带、链板运输机等输送状态的固体物料中定时定量地连续采样。用盛样桶或试样瓶来收集子样。

（二）舌形铲

舌形铲长300mm，宽250mm，能在采样点一次采取规定量的子样，适用于在运输工具、物料堆或物料流中进行人工采样，可用于采取煤、焦炭、矿石等不均匀固体物料的样品。

（三）取样钻

取样钻如图11-1所示。钻长为75mm，外径为18mm，槽口宽12mm，下端为30°的锥形，上端装有"T"形或直形的金属（木）柄，钻体由不锈钢管制成。取样钻适用于从包装袋或桶内采取细粒状工业产品的固体物料。

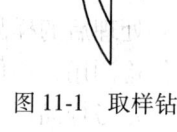

图11-1　取样钻

（四）双套取样管

双套取样管用不锈钢管或铜管制成，外管长720mm，内径为18mm，上面开有3个长216mm、宽18mm的槽口；内管长770mm，外径为18mm，上面开有3个长210mm的槽口。内、外槽口的位置能相互闭合，取样管下端均装有"T"形木柄。双套取样管适用于易变质（如吸湿、氧化、分解等）粉粒状的人工采样。

二、子样数目、子样质量及采样方法

在采样过程中，确定采样单元后，根据具体的情况确定采取的子样数目和子样质量，然后按照有关规定进行采样。对于商品煤，一般以1000t为一采样单元；对于进出口煤，按品种、国别以交货量或一天的实际运量为一采样单元。采取的子样数目和子样质量按以下情况确定。

（一）子样数目

（1）对于1000t商品煤，可按表11-2的规定确定子样数目。

表11-2　1000t商品煤子样数目表　　　　　　　　　　（个）

煤种	原煤和筛选煤		炼焦用精煤	洗煤（中煤）
	干基灰分≤20%	干基灰分>20%		
子样数目	30	60	15	20

（2）煤量超过1000t的子样数目，按下式计算：

$$N = n\sqrt{\frac{m}{1000}}$$

式中　N——实际应采子样数目，个；

　　n——表 11-2 所示的子样数目，个；

　　m——实际被采样煤量，t。

（3）煤量少于 1000t 时，子样数目按表 11-2 规定数目递减，但不得少于表 11-3 规定的数目。

表 11-3　不足 1000t 商品煤子样数目表　　　　　　　（个）

煤种 \ 采样地点			煤流	火车	汽车	船舶	煤堆
原煤、筛选煤	干基灰分	>20%	表 11-1 规定数目的 1/3	18	18	表 11-1 规定数目的 1/2	表 11-1 规定数目的 1/2
		≤20%		18	18		
精煤				6	6		
其他洗煤（包括中煤）和粒度大于 100mm 的块煤				6	6		

（二）子样质量

商品煤每个子样的最小质量，应根据煤的最大粒度，按表 11-4 中的规定确定。人工采样时，如果一次采出的样品质量不足规定的最少质量，可以在原处再采取一次，与第一次采取的样品合并为一个子样。

表 11-4　商品煤粒度与采样量对照表

商品煤最大粒度/mm	<25	25~50	50~100	>100
每个子样的最小质量/kg	1	2	4	5

（三）采样方法

1. 从物料流中采样

从输送状态的物料中采样时，在首先确定子样数目和子样质量后，根据物料流量的大小及有效输送时间均匀地分布采样时间，即每隔一定的时间采取一个子样。

2. 从运输工具中采样

（1）从火车上采样（图 11-2）。当车皮容量为 30t 以下时，沿斜线方向，采用三点采样；当车皮容量为 40t 或 50t 时，采用四点采样；当车皮容量为 50t 以上时，采用五点采样。

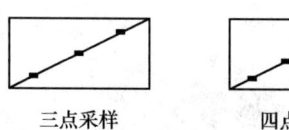

三点采样　　　四点采样　　　五点采样

图 11-2　从火车上采样

煤量在 300t 以上时，对于炼焦用精煤、其他洗煤及粒度大于 100mm 的块煤，不论车厢容量大小，均可用五点采样。对于原煤、筛选煤，不论车厢容量大小，可用三点采样。采样时斜线的始末两点距离车角应为 1m，其余各点应均匀地分布在始末两点之间，各车皮的斜线方向应一致。

（2）从汽车等小型车辆上采样。从小型车辆中采取固体物料时，子样的数目应按具体规定来确定。

（3）从大型船舶中采样。大型船舶装运的固体物料一般不在船上直接采样，而应在装卸过程中于皮带输送机输送煤流中或其他装卸工具上采样。按前述规定的子样数目或子样质量来采样。

3. 从物料堆中采样

在料堆的周围，从地面起每隔 0.5m 左右，用铁铲划一横线，然后每隔 1~2m 划一竖线，间隔选取横竖线的交叉点作为取样点，如图 11-3 所示。在取样点取样时，用铁铲将表面刮去 0.1m，深入 0.3m 挖取一个子样的物料量，每个子样的最小质量不小于 5kg，最后合并所采集的子样。

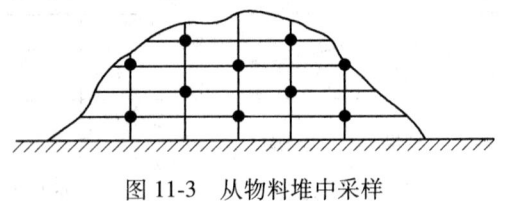

图 11-3　从物料堆中采样

4. 从固体工业产品中采样

固体化工产品一般使用袋（桶）包装，每一袋（桶）称为一件。采样单元按表 11-1 来确定，同时在确定子样数目后对每个单元分别取样。

5. 从金属或金属制品中采样

在有关技术标准中有详细规定。

三、样品的预处理

固态物料的采样量较大，其粒度和化学组成往往不均匀，不能直接用来分析。因此，为了从总样中取出少量的、其物理性质及工艺特性和总样基本相似的代表样，就必须对总样进行预处理。

（一）破碎

按规定用适当机械或人工减少样品粒度的过程称为破碎。破碎可分为粗碎、中碎、细碎和粉碎 4 个阶段，破碎工具有颚式破碎机、辊式破碎机、圆盘破碎机、球磨机、钢臼、铁锤、研钵等。

（二）筛分

按规定用适当的标准筛对样品进行分选的过程称为筛分。将大于规定粒度的物料筛出来，继续进行破碎，直至全部通过规定的标准筛。

（三）掺和

按规定将样品混合均匀的过程称为掺和。

（四）缩分

按规定减少样品质量的过程称为缩分。经过破碎、筛分、掺和之后的样品，其质量仍然很大，不可能全部加工成分析试样，必须进行数次缩分处理。在条件允许时最好使用分样器进行缩分，如果没有分样器，可用四分法进行人工缩分。

四分法是将混合均匀的样品堆成圆锥形，用铲子将锥顶压平成截锥体，通过截面圆心将锥体分成四等份，弃去任一相对两等份，如图 11-4 所示。

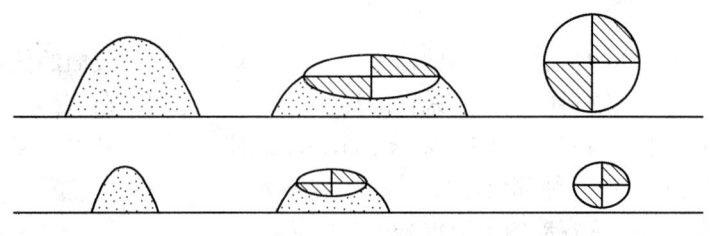

图 11-4 四分法示意图

四、试样的分解

化学分析法和仪器分析法（发射光谱法除外）包括分光光度法、原子吸收法、电化学分析法、色谱分析法等，都必须将固态的试样进行溶（熔）解，制备成试样溶液才能进行测定。因此，试样的分解是分析测试工作中极为重要的一环。

（一）一般试样的分解应遵循的原则

（1）试样分解必须完全。

（2）防止待测组分的损失。

（3）不能引入与被测组分相同的物质。

（4）防止引入对待测组分测定引起干扰的物质。

（5）选择的试样分解方法应与组分的测定方法相适应。

（6）根据熔（溶）剂的性质，选择合适的器皿。

（二）分解方法

分解方法主要有湿法分解法和干法分解法。

1. 湿法分解法

（1）水溶解法：水是一种性质良好的溶剂，当采用溶解法分解试样时，首先考虑水作为溶剂是否可行。

（2）酸分解法：利用酸的酸性、氧化还原性或配位性将试样中的被测组分转移入溶液中的方法，称为酸分解法。

2. 干法分解法

（1）熔融法：熔融分解的目的是利用酸性或碱性熔剂与试样在高温下进行复分解反应，使试样中的组分转化成易溶于水或酸的化合物。

（2）半熔法：是指熔融物呈烧结状态的一种熔样方法，又称烧结法。此法在低于熔点的温度下，让试样与固体试剂发生反应。

第三节　采集和处理液体样品

液体样品具有流动性，化学组成分布均匀，故容易采集平均样品。在工作中，在对液体物料进行采样前必须进行预检，并根据检查结果制订采样方案。

一、样品的类型

（1）部位样品：从物料的特定部位或物料流的特定部位和时间采得的一定数量的

样品。

（2）表面样品：在物料表面采得的样品，以获得关于此物料表面的信息。

（3）底部样品：在物料的最低点采得的样品，以获得此物料在该部位的信息。

（4）上（中、下）部样品：在总体积下相当于总体积1/6（中部一般为1/2，下部一般为5/6）的深处采得的一种部位样品。

（5）全液位样品：从容器内全液位采得的样品。

（6）平均样品：把采得的一组部位样品按一定比例混合成的样品。

（7）混合样品：把容器中物料混匀后随机采得的样品。

（8）批混合样品：把随机抽取的几个容器中采得的全液位样品混合后所得的样品。

二、采样工具

采集液体样品常用的采样工具有采样勺、采样管、采样瓶、采样罐、采样器（图11-5）等。

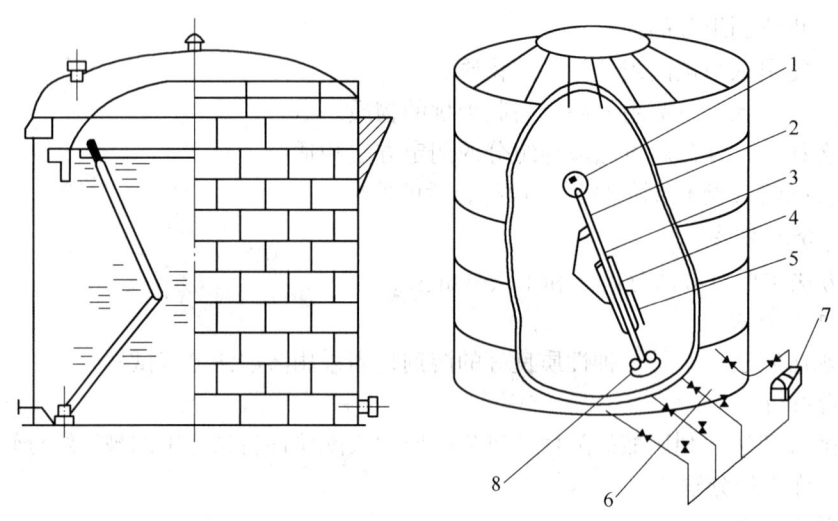

图 11-5　HFCY 油罐自动采样器

1—上浮球；2—支撑杆；3—高液位取样管；4—中间取样管；5—低液位样管；
6—罐壁；7—取样泵；8—支座

三、采样方法

（一）一般液体的采样

1. 从储运工具中采样

（1）从件装容器中采样。对小瓶装液体产品进行采样时，按采样方案随机采得若干产品，各瓶摇匀后分别倒出等量样品，混合均匀后作为代表样品。

（2）从储罐中采样。从安装在储罐侧臂上的上、中、下采样口采样，采得的部位样品混合成平均样品作为代表样品。

（3）从槽车中采样。可从顶部进口采取上、中、下部位样品，并按一定比例混合成平均样品。

（4）从输送管道中采样。可从管口出口端采样，即周期性地在管道出口端放置一个样品容器，容器上放只漏斗以防外溢。采样时间间隔与流速成反比，混合体积和流速成正比。也可采用探头采样和自动管线采样器采样。

2. 从水中采取

（1）从自来水或有抽水设备的井水中采样。采样时，要让水流数分钟后再用干净瓶取样。

（2）从井水、泉水中采样，采样时，将简易采样器沉入水面以下 0.5~1m 深处，提起瓶塞，使水样进入瓶中，放下瓶塞，提出采样器即可。泉水也可在涌水口处进行采样。

（3）从河水、湖水中采样。在河水中采样时，应选择河水汇合之前的主流、支流及汇合之后的主流为采样地点；在湖泊中采样时，把具有代表性的湖心部位及河流进口处作为采样地点，用简易采样器在不同的深度采样。

（4）从生活污水中采样。生活污水成分复杂，变化很大，为使水样具有代表性，必须分多次采取后加以混合。

（5）从工业废水中采样。工业废水采样地点分别为车间、工段、工厂废水总排出口、废水处理设施的排出口等。

（6）从自然降水中采样。降水样品通常要选点采集，采样点的布设兼顾到城区、乡村、清洁对照等不同有代表性的点。

（二）易挥发液体的采样

易挥发液体指各种液化气产品。易挥发液体采样必须使用特定的采样设备和采样方法，按有关规定进行采样，不同的物料，采样设备和方法不同：

（1）直接注入法。允许样品与大气接触的可使用直接注入法进行采样。

（2）盖帽注入法。不允许样品与大气接触的要使用盖帽注入法进行采样。

（三）高黏度液体的采样

高黏度液体是指具有流动性但又不易流动的液体。这类产品难于混匀，最好在生产厂的交货容器罐装过程中从容器的各个部位采样。

第四节　采集和处理气体样品

由于气体物料易于扩散，容易混合均匀。工业气体物料的存在状态有动态、静态、正压、常压、负压、高温、常温、深冷等，且许多气体有刺激性和腐蚀性，所以采样时一定要按照采样的技术要求采样，并且注意安全。

一、采样设备

对于接触气体样品的采样设备材料，应符合下列要求：对样品不渗透、不吸收；在采样温度下无化学活性，不起催化作用；力学性能良好，容易加工和连接；等等。

常用的气体采样设备主要包括采样器、导管和样品容器。

（一）采样器

按制造材料不同，有以下几种采样器：

（1）硅硼玻璃采样器价廉易制，适宜于小于450℃时使用。

（2）石英采样器适宜于小于900℃时使用。

（3）不锈钢和铬铁采样器适宜于950℃时使用。

（4）镍合金采样器适宜于1150℃时在无硫气体中使用。

其他能耐高温的采样器有珐琅质、氧化铝瓷器、富铝红柱及重结晶的氧化铝等。

（二）导管

导管分为不锈钢管、碳钢管、钢管、铝管、特制金属管、玻璃管、聚四氟乙烯管等，采样高纯气体应采用不锈钢管或铜管，要求不高时可采用橡胶管或塑料管。

（三）样品容器

样品容器种类较多，常见的有吸气瓶、吸气管、真空瓶、金属钢瓶、双链球、吸附采样管、球胆及气袋等。

二、样品的预处理

为了使样品符合某些分析仪器或分析方法的要求，需将气体样品加以处理。处理包括过滤、脱水和改变温度等步骤：

（1）过滤。分离颗粒的装置主要包括栅网、筛子或粗滤器、过滤器及各种专用的装置等。

（2）脱水。脱水方法的选择一般随给定样品而定。脱水的方法有化学干燥剂、吸附剂、冷阱、渗透。

（3）改变温度。气体温度高的需要加以冷却，为了防止有些成分凝聚，有时需要加热。

三、采样方法

（1）常压气体采样。气体压力等于大气压力或处于低正压、低负压的气体均称为常压气体。对于常压气体通常采用封闭液采样法对常压气体进行采样，如果用此法感到压力不足，则可用流水抽气泵减压采样。

（2）正压气体的采样。气体压力高于大气压力的为正压气体，正压气体采样时借助本身压力开启管塞即可。

（3）负压气体的采样。气体压力低于大气压力的为负压气体，一般采用抽空容器采样法采样。

练习题

1. 什么是总样、子样和采样单元？指出其相互之间的区别。

2. 采样的具体目的包括哪几个方面？

3. 样品量应包括哪些内容？

4. 留样有什么作用？

5. 简述从物料流中采样的方法。

6. 在火车车厢中采样时，子样点如何布置？

7. 什么是部位样品和全液位样品？

8. 在河水及湖泊中采样时，应如何选择采样点？

9. 气体采样设备主要包括哪些？

10. 什么是常压气体、正压气体和负压气体，它们分别如何采样？

第五部分
化工安全基础知识

HUAGONG ANQUAN JICHU ZHISHI

安全生产是事关职工的生命安全和企业财产安全，事关企业发展和社会稳定的大事。搞好安全生产工作，是企业生存发展的根本。为此，必须加强安全教育，努力提高全体职工的安全素质，从而有效地减少各种事故的发生。

第十二章 安全生产法律法规

第一节 我国安全立法概况

劳动保护、安全生产立法，起源于 19 世纪初西方一些工业发达国家。到 20 世纪六七十年代，亚、非、拉等各发展中国家也根据本国情况，参照国际劳动立法标准，制定了劳动保护等法规。

1949 年中华人民共和国成立后，党和国家高度重视安全生产工作，在 1949 年 9 月召开的政治协商会议通过的《中国人民政治协商会议共同纲领》中，对劳动保护问题做了原则性的规定。1954 年颁布的第一部《中华人民共和国宪法》中，对劳动保护、做好安全生产工作也做了原则性规定。

1956 年，国务院发布了《工厂安全卫生规程》《建筑安装工程安全技术规程》《工人职员伤亡事故报告规程》（简称三大规程），接着又发布了有关安全技术教育、编制安全技术劳动保护措施计划、防止工矿企业硅尘危害等决定或通知等。

1963 年，国务院针对前几年的情况发布了《关于加强企业生产中安全工作的几项规定》（简称"五项规定"），强调必须建立安全生产责任制，认真执行安全技术措施计划制度，坚持安全教育制度，定期组织安全生产检查，严肃认真调查和处理伤亡事故等。

1978 年，中共中央发出《关于认真做好劳动保护工作的通知》，把加强劳动保护、做好安全生产工作提到党纪国法的责任高度。

1982 年，国务院发布了《锅炉压力容器安全监察暂行条例》。

1984 年，国务院发布了《关于加强厂矿企业防尘防毒工作的报告》，并在转发的全国"安全月"领导小组《关于今年"安全月"活动情况和今后意见的报告》中指出："在安全生产上，实行国家监察；行政管理和群众（工会组织）监督相结合的制度。"

1985 年，我国安全生产委员会提出于"安全第一、预防为主"的安全生产方针。

1987 年，国务院发布了《中华人民共和国尘肺病防治条例》。

1988 年，国务院发布了《女职工劳动保护规定》。

1989 年，国务院发出《特别重大事故调查程序暂行规定》。

1991 年，国务院发布《企业职工伤亡事故报告和处理规定》。

1992 年，七届人大常委会通过《中华人民共和国矿山安全法》和《中华人民共和国工会法》。

1994 年，全国人大通过《中华人民共和国劳动法》。

1997 年，国家重申贯彻执行《国务院关于加强企业生产中安全工作的几项规定》。
……

第二节　安全生产法规

劳动安全法规（国际劳工组织称为职业安全与卫生）是国家、政府和企业为了保护劳动者在生产劳动过程中安全与健康、保证劳动条件的改善所制定的各种法律规范。

安全生产法规一般由国家立法、政府立法、企业立法 3 个方面所组成。

一、国家立法

（1）《中华人民共和国宪法》第 42 条明确规定：要加强劳动保护，改善劳动条件。

（2）《中华人民共和国刑法》第 134 条规定：因"三违"而造成重大伤亡和严重后果的事故罪，均要追究刑事责任。

（3）《中华人民共和国劳动法》于 1994 年 7 月 5 日由全国人大通过，1995 年 1 月 1 日起施行。共有 13 章 107 条款。劳动法对劳动安全卫生都有明确的规定。例如，第 4 章中规定了劳动者的工作时间和休息、休假。又如，第 6 章中规定了有关劳动安全卫生的事项，在第 52 条中规定：用人单位必须建立、健全劳动安全卫生制度，严格执行国家劳动安全卫生规程和标准，对劳动者进行劳动安全卫生教育，防止劳动过程中的事故，减少劳动危害；在第 53 条中规定：劳动安全卫生设施必须符合国家规定的标准，新建、改建、扩建工程的劳动安全卫生设施必须与主体工程同时设计、同时施工、同时投入生产和使用（即三同时原则）；在第 54 条中规定：用人单位必须为劳动者提供符合国家规定的劳动安全卫生条件和必要的劳动防护用品，对从事有职业危害作业的劳动者应当定期进行健康检查；在第 55 条中规定：从事特种作业的劳动者必须经过专门培训并取得特种作业资格；在第 56 条中规定：劳动者在劳动过程中必须严格遵守安全操作规程，劳动者对用人单位管理人员违章指挥、强令冒险作业，有权拒绝执行，对危害生产安全和身体健康的行为，有权提出批评、检举和控告。在第 7 章中还专门规定了对女职工和未成年职工的特殊保护。

（4）《中华人民共和国安全生产法》于 2002 年 6 月 29 日由全国人大通过，2002 年 11 月 1 日起施行，共有 7 章 97 条。它是我们每个企业安全生产的准则，是企业必须执行的法规。

二、政府立法

根据国家立法规定的原则，各级政府或部门分别制定相应的具体法规，予以保证实施。国务院及其工作部门、地方政府及其工作部门依据具体的情况，制定并颁布一系列的规定、规程、标准、条例、制度、办法、通知等作为保障安全生产、推动安全工作的手段。

（1）"三大规程"。这是国务院 1956 年 5 月 25 日通过发布的，它包括《工厂安全卫生规程》《建筑安装工程安全技术规程》《工人职员伤亡事故报告规程》3 个规程。

（2）"五项规定"。这是指国务院 1963 年 3 月 30 日颁布的《国务院关于加强企业生产中安全工作的几项规定》，包括安全生产责任制、安全技术措施计划、安全生产教育、安全生产的定期检查、伤亡事故的调查和处理 5 个方面。

（3）企业职工劳动安全卫生教育管理规定。浙江省 2002 年 5 月 31 日颁布的《浙江省企业职工安全生产教育管理规定》，其内容都有对新职工入厂三级教育，特种作业人员教育，调整工作、离岗在一年以上的复岗教育，职工经常性教育等。其目的在于通过各种安全教育，努力提高职工的安全素质，减少职工因"三违"而造成的事故。

（4）国家各主管部门制定的安全卫生标准、规程较多，如 GBZ 1—2010《工业企业设计卫生标准》、GB 50016—2014《建筑设计防火规范》、ZBBZH/GJ 9《电气装置工程施工及验收规范》、GB 4387—2008《工业企业厂内铁路、道路运输安全规程》、《工业企业噪声卫生标准》、《压力容器安全监察规程》等。

三、企业立法

企业依据国家和政府法律法规，结合本企业的实际情况制订了各种安全生产规章制度，如厂规厂纪、各级安全生产责任制、安全教育制度、安全生产检查制度、各类事故管理制度、设备维护检修规程、安全操作规程、禁火禁烟规定、动火制度、进罐作业制度、劳动纪律违规处罚规定、财务制度、物资进出厂规定等。这些制度、规定等都是企业为实现安全、稳定生产，提高经济效益所必须采取的手段。

第三节　化工安全生产规章制度

一、建立安全生产制度的重要性

安全生产规章制度的建立是来自科学和生产活动实践的经验总结，是用鲜血和生命换来的，它反映客观规律的要求。所以，我们应自觉执行安全制度，珍惜血的教训，尊重科学，按照客观规律办事。自觉执行安全制度，就可以最大限度地避免可能发生的事故。反之，如果违反安全制度，不讲科学，盲目蛮干，冒险作业，就会发生事故，就会被碰得头破血流，甚至厂毁人亡。

建立安全生产制度的重要性可归纳为以下几点：

（1）保障职工的人身安全和健康。

（2）规范和约束人们的行为。

（3）提高企业经济效益的保证。

（4）制裁和打击各种危害安全的行为。

（5）调节人们之间的关系。

二、贯彻执行安全制度

每个职工应自觉遵守、认真贯彻执行国家、政府、企业的安全生产法规、制度、规章制度，积极参加各种安全活动、加强安全、业务学习，努力提高自身的安全素质和业务素质，做到"不三违"和"三不伤害"，即"不违章指挥、不违章操作、不违反劳动纪律"和"不伤害他人、不伤害自己、不被他人所伤害"。

三、企业应该建立的安全制度

企业除根据国家、政府颁发的安全法规而制订本单位的安全制度外，还要建立、完善企业基本的规章制度。

企业应建立的安全制度一般包括以下 3 个方面：

（1）安全管理方面的制度，如安全生产责任制度、安全生产教育制度、安全生产检查制度、事故管理制度、各种安全作业证和制止违章作业和违章指挥通知书、隐患整改通知书等。

（2）安全技术方面的制度，如安全生产动火、禁烟、进罐作业、电气安全技术、危险化学品、安全检修、锅炉和压力容器、气瓶安全、高处作业管理制度和特殊工种安全操作规程、各岗位及各工种安全操作规程等。

（3）工业卫生方面的制度，如尘毒安全卫生、尘毒监测、职业危害、职业病、职工健康、防护用品、防暑降温等方面的管理制度。

四、生产区 14 个不准

（1）加强明火管理，禁止吸烟。未经审批、未做好安全措施、无人监火，不准动火。

（2）生产区内不准未成年人进入。

（3）上班时间不准睡觉、干私活、离岗和做与生产无关的事。

（4）在班前、班上不准喝酒。

（5）不准使用汽油等易燃液体擦洗设备、用具和衣服。

（6）不按规定穿戴劳动保护用品的，不准进入生产岗位。

（7）安全装置不齐全的设备，不准动用。

（8）不是自己分管的设备、工具，不准动用。

（9）检修设备时安全措施不落实，不准开始检修。

（10）停机检修后的设备，未经彻底检查，不准启用。

（11）未办高处作业证，不带安全带，脚手架、跳板不牢，不准登高作业。石棉瓦上不固定好跳板，不准作业。

（12）不准带电移动电器。

（13）未取得安全作业证的职工，不准独立作业；特殊工种职工，未经取证，不准作业。

（14）未办进罐作业证，未做有效隔离，未彻底清洗，未指定专人监护，不准进罐作业。

五、操作工的 6 个严格

（1）严格执行交接班制。

（2）严格进行巡回检查。

（3）严格控制工艺指标。

（4）严格执行操作法（票）。

（5）严格遵守劳动纪律。

（6）严格执行安全规定。

 **练习题**

1. 简述操作工的 6 个严格。
2. 企业建立的安全制度包括哪几个方面？
3. 简述企业建立安全制度的重要性。

第十三章　危险化学物品

第一节　危险化学品安全管理条例

为了加强对危险化学品的安全管理，保障人民生命财产安全，保护环境，国务院于2002年1月9日召开常务会议通过了《危险化学品安全管理条例》（简称《条例》），并自2002年3月15日起施行。

《条例》规定，危险化学物品包括爆炸品、压缩气体和液化气体、易燃液体、易燃固体、自燃物品和遇水（湿）易燃物品、氧化剂和有机氧化物、有毒品和腐蚀品等8类（按化学危险品GB 13690—2009的规定分为8类）。

《条例》规定，单位从事生产、经营、储存、运输、使用危险化学品或者处置废弃危险化学品活动的人员，必须接受有关法律、法规、规章和安全知识、专业技术、职业卫生防护和应急救援知识的培训，并经考核合格，方可上岗。

《条例》规定，国家对危险化学品的生产、经营、储存、运输和使用等全过程实行许可制度，未经许可并依法办理许可证，任何单位和个人都不得生产、经营（销售）、储存、运输、使用危险化学品。

《条例》对危险化学物品的生产、储存和使用，危险化学品的经营，危险化学品的运输，危险化学品的登记与事故应急救援等均做了详细的规定；还规定了详尽的法律责任、行政责任、民事责任和刑事责任。实施监督管理的部门有：国务院及以下各级政府安全监督部门，公安部门，质监部门，环境保护部门，铁路、民航和交通部门，卫生行政部门，工商行政管理部门，邮政部门。

据报道世界上化学品的品种已达700多万种，在市场流通的化学品中就有1万多种危险化学品，在化工生产中所用的原料、中间体及产品，大约70%以上为危险化学品，在生产、经营、储存、运输、使用等过程中会发生各种事故。例如，2006年5月29日，甘肃省兰州市中国石油天然气集团公司兰州石油化工公司有机厂发生火灾事故，造成4人死亡，11人受伤；2010年4月12日，北京市昌平区北七家镇多彩印刷厂，装订车间内丙酮发生爆炸，造成1人死亡，11名工人不同程度受伤；2011年5月28日，山东省淄博市宝源化工股份有限公司发生爆炸事故，造成3人死亡，8人受伤，直接经济损失约450万元；2012年5月15日，内蒙古自治区呼伦贝尔市陈巴尔虎旗工业园区金新化工有限公司发生窒息事故，导致3人死亡，2人受伤；2014年5月29日，江苏省扬州市宝应县曙光助剂厂发生爆炸事故，造成3人死亡，3人受伤；等等。

化学品的存在极大地改善了人类的生活，但也给人类带来了极大的威胁。世界各国都十分重视对危险化学品的安全管理，对安全防护措施提出了更高的要求，确实保障人类的人身、财产安全。

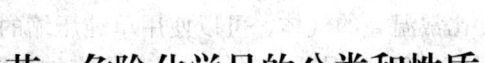

第二节　危险化学品的分类和性质

化学品是指化学单质、化合物和混合物，包括天然的及合成的，均称为化学品。

危险化学品凡具有燃烧、爆炸、腐蚀、毒害、放射性等危险性质的化学品，并在一定条件下（如受到摩擦、撞击、振动、接触火源、日光曝晒、遇水受潮、温度变化或遇到性能抵触的其他物质等外界因素的影响），能引起燃烧、爆炸和导致人身中毒、灼伤、死亡或财产损坏等事故的化学品，统称为危险化学品。

我们国家对危险化学物品的分类，主要是根据危险化学物品的危险特性，并考虑生产、储存、运输、使用的安全管理的要求而确定的。标准有两个，一个是交通部提出的GB 6944—2012《危险货物分类和品名编号》标准，共分为 9 类；另一个是劳动部提出的GB 13690—2009《化学品分类和危险性公示　通则》标准，共分为 8 类。我们一般所讲的危险化学品分类，都是以 GB 13690—2009 为准，该标准将危险化学物品分为爆炸品，压缩气体和液化气体，易燃液体，易燃固体、自燃物品和遇湿易燃物品，氧化剂和有机过氧化物，有毒品，放射性物品，腐蚀品共 8 类。

一、爆炸品

爆炸品在外界作用下（受热、受压、撞击等），能发生剧烈的化学反应，瞬时产生大量的气体和热量，使周围压力急骤上升，发生爆炸，对周围环境造成破坏。

爆炸品具有敏感性、不稳定性、易爆性。

二、压缩气体和液化气体

压缩气体：气体经加压或降低温度，可以使气体分子间的距离大大缩小而被压入钢瓶中，这种气体称为压缩气体。

液化气体：对压缩气体继续加压，适当降温，压缩气体就会变成液体的，称为液化气体。

按气体的性质分，压缩液化气体可分为剧毒气体、易燃气体、助燃气体、不燃气体（GB 13690—2009 将助燃气体纳入不燃气体中）。

特性：

（1）可压缩性。一定量的气体在温度不变时，所加的压力越大其体积就会越小，若继续加压，气体会被压缩成液体，这就是气体的可压缩性。

气体通常以压缩或液化状态储存于钢瓶中。有部分气体很难单纯用压缩的方法使之液化，必须在加压的同时降低温度才能使之液化。因为气体液化的难易与分子引力及结构有关。不同的气体，其分子间引力也不同。有些气体，在室温条件下，无论施加多大压力，它仍然是气体。这是因为加压后，分子间距离尽管缩小了，但分子与分子间的引力仍然小于它的热运动能力，气体自然无法液化。要使这种气体液化，就必须在加压的同时降低温度，以减少分子热运动的能量。

例如，氢气液化，除加压至 1254kPa（12.8atm）外，还要使温度降至-239.9℃。这个使气体液化的最高温度称为临界温度。在临界温度下使气体液化所需的最低压力称为临界压力。显然，临界温度比常温高的气体，可以使用单纯压缩的方法使其液化（如氮、氨、二氧化硫等气体）。临界温度比常温低的气体，就必须在加压的同时还要降低温度到临界温度以下才能液化。

（2）膨胀性。气体在光照或受热后，温度升高，分子间的热运动加剧，体积增大，若在一定容器内，气体受热的温度越高，其膨胀后形成的压力越大，这就是气体受热的膨胀性。

压缩气体及液化气体盛装在容器内，如受高温、日晒，气体极易膨胀，产生很大的压力，当压力超过容器的耐压强度，就会造成爆炸。正是由于上述这两种特性，压缩气体和液化气体具有一定的危险性。

（3）危险性。压缩和液化气体有爆炸、易燃、毒害、窒息及助燃危险性。

1）爆炸、易燃危险。压缩气体和液体（氢、一氧化碳、石油气等）是将气体压入钢瓶内储存的，钢瓶内的压力很高（例如，氧气钢瓶工作压力在 $150kg/cm^2$ 以上，氮气钢瓶工作压力在 $220kg/cm^2$ 以上，其他易燃、剧毒气体钢瓶的工作压力也都在 $36kg/cm^2$ 以上），在如此高的压力下，气体分子间距离很小，密度极大，一旦受高热、撞击、振动等外力作用，分子运动加剧，产生压力更大，当钢瓶无法承受时，就会发生爆炸。如果是易燃气体爆炸会引发燃烧。若有泄漏，与空气混合，到达爆炸极限，遇明火会引起爆炸。

2）毒害危险。有些气体（氯、光气、溴甲烷、氰化氢、氨）有剧毒，少量吸入会致人中毒死亡。

3）窒息危险。有些气体（氮、二氧化碳及其他惰性气体）是窒息性气体，一旦泄漏，有可能使某个空间空气中氧气降低，使人因缺氧窒息死亡。在用惰性气体置换及吹扫时，结束后一定要通风，防止人进入后有窒息危险。

4）助燃危险。有些气体（氧、空气、一氧化二氮）本身不燃，但会助长火势，扩大火灾的危险。

三、易燃液体

凡在常温下以液态形式存在，极易挥发和燃烧，其闪点（闭杯）等于或低于61℃以下的物质，称为易燃液体。

（一）易燃液体的分类

易燃液体按闪点（闭杯）高低可分为以下 3 类：

（1）低闪点液体：闪点小于-18℃的液体。

（2）中闪点液体：-18℃≤闪点<23℃的液体。

（3）高闪点液体：23℃≤闪点≤61℃的液体。

（二）易燃液体的特性

易燃液体特性有挥发性、易流动扩散性、受热膨胀性、带电性：

（1）挥发性。易燃液体沸点较低，易挥发，随温度的升高，蒸发速度加快，当蒸汽与空气达到一定极限时，遇到明火就会引起燃烧爆炸。在密闭的容器内，饱和蒸汽压也随温度的升高而增加，蒸汽压越大，蒸发速度越快，火灾爆炸的危险性越大。

（2）易流动扩散性。液体黏度较小，易流动、有蔓延扩大火灾的危险性，易燃液体可能会有跑、冒、滴、漏现象，使挥发的蒸汽迅速向四周扩散，与空气形成混合性爆炸物。

此外，除醇类、醛类、酮类可与水相溶之外，大部分易燃液体是不溶于水的。了解这一特性，对正确选用灭火剂灭火是有益的。

（3）受热膨胀性。受热后，易燃液体本身体积要膨胀，同时其蒸汽压也随之增加，部分挥发成蒸汽，因此整个气体的体积膨胀更为迅速。如易燃液体储存于密闭容器中，就会造成容器的破裂。夏季盛装易燃液体的铁桶在阳光下曝晒受热，会使桶内的液体受热膨胀而出现鼓桶或爆裂的现象。因此，盛装时要留有一定的安全空隙，防止鼓桶和爆裂现象发生。

（4）带电性。大部分易燃液体都是电介质，如醚类、酯类、芳香烃及石油产品等，在管道、储罐、槽车、油船的灌注、输送、搅拌和流动过程中，由于摩擦易产生静电，当所带静电荷聚积到一定程度时，就会产生静电火花，有引起燃烧和爆炸的危险。

（三）易燃液体的理化特性与危险性的关系

易燃液体的理化特性与危险性的关系有以下几方面：

（1）液体的沸点越低，其闪点也越低，火灾危险性也越大。

（2）比例越小，沸点越低，其蒸发速度越快，火灾危险性越大（易燃液体的蒸汽一般比空气重，不易扩散，容易发生燃烧或爆炸）。

（3）同一类有机化合物中，一般是分子量越小的火灾危险性越大（例如，在醇类化合物中，甲醇的火灾危险性要比分子量大的乙醇高，乙醇比丙醇高）。

（4）在脂肪族碳氢化合物中，若分子中所含碳原子数相等，则含不饱和键越多的化合物越危险（如乙炔>乙烯>乙烷）。在脂肪族碳氢化合物的衍生物中，其危险性依次是醚>醛>酮>酯>醇>酸。

（5）在芳香族碳氢化合物中，以卤素（如—F、—Cl、—Br 等）、羟基（—OH）、氨基（—NH$_2$）等基团为取代基的各种衍生物，其火灾危险性一般是较小的。取代基团数越多，则火灾危险性越小。但含硝基的化合物则相反，所含的硝基越多，其爆炸危险性越大。

（6）大部分易燃液体，如汽油、煤油、苯、醚、酯等是高电阻率的电介质，易摩擦产生静电引起燃烧爆炸的危险。醇类、醛类和羧酸不是电介质，电阻率低，它们发生静电的危险性相对较小。

上述规律是根据物质理化性质经实验得出的。它有助于指导安全生产，达到以预防为主的目的。

四、易燃固体、自燃物品和遇湿易燃物品

（一）易燃固体

易燃固体是指燃点低，在遇火、受热、撞击、摩擦或与氧化剂接触后会引起强烈燃烧的固体物质。

1. 易燃固体的分类

根据易燃性和燃点高低，燃烧速度的快慢，燃烧产物毒性大小，分为两级：

（1）一级易燃固体：红磷及含磷化合物（赤磷、三硫化磷、硫化磷、火柴等）、硝基化合物（二硝基甲苯、二硝基萘、硝化纤维素等）、其他（闪光粉、氢基化钠、重氮氨基苯）等 3 类。

（2）二级易燃固体：硝基化合物（硝基丙烷、硝化纤维制品等）、易燃金属粉末（镁粉、铝粉等）、萘及其衍生物（萘、甲基萘等）、其他（硫黄、生松香、聚甲醛等）等4类。

2. 易燃固体危险的特性

（1）与氧化剂接触能剧烈反应而发生燃烧（如赤磷与氯酸钾接触、硫黄粉与氧化钠接触会迅速燃烧完）。

（2）与氧化性酸（如硝酸）作用，有些会发生爆炸（如萘与发烟硝酸会爆炸）。

（3）很多易燃固体有毒或燃烧产物有毒（如硫、磷等）。

（二）自燃物品

自燃物品是指自燃点低，在空气中易发生氧化反应，放出热量，而自行燃烧的物品。

1. 自燃物品的分类

按自燃的难易程度及危险性大小分为二级：

（1）一级自燃物质，如黄磷、三甲基铅、三异丁基铝、铝铁熔剂等。

（2）二级自燃物质，如油布、油纸、油浸金属屑等。

2. 自燃物品的特性

（1）易氧化性。由于自燃物质的自行发热和散热速度处于不平衡状态而使热量积蓄的结果，如果散热受到阻碍，当然就会促进自燃。原因是自燃物质本身的化学性质非常活泼，具有很强的还原性，接触空气中的氧能迅速作用，产生大量的热。例如，黄磷自燃点为34℃，暴露在空气中，会因氧化发热而引起自燃 $4P+5O_2 = 2P_2O_5+3100kJ$。

（2）易分解性。由于自燃物质的化学性质很不稳定，在空气中会自行分解，积蓄的分解热也会引起自燃。例如，硝化纤维素、赛璐珞、硝化甘油等硝酸酯类制品暴露在空气中会发生缓慢分解，产生的热量积聚不散而引起自燃，硝化纤维自燃点在120～160℃，燃烧速度快，火焰温度高，分解出大量的 NO 和 NO_2 气体急剧膨胀能引起爆炸。

（三）遇湿易燃物品

遇湿易燃物品是指遇水或受潮时，发生剧烈化学反应，放出大量的易燃气体和热量的物品。有的不需明火，即能燃烧或爆炸。

这种物品除遇水剧烈反应外，也能与酸类或氧化剂发生剧烈反应，且发生燃烧爆炸的危险性更大。

1. 遇湿易燃物品的分类

按遇水燃烧物质的性质和危险程度，遇湿易燃物品可分为两级：

（1）一级遇水燃烧物质，如锂、钠、钾、锶等活泼金属及其氢化物，硫氢化合物，硫的金属化合物，磷化物（如磷化钙、磷化锌），碳化物（碳化钙"电石"、碳化铝）等。

（2）二级遇水燃烧物质，如石灰氧"氰氨化钙"、锌粉、保险粉"低亚硫酸钠"、磷化钙、氢化铝等。

2. 遇湿易燃物品的特性

这类物质的共性是遇水分解。

（1）活泼金属（锂、钠、钾、锶、氢化物）遇水燃烧、爆炸。

（2）碳的金属化合物（碳化钙"电石"、碳化铝）遇水会放出可燃气体，遇明火会引起燃烧。

（3）磷化物（如磷化钙、磷化锌）遇水生成磷化氢，在空气中能自燃，且有毒。

（4）某些金属物质遇酸或氧化剂发生剧烈反应，发生燃烧爆炸危险性比遇水时更大。

五、氧化剂和有机过氧化物

（一）氧化剂

氧化剂是指处于高氧化态，具有强氧化性，易分解并放出氧和热量的物质。它包括含有过氧基的无机物，其本身不一定可燃，但能导致可燃物的燃烧，与松软的粉末状可燃物能形成爆炸性混合物，对热、振动或摩擦较敏感。

1. 氧化剂的分类

氧化剂按氧化性的强弱不同分为一级和二级，按组成结构又可分为有机氧化剂和无机氧化剂，因此，氧化剂共分为表 13-1 所示的 4 类。

表 13-1　氧化剂的分类

无机氧化剂		有机氧化剂	
一级无机氧化剂 （氯酸钾、硝酸钾）	二级无机氧化剂 （硝酸铅、亚硝酸钠、过硫酸钠、三氧化铬、氯化银）	一级有机氧化剂 （过氯化苯甲酰、硝酸胍）	二级有机氧化剂 （过氯化环己酮、过氧醋酸）

2. 氧化剂的特性

（1）氧化性。氧化剂化学性质活泼，具有较强的得电子能力，如果接触具有还原能力的物质都会发生氧化还原反应。

（2）分解性。氧化剂在遇光、受热、摩擦、振动、撞击、遇酸碱等外界条件作用下，极易分解出氧气、产生高热，引起危险。

3. 氧化剂的危险性

（1）无机氧化剂受热、撞击、摩擦后易分解出氧，接触有还原能力的易燃物、有机物，特别是木炭粉、硫黄粉等，能引起燃烧或爆炸。

（2）硝酸盐类氧化剂（有机、无机）遇热能放出氧和氧化氮气体，遇有机物、易燃物能引起燃烧爆炸。

（3）氧化剂遇酸、碱或水后能分解，产生高热而引起其他易燃物质燃烧爆炸。

（4）活泼金属的过氧化物，遇水或吸收空气中的潮气和二氧化碳能分解出助燃气体（氧气）。

（5）氧化剂一般具有不同程度的毒性，有的还具有腐蚀性。

（6）有机氧化剂大部分具有极强的氧化剂，极易引起燃烧和爆炸。

（二）有机过氧化物

有机过氧化物的分类、警示标签和警示性说明见 GB 30000.16—2013《化学品分类和标签规范　第 16 部分：有机过氧化物》。

六、有毒品

有毒品是指进入肌体后，累积达到一定的量，能与体液和器官组织发生生物化学作用或生物物理作用，扰乱或破坏肌体的正常生理功能，引起某些器官和系统暂时性或持久性的病理改变，甚至危及生命的物品。

（一）有毒品的分类

有毒品的种类很多，从其化学组成来看，可分为无机类和有机类；从其毒性大小来看，可分为剧毒和有毒两种：

（1）无机剧毒品：毒性极大，即使少量进入人体也足以致死（如氰化钾、氰化钠、氰氢酸、三氧化二砷、砒霜等）。

（2）无机有毒品：毒性相对要低些（如氯化钡、硫化钡、氮化铅、吗啡、可待因等）。

（3）有机剧毒品：毒性很大，中毒后不易救治（如八氟异丁烯、二氯甲基醚、有机磷、有机锡、四乙基铅、溴甲烷等）。

（二）有毒品的特性

（1）毒害品在水中的溶解度越大，毒性也越大。越易溶于水的毒害品，越易被人体吸收，如氯化钡易溶于水，毒性就大，而硫酸钡不溶于水和脂肪，故无毒。有些毒害品虽不溶于水，但可溶于胃液和汗水中，所以也能引起中毒。

（2）毒物在空气中的浓度与挥发度有直接的关系，在一定时间内毒物的挥发性越大，毒性也越大。例如，汞接触皮肤，甚至小量吞服都不会引起中毒，而汞蒸气吸入后不仅会引起慢性中毒，甚至会发生急性中毒。

（3）固体毒物的颗粒越小，越易引起中毒。因为颗粒越小，越容易吸入人体，也越易被吸收。

（4）某些毒物对人体不同器官有选择性和蓄积性的损害。毒物毒性的大小与其化学结构或组成有关。

七、放射性物品

凡能自发、不断地放出穿透力很强，人体感觉器官不能觉察到的射线物质的，称为放射性的物质。

八、腐蚀品

凡能使人体、金属或其他物质发生腐蚀的物质，称为腐蚀性物质。

（一）腐蚀品的分类

腐蚀品按其腐蚀性的强弱可分为两级，按其酸碱性及有机物、无机物则分为表13-2所示的8类。

表13-2　腐蚀品的分类

无　机				有　机			
酸性		碱性		酸性		碱性	
一级	二级	一级	二级	一级	二级	一级	二级

（二）腐蚀品的特性

（1）强烈的腐蚀性。对人体、设备、建筑物、构筑物、车辆船舶的金属结构都有很大的腐蚀和破坏作用；特别是对人体，如不能及时发觉，待发觉时，部分组织已经灼伤坏死，较难治愈。

（2）氧化性。硝酸、浓硫酸、氯磺酸、过氧化氢、漂白粉等，都是氧化性很强的物质，与还原剂等有机物接触时会发生强烈的氧化还原反应，放出大量的热，容易引起燃烧。

（3）遇水发热性。腐蚀品遇水会放出大量的热，造成液体四处飞溅，造成人体灼伤。

（4）毒害性。许多腐蚀性物质不仅本身有毒，而且易于挥发出有毒蒸汽（SO_3、HF）。腐蚀性物质接触人的皮肤、眼睛或进入肺部、食道等会引起表皮细胞组织发生破坏作用而造成灼伤。固体腐蚀性物质一般直接灼伤表皮，而液体或气体状态的腐蚀性物质会很快进入人体内部器官，如氰氢酸、盐酸、四氧化二氮等。

（5）燃烧性。许多有机腐蚀品，不仅本身可燃，而且能挥发出易燃蒸汽。

 练习题

1. 根据危险化学品的主要危险性、危害特性可将常用危化品分为几类，分别是什么？
2. 简述压缩液化气的特性。
3. 简述易燃液体的特性。
4. 简述有毒品和腐蚀品的特性。

第十四章　火灾扑救常识

许多化工原料、化工产品或中间体是可燃或易燃物质，如一旦发生火灾爆炸事故，我们必须积极地扑救，把损失降到最低程度。为此，每个职工都必须掌握火灾扑救的知识。

第一节　火灾及火灾分类

一、燃烧与火灾的区别

燃烧俗称着火，但燃烧不一定是火灾，它们是有区别的。

火灾是指违背人们的意志，在时间和空间上失去控制的燃烧而造成的灾害（火灾以前的定义为凡失去控制并对财物和人身造成损害的燃烧现象）。

二、火灾的分类

火灾可以从不同角度进行分类，按燃烧对象可分为建筑火灾、交通运输火灾、森林火灾、草原火灾等。按物质燃烧的特性可分为 A、B、C、D、E 共 5 类：

A 类：固体物质火灾。

B 类：液体和可溶化的固体物质火灾。

C 类：气体物质火灾。

D 类：金属物质火灾（钾、钠、镁、铝等）。

E 类：电气火灾。

三、火灾损失统计分类

根据 1990 年 1 月 1 日起施行的《火灾统计管理规定》，将火灾分为特大火灾、重大火灾、一般火灾 3 种。

（1）特大火灾：1）死亡 10 人以上；2）重伤 20 人以上；3）死亡、重伤 20 人以上；4）受灾 50 户以上；5）损失 50 万元以上；

（2）重大火灾：1）死亡 3 人以上；2）重伤 10 人以上；3）死亡、重伤 10 人以上；4）受灾 30 户以上；5）损失 5 万元以上。

（3）一般火灾：凡不具备以上两项死伤、损失在 5 万元以下的火灾。

第二节　灭火的基本原理和方法

我们知道，燃烧必须在可燃物、助燃物、着火源（三要素）三者同时存在下并达到一定的条件后才会发生，因此，一旦发生火灾，我们只要设法破坏上述 3 个条件（三要素）

中任何一个条件，火就可以熄灭。这就是灭火的基本原理。

灭火的基本方法有4种，即隔离法、冷却法、窒息法和化学反应中断法。在灭火中，我们可以根据火场实际情况，灵活运用不同的灭火方法或同时运用几种方法去扑救。在扑救火灾中，有时是通过使用不同的灭火剂来实现的。灭火剂是能够有效地破坏燃烧条件，中止燃烧的物质。不同类型的火灾，应选用不同的灭火剂。因此，不仅要掌握各种灭火方法，而且还要了解各种灭火剂的性质、灭火原理及其适用范围。

一、隔离法灭火

隔离法就是将火源与火源附近的可燃物隔开，中断可燃物质的供给，使火势不能蔓延。这样，少量的可燃物烧完后，或同时使用其他灭火方法，使燃烧很快停止而熄灭。这是一种比较常用的方法，适用于扑救各种固体、液体和气体火灾。采用隔离法灭火的具体措施如下：

（1）迅速转移火源附近的可燃、易燃、易爆、助燃（氧化性）物品（在搬运转移时要注意抢救人员的安全）。

（2）封闭、堵塞建筑物上的洞孔或通道，改变火灾蔓延途径。

（3）围堵、阻拦燃烧着的流淌液体（如防火堤、砂土等）。

（4）拆除与火源毗连的建筑物，形成阻止火势蔓延的空间地带，在拆除时要注意抢救人员的安全。

要注意，在转移易燃、可燃等危险物品或拆除毗连建筑物时，一定要听从指挥，服从命令，有组织地进行，注意人员的安全，以免造成二次事故。

森林火灾的扑救，一般在火源的下风处迅速开辟出一片隔离带，以阻断火势蔓延（如大兴安岭火灾扑救）。

二、冷却法灭火

冷却法就是用水等灭火剂喷射到燃烧着的物质上，降低燃烧物的温度。当温度降到该物质的燃点以下时，火就会熄灭。

另外，用水喷洒在火源附近的可燃物上，可使其不受火源火焰辐射热的影响而扩大火势。例如，用水喷洒在储存气体、液体的罐、槽上，可有效降低或控制其温度，防止发生燃烧变形爆裂而使火灾扩大。

用于冷却法灭火的灭火剂主要是水。固体二氧化碳、液体二氧化碳和泡沫灭火剂也有冷却作用。

三、窒息法灭火

窒息法灭火就是用不燃或难燃的物质覆盖、包围燃烧物，阻碍空气与燃烧物质接触，使燃烧因缺少助燃物质而停止。

用窒息法灭火的具体措施如下：

（1）用不燃或难燃的物质，如黄沙、干土、石粉、石棉布、毯、湿麻袋、湿布等直接覆盖在燃烧物的表面上，隔绝空气，使燃烧窒息而停止。

（2）将不燃性气体或水蒸气灌入燃烧的容器内，稀释空气中的氧，使燃烧因窒息而停止。

（3）封闭正在燃烧的建筑物、容器或船舱的孔洞，使内部氧气在燃烧中消耗后，不能补充新鲜空气而窒息熄灭。

（4）在敞开的情况下，隔绝空气主要是使用各种灭火剂，如泡沫、二氧化碳、水蒸气等。

（一）泡沫灭火剂

凡能与水混溶，并可通过化学反应或机械方法产生灭火泡沫的灭火剂，称为泡沫灭火剂。一般的泡沫灭火剂可用于扑救非水溶性可燃、易燃液体及一般固体火灾；特殊的泡沫灭火剂（抗溶性泡沫）可用于扑救水溶性可燃、易燃液体火灾。

泡沫灭火剂的灭火作用如下：

（1）灭火泡沫的发泡倍数是 2~1000，体积质量为 0.001~0.5。由于泡沫体积质量远远小于一般可燃、易燃液体的体积质量，因而可以浮在液体表面，在燃烧物表面形成泡沫覆盖层，使燃烧物表面与空气隔绝。

（2）泡沫层封闭了燃烧物表面，可以遮断火焰的热辐射，阻止燃烧物本身和附近可燃物质的蒸发。

（3）泡沫吸热蒸发产生水蒸气，有冷却燃烧物和降低燃烧物附近空气中氧含量的作用。

泡沫灭火剂的种类：泡沫灭火剂可以分为化学泡沫灭火剂和空气泡沫灭火剂两大类。

（1）化学泡沫灭火剂是通过两种药剂的水溶液发生化学反应产生的泡沫。泡沫中所含的气体是二氧化碳。

例如，酸碱泡沫灭火剂（酸性物质（硫酸铝）与碱性物质（碳酸氢钠）及少量稳定剂相互作用生成的膜状气泡群）是一种常见的化学泡沫灭火剂，其反应式如下：

$$Al_2(SO_4)_3 + 6NaHCO_3 == 3Na_2SO_4 + 2Al(OH)_3 + 6CO_2$$

硫酸铝　　碳酸氢钠　　　碳酸钠　　氢氧化铝　二氧化碳

反应生成的胶状氢氧化铝使泡沫具有一定的黏性，这种泡沫的稳定性较好，但流动性较差。可扑救油类等非水溶性可燃、易燃液体的火灾和木材、纤维、橡胶等固体的火灾。

（2）空气泡沫灭火剂是通过空气泡沫灭火剂与空气在泡沫发生器中进行机械混合搅拌而生成的泡沫。泡沫中所含的气体是空气。

空气泡沫灭火剂有蛋白泡沫灭火剂、水成膜泡沫灭火剂和高倍数泡沫灭火剂等：

1）蛋白泡沫灭火剂。空气泡沫中最普通的是蛋白泡沫灭火剂。它是由一定比例量的泡沫液、水和空气经机械作用互相混合后生成的膜状气泡群。泡沫液是由动植物的硬蛋白质（如动物蹄角、豆饼等）经水解制成的。蛋白泡沫灭火剂主要用于扑救各种不溶于水的可燃、易燃液体和一般固体火灾。它是用水将蛋白泡沫吸入泡沫管枪内，经混合后喷射到燃烧区灭火。蛋白泡沫存在着流动性差、抵抗油污能力低、灭火缓慢、扑救油罐火灾不佳、不能与干粉联合使用等弱点。为此，又研究制成含有氟碳表面活性剂的氟蛋白泡沫灭火剂，其性能优于蛋白泡沫灭火剂。

2）水成膜泡沫灭火剂。为了消除水溶性可燃、易燃液体的极性分子对灭火泡沫的破坏作用，在水解蛋白液中加入了金属皂（如辛酸辛胺络合盐）制成抗溶性泡沫灭火剂。它主要用于扑救甲醇、乙醇、丙酮、醋酸乙酯等一般水溶性可燃、易燃液体的火灾。

3）高倍数泡沫灭火剂。它是以少量发泡剂、泡沫稳定剂、组合抗冻剂和水混合，通过高倍数泡沫发泡装置吸入大量空气，可生成数百倍至上千倍的泡沫，因而称为高倍数泡沫。大量泡沫可以迅速充满燃烧的空间，使燃烧物与空气隔绝。高倍数泡沫适用于火源集中、泡沫容易堆积的场合，如船舱、大型油池、地下建筑、室内仓库、矿井巷道、飞机库等；对扑救一般油类、木柴、纤维等固体物质火灾也有效。它一般不适用于扑救水溶性可燃、易燃液体火灾。

（二）二氧化碳

二氧化碳体积质量为 1.529，比空气重，二氧化碳不可燃，也不助燃。灭火用二氧化碳被压缩成液体，灌装在钢瓶内。当打开二氧化碳灭火器瓶阀门时，由于泄压，瓶内压力降低，二氧化碳液体吸热蒸发汽化，使温度急剧下降，当温度下降到-78.5℃时，就有细小的雪花状二氧化碳固体（干冰）出现。因此，从灭火器内喷射出来的是温度很低的气态和固态二氧化碳，能迅速降低在燃烧物及其附近的温度，并冲淡燃烧区空气中的氧含量。当燃烧区域空气氧含量低于14%以下或二氧化碳浓度达到30%～35%或温度降到燃点以下时，绝大多数可燃物的燃烧会熄灭。

二氧化碳具有不导电，逸散快，不留痕迹，对设备、仪器和一般物质不污损等特点，适用于扑救电气、精密仪器、档案室和价值高的设备等发生的火灾。

（三）水蒸气

水蒸气的灭火作用主要是降低燃烧区域内的氧含量。当空气中水蒸气的含量达到35%以上时，就能使燃烧停止。水蒸气对于扑救易燃液体、可燃气体和可燃固体的火灾都有效，但在敞开的场所使用效果欠佳。

水蒸气一般用在储罐、塔釜等设备的固定灭火装置中。在车间中使用时千万要注意人员的安全。在有条件的企业，氮气、烟道气（烟道气必须经消除火花、飞尘处理）等惰性气体也可用于窒息法灭火。

四、化学反应中断法灭火

化学反应中断法又称抑制法，它是将抑制剂掺入到燃烧区域中。以抑制燃烧连锁反应的进行，使燃烧中断而灭火。用于化学反应中断法的灭火剂有干粉和卤代烷烃等。

（一）干粉灭火剂

干粉（碳酸氢钠，俗称小苏打）是扑救石油化工等火灾最有效的灭火剂。它由基料干粉（碳酸氢钠）加入防潮剂、流动促进剂、结块防止剂等添加剂组成。

碳酸氢钠在灭火中能有效地干扰燃烧连锁反应的进行，抑制燃烧，起到灭火作用，同时碳酸氢钠会因受热而分解：

$$2NaHCO_3 \stackrel{}{=\!=\!=} Na_2CO_3 + H_2O + CO_2 - Q$$

碳酸氢钠在燃烧物周围吸收热量而分解成碳酸钠、水蒸气和二氧化碳。吸收热量起到降温冷却作用，水蒸气和二氧化碳可稀释空气中的氧含量，起到窒息灭火作用。

干粉灭火剂平时储存在干粉灭火器或干粉灭火设备中，灭火时用干燥的高压二氧化碳或氮气作动力，将干粉从容器中喷射出去，射向燃烧区火焰的根部，即可扑灭火灾。

干粉灭火剂主要用于扑救天然气、液化石油气等可燃气体，可燃和易燃液体，以及带电设备发生的火灾（电气火灾扑灭后要彻底吹扫净）。

（二）卤代烷烃灭火剂

卤代烷烃是以卤素原子取代烷烃分子中的部分或全部氢原子后得到的一类有机化合物的总称。通常用作灭火剂的多为甲烷或乙烷的卤代物。例如，1211（二氟一氯一溴甲烷 CF_2ClBr）、1301（三氟一溴甲烷 CF_3Br）、1202（二氟二溴甲烷 CF_2Br_2）、2402（四氟二溴乙烷 $C_2F_4Br_2$）等，4 个阿拉伯数字分别表示卤代烷烃中碳和卤族元素的原子数，而氢原子数不计，其顺序为碳、氟、氯、溴。

卤代烷烃灭火剂的灭火原理主要是通过干扰、抑制燃烧连锁反应的进行，达到灭火的目的，并伴有适量的冷却、窒息效果。卤代烷烃灭火剂与二氧化碳灭火剂的灭火原理虽然不同，但在应用上却有许多相似的地方。它们都是加压储存于灭火器中，都有良好的绝缘性能，灭火后都不留痕迹，灭火适用范围和使用方法基本相同。

卤代烷烃灭火剂灭火效果非常好，但它有一个致命的坏处，即会对地球大气层中的臭氧层有破坏作用，世界环保组织已将其列为禁用行列，我国早在 2005 年就承诺停止扩大生产这类产品，并逐步淘汰这一类灭火剂的使用。

第三节　火灾扑救须知

一、扑救火灾的一般原则

（1）报警早，损失小。"报警早，损失小"，这是大量火灾事故的总结，火灾发生后，它的发展很快，所以，当发现初起火时在积极组织扑救的同时，尽快用各种通信手段，向消防部门报警"119"及向企业领导汇报，报警时应讲清楚起火单位名称、详细地址、电话号码等，并派人到路口接应，介绍燃烧物的性质和现场及内部情况，以便迅速组织扑救。

（2）边报警，边扑救。在报警的同时要及时扑救初起之火，火灾发展过程通常要经过初起阶段、发展阶段、最后到熄灭阶段。在火灾的初起阶段，由于燃烧面积小，燃烧强度弱，燃烧区温度不是很高，放出的辐射热量少，因此这是扑救灭火的最佳时机，只要不错过时机，用很少的灭火器材，如一只灭火器、一桶黄沙、少量水、一只麻袋、离心机袋、工作服、拖把等就可以扑灭火苗。所以，就地取材、不失时机地扑灭初起之火是非常关键重要的。

（3）先控制，后灭火。在扑救可燃气体、液体火灾时，可燃气体、液体如果从容器、管道中流出或喷出来，应首先切断可燃物的来源，然后设法灭火一次成功。如果在未切断可燃气体、液体来源的情况下，急于求成，盲目灭火，是十分危险的。因为火焰虽扑灭，而可燃物仍继续向外喷散，易积聚低洼处或某个角落处，不易很快消散，如遇明火或炽热物体等着火源时会引起复燃或爆炸，极易导致严重的伤亡事故。因此，在气体、液体火灾发生时，未切断可燃物来源之前，扑救应以冷却保护为主，积极设法堵塞、切断可燃物的来源，然后集中力量扑救灭火。

（4）先救人，后救物。在发生火灾时，如果人员受到威胁，人和物相比，人是主要的，我们执行以人为本、救人重于救物的原则，应组织力量，尽快、尽早地将被困人员抢救出来；同时部署一定的人力疏散物资，扑救灭火。在组织抢救工作时，应注意先抢救受

到火灾威胁最严重的人员，抢救时一定要稳妥、准确、果断、勇敢，务必要稳妥，以确保抢救人员的安全。

化工企业的生产装置发生火灾，生产装置、管道、容器中不断喷散可燃气体、液体时，是先救人还是先控制，要根据火场具体情况灵活对待。当火场的火势未完全封住抢救通路，救援被困人员还有一线希望时，救人和切断或控制可燃物来源应同时进行；当火场火势发展迅速，抢救通路已完全封住，强行抢救会造成更大伤亡时，应先切断或控制可燃物来源，当火势减弱到有可能进行抢救时，就争取时间极早把被困人员抢救出来。总之，救人和控制火势是同样重要的，既要极早救人，又要迅速控制火势，还要避免增加不必要的伤亡。

（5）防中毒，防窒息。许多化工原料物品喷散挥发的气体是有毒的，燃烧时也都会产生有毒烟雾。扑救时如不注意很容易发生人员中毒和人员窒息，因此，扑救时抢救人应尽可能站在上风向，必要时佩戴防毒面具。

（6）听指挥，莫惊慌。化工企业生产工艺复杂，易燃易爆物质多，发生火灾时一定要保持镇静，认清灭火器材，迅速扑灭初起火。要做到这些，就要求我们制订周密的火灾扑救预案，加强防火灭火知识的学习，积极参加消防演练，平时观察、熟识、了解周围的情况（如工艺设备布置、消防灭火器材布置、水管阀门布置及通道、楼梯等情况），一旦发生火灾，就不会惊慌失措，手忙脚乱，而是迅速正确地进行灭火。当消防部门赶到后，一定要听从火场指挥员的指挥，统一协调灭火行动。同时，我们要正确提供火场情况，提供物质名称、毒性、燃烧性、数量、地点、部位等情况，协助、配合完成扑救任务。

案例 深圳有一家庭煤气中毒事故：2004 年 11 月 14 日晚，有一户三口之家，夫妻二人和一个 7 岁小女孩，小女孩叫袁袁，这天晚上在做作业，父亲因脚扭伤，母亲帮父亲在卫生间开燃气热水器，用热水泡脚，卫生间面积 2.5m² 左右，母亲正在洗衣服，因天冷门窗均关闭着，十多分钟后，母亲感觉头痛、无力，继之父亲也有感觉，在开窗时母亲昏迷倒地，父亲见状想去开门，也跌倒在地上，昏迷过去。此时女儿还在做作业，待作业做好，找家长签字，在外面叫了好几声，不见开门，也没有回声，于时就打开卫生间大门，只见母亲、父亲二人都倒在地上，袁袁想起老师的教导，立即关掉煤气阀，拿凳子找衣架打开窗门，而后又打 110、120 急救电话，报告家庭地址，然后打开门，坐在门边等待急救人到家，不久，110 和 120 急救人员赶到，将其父母送医院抢救，经抢救，二人相继脱离危险，由于报警及时，父母均被救活，事后医生告知，如再晚 10 分钟，父母将会死亡，这个家庭将会毁掉。经调查小女孩在学校 3 天前刚进行过煤气中毒处理和急救的安全教育，小女孩一点没忘，不慌、不紧张，按学校老师讲的方法，按步处理，终于保护了父母和自己的家庭。

二、危险化学物品火灾扑救

扑救危险化学物品火灾，如果灭火方法不恰当，就有可能使火灾扩大，甚至发生爆炸、中毒事故，所以，扑救灭火必须要有正确的方法。

（一）易燃和可燃液体火灾扑救

液体火灾要根据比重大小、水溶性性质来确定灭火方法：

比水轻又不溶于水的有机化合物（乙醚、苯、汽油、轻柴油等）着火时，可用泡沫、干粉灭火剂扑救。当初起火时，燃烧面积小或燃烧物不多，燃烧物温度不高，也可用二氧化碳、卤代烷烃灭火剂扑救。但切不能用水扑救，因比水轻的易燃液体会浮在水面上随处流淌，火灾会扩大。

比水轻能溶于水或部分溶于水的液体（甲醇、乙醇等醇类，醋酸乙酯、醋酸丁酯等酯类，丙酮、丁酮等酮类）着火时，应用雾状水或抗溶性泡沫、干粉等灭火剂扑救。当初起火或燃烧物不多时，也可用二氧化碳扑救。

比水重又不溶于水的液体（如二硫化碳）着火时，可用水扑救。

敞口容器内液体着火时，不能用砂土扑救。在地面流淌的液体着火时，可用砂土扑救。

（二）易燃固体火灾扑救

易燃固体发生着火时，一般都能用水、砂土、石棉毯、泡沫、二氧化碳、干粉等灭火器材扑救。但对于粉状固体（铝粉、镁粉、闪光粉、木粉等）不能直接用水、二氧化碳扑救，以避免粉尘被冲散在空气中形成爆炸性混合物而可能发生爆炸。宜用雾状水、开花水扑救。

磷的化合物、硝基化合物和硫黄等易燃固体着火，燃烧时会产生有毒和刺激性气体，扑救时要站在上风向，以防中毒。

（三）遇水燃烧物品和自燃物品火灾扑救

遇水燃烧物品（如金属钠、保险粉、电石、锂、钠、钾、铷、铯、锶、钠汞齐等）遇水后能发生剧烈的化学反应，放出可燃气体而引起燃烧或爆炸。发生着火时，应用干砂、干土、水泥、干粉等扑救，严禁用水、酸碱、泡沫灭火扑救（由于锂、钠、钾、铷、铯、锶、钠汞齐等化学性质十分活泼，能夺取二氧化碳中的氧而起化学反应，使燃烧更猛烈，所以不能用二氧化碳扑救）。在扑救磷化物、保险粉等燃烧时能放出大量有毒气体，抢救人员应站在上风向。

自燃物品起火中，除三乙基铝和铝铁溶剂（三乙基铝遇水产生乙烷；铝铁熔剂燃烧时温度极高，能使水分解产生氢气）不能用水扑救外，一般可用大量的水进行灭火，也可用砂土、二氧化碳和干粉灭火。

（四）氧化剂火灾扑救

大部分氧化剂着火时都能用水扑救，但对过氧化物和不溶于水的液体有机氧化剂，应用干砂土或二氧化碳、干粉等灭火，不能用水和泡沫灭火。因为过氧化物遇水反应能放出氧而加速燃烧；不溶于水的液体有机氧化剂体积质量比水轻，会浮在水上流淌而扩大火灾。

粉状氧化剂着火时，应用雾状水扑救。

（五）毒害物品和腐蚀物品火灾扑救

一般毒害物品着火时，可用水及其他灭火剂灭火，但氰化物、硒化物、磷化物着火时，遇酸能产生剧毒或易燃气体，如氰化氢、磷化氢、硒化氢等着火，所以不能用酸碱灭火剂扑救，只能用雾状水或二氧化碳、干粉等灭火。

腐蚀性物品着火时，可用雾状水、干砂土、泡沫、干粉等扑救。硫酸、硝酸等酸性腐蚀品，不能用加压密集水流扑救，因为密集水流会使酸液发热甚至沸腾，以致四处飞溅而伤害人员。

当用水扑救化学危险物品，特别是扑救毒害物品和腐蚀性物品火灾时，应注意节约用水，防止污染环境和水源。

三、电气火灾扑救

电气设备发生火灾时，为防止触电事故，一般应在切断电源后进行扑救灭火。

（一）断电灭火

电气设备着火或电气设备着火已引起附近可燃物着火时，应先切断电源。带负荷切断电源时要防止触电和电弧灼伤人员，并注意以下几个方面：

（1）切断电源时要考虑不影响扑救用电和照明。

（2）切断电源时要做到安全拉闸；剪断低压线路电源时，应有绝缘措施，相线与中位线应错开剪断，相线防止脱落地面发生短路触电事故。电源切断后，扑救方法与一般火灾扑救相同。

（二）带电灭火

在紧急情况下，无法等待切断电源后扑救，否则有使火势蔓延扩大的危险，或者断电后会严重影响安全生产（有岗位停电后会发生爆炸，如卡马缩合反应）。这时，为了取得扑救的主动权，就需带电进行扑救灭火，但必须注意防止触电事故。带电灭火应注意以下几点：

（1）应用不导电的灭火剂（二氧化碳、1211、1301、干粉）等进行灭火；不能用导电的灭火剂（水、泡沫、酸碱等）进行灭火。

（2）使用灭火器灭火时，与电器要保持一定的安全距离。

（3）灭火人员有防触电安全保护措施，采用喷雾水灭火，水枪喷嘴要有接地措施。

（4）当发现带电电线落地时，要防止跨步电压触电。

（5）当有油的电气设备（如变压器、油开关）着火时，可用干燥的黄沙或用不燃物压住火焰后灭火。

 练习题

1. 基本的灭火方法有哪几种，各灭火方法中使用的主要灭火剂是哪些？
2. 手提式灭火器有哪几种，怎样使用，使用中应该注意什么？
3. 什么是灭火剂，你知道哪些灭火剂？请分别说明适用范围和使用中的注意事项。
4. 火灾扑救的一般原则有哪几条？
5. 不同性质的液体（腐蚀、有毒、可燃、易燃等液体）导致的火灾怎样扑救？
6. 遇水燃烧物品怎样扑救？
7. 电气火灾怎样扑救，扑救中应注意哪些安全事项？

第十五章 用 电 安 全

电给人类带来光明，造福人类，但如果用电不当，电也会给人类造成伤害和其他的危害。因此，我们在用电的过程中，必须重视电气安全问题，每个职工都应了解一些安全用电的知识。

第一节 触电事故及电流对人体的伤害

一、触电事故

触电一般是指人体触及带电体。

由于人体是导电体，人体触及带电体，电流会对人体造成伤害。电流对人体有两种类型的伤害，即电击和电伤。

（一）电击

电击指电流通过人体造成人体内部伤害。电流对呼吸、心脏及神经系统的伤害，使人出现痉挛、呼吸窒息、心颤、心跳骤停等症状，严重时会致人死亡。

按照人体触及带电体的方式和电流通过人体的途径，触电可以分为以下3种形式：

（1）单相触电：指人们在地面或其他导体上，人体某一部位触及一相带电体的触电事故。绝大多数触电事故都是单相触电事故，一般是由于开关、灯头、导线及电动机有缺陷而造成的。

（2）两相触电：指人体两处同时触及两相带电体的触电事故。这种触电的危险性比较大，因为触电加于人体的电压比较大。

（3）跨步电压触电：当带电体接地短路、电流流入地下时，会在带电体接地点周围的地面上形成一定的电场（即产生电压降）。此电场的电位分布是不均匀的，它是以接地点为圆心逐渐向外降低的。如果人的双脚分开站立，就会承受到地面上不同点之间的电位差（即两脚接触不同的电压），此电位差就是跨步电压。跨步距离越大，则跨步电压越高。由此引起的触电事故称为跨步电压触电。

（二）电伤

电伤是指电流对人体外部造成局部伤害，如电弧烧伤等。

二、电流对人体的伤害

电流通过人体，会引起针刺感、压迫感、打击感、痉挛、疼痛乃至血压升高、昏迷、心律不齐、心室颤动等症状。

电流通过人体内部，对人体伤害的严重程度与通过人体电流的大小，电流通过人体的持续时间长短，电流通过人体的途径（通过心脏、中枢神经系统、脑危害最大），电流的

种类（如直流、交流、电流频率大小，50Hz 频率最危险），人体的状况（女比男、不健康比健康、流汗比不流汗、小孩比大人等易触电）等多种因素有关，而且各因素之间，特别是与电流大小及通电时间之间有着十分密切的关系。

第二节　防止触电事故的措施与要求

一、防止触电事故的技术措施

防止触电事故，除了思想上提高对用电安全的认识，树立安全第一、精心操作的思想，以及采取必要的组织措施外，还必须依靠一些完善的技术措施，其技术措施一般有以下几个方面。

（一）绝缘、屏护、障碍、间隔

（1）绝缘。用绝缘的方法来防止触及带电体。

（2）屏护。用屏障或围栏防止触及带电体。屏障或围栏除能防止无意触及带电体外，还可以使人意识到超越屏障或围栏会有危险而不会有意识地去触及带电体，起到警告、禁止的作用。

（3）障碍。设置障碍以防止无意触及带电体或接近带电体，但不能防止有意绕过障碍去触及带电体。

（4）间隔。保持间隔以防止无意触及带电体。

（二）漏电保护装置

漏电保护装置的作用主要是：当设备漏电时，可以断开电源，防止由于漏电而引起触电事故。

（三）安全电压

我国安全电压采用交流额定值 36V、24V、12V、6V 这 4 个电压值。进入金属容器或特别潮湿的场所要使用 12V 以下电压照明。

（四）保护接地和保护接零

保护接地和保护接零是防止人体接触带电金属外壳而引起触电事故的基本有效措施。

1. 保护接地

保护接地就是将电气设备在正常情况下不带电的金属部分与接地体之间做良好的金属连接。

当电气设备没有接地，如电气设备绝缘损坏而漏电时，设备外壳上将长期存在着电压，人体接触就会发生触电事故（如电压为 220V，人体电阻为 1000 Ω，则电流就会超过 220÷1000＝220(mA)，而致人死亡）。当电气设备有接地保护装置（要求电阻小于 4 Ω）时，泄漏电流经接地保护装置，能使保护电器装置（电熔丝或自动开关）迅速动作，切断电源，断开故障。若设备容量较大，即使不能使保护电器装置（电熔丝或自动开关）迅速动作，切断电源，也可以大大减少通过人体的电流量，人体触及带电体就可以使电流限制在最小范围内，达到防止触电或降低触电的危险程度的目的。

2. 保护接零

保护接零就是将电气设备在正常情况下不带电的金属部分与系统中的中性线做良好的

金属连接。

保护接零的作用是当电气设备发生碰壳短路时，电流经中性线返回而成闭合回路。电气设备短路后，电流较大，能使保护电器装置（电熔丝或自动开关）迅速动作，切断电源，从而达到防止人身触电危险的目的。

二、车间常用电气设备的安全要求

（1）电动机、开关电器、保护电器。防爆区必须使用防爆电动机和开关电器，并且负荷必须匹配，严禁超负荷使用，严禁超温（小于80℃），严禁二相运行；保护电器安全，发现保护电器动作，应找出原因后再用容量相符的熔丝换上（严禁以大代小）。

（2）照明装置。防爆区必须使用防爆型照明装置，电线必须穿管并接地，螺口灯头的螺纹应接到中性线上，特殊照明应用36V照明，防爆区照明灯泡要求在60W以下，白炽灯泡不得接近易燃可燃物。

三、移动电具的安全使用

移动电具种类很多，如手电钻、手电砂轮、电风扇、电切割机、行灯、电焊机、电烙铁、电炉、电吹风、电剪刀、电刨等均属移动电具，必须妥善保管、经常检查、正确使用，确保安全使用。

四、用电安全注意事项

（1）不准玩弄电气设备和开关。
（2）不准非电工拆装、修理电气设备和用具。
（3）不准私拉乱接电气设备。
（4）不准使用绝缘损坏的电气设备。
（5）不准使用电热设备和灯泡取暖。
（6）不准用容量不符的熔丝替代。
（7）不准擅自移动电气安全标志、围栏等安全设施。
（8）不准使用检修中的电气设备。
（9）不准用水冲洗或用湿毛巾洗擦电气设备。
（10）不准乱动土挖土，以防损坏地下电缆。

第三节 触 电 急 救

在使用电气设备中，有时会由于种种原因而发生触电事故，这时千万不要惊慌失措，应当采取正确、果断的措施进行抢救，切不可因抢救失误而造成严重的后果。因此，每一个职工都应懂得触电急救知识。

触电急救的要点：动作迅速，方法正确。

人触电后，会出现神经麻痹、呼吸中断、心脏停止跳动等呈现昏迷不醒的症状，这是一种假死现象，必须迅速、正确、持久地进行抢救。

有统计资料表明，从触电后1min开始救治者，90%有良好效果；从触电6min开始救

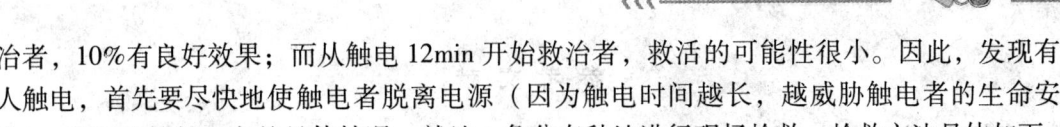

治者，10%有良好效果；而从触电 12min 开始救治者，救活的可能性很小。因此，发现有人触电，首先要尽快地使触电者脱离电源（因为触电时间越长，越威胁触电者的生命安全），然后根据触电者的具体情况，就地、争分夺秒地进行现场抢救。抢救方法具体如下：

（1）当发现有人触电时，抢救人员应尽快切断电源或用干燥、不导电的物体使触电者脱离电源，防止自身触电。

（2）将触电者移至空气新鲜的地方，轻度触电者会逐渐恢复正常。

（3）重度触电者视心跳和呼吸情况，分别进行人工心脏挤压法或人工呼吸法，或用两种方法同时进行抢救。

（4）在抢救的同时呼叫 120 等急救电话。在送往医院的途中必须坚持抢救，绝不能半途而废，停止抢救。

 **练习题**

1. 电流对人体的伤害有哪几种？
2. 简述防止触电事故的技术措施。
3. 简述用电安全注意事项。
4. 简述当发生触电时的抢救方法。

参 考 文 献

[1] 董月芬. 化工识图 [M]. 北京：化学工业出版社，2008.

[2] 黄一石，乔子荣. 定量化学分析 [M]. 3 版. 北京：化学工业出版社，2014.

[3] 刘红梅. 化工单元过程及操作 [M]. 北京：化学工业出版社，2008.

[4] 柳燕君，应龙泉，潘陆桃. 机械制图 [M]. 北京：高等教育出版社，2010.

[5] 谭弘. 基本有机化工工艺学 [M]. 北京：化学工业出版社，1998.

[6] 田铁牛. 化学工艺 [M]. 2 版. 北京：化学工业出版社，2007.

[7] 邢文卫. 分析化学 [M]. 北京：化学工业出版社，1997.

[8] 徐峰，朱丽华. 化工安全 [M]. 天津：天津大学出版社，2015.

[9] 张弓. 化工原理（上、下册）[M]. 北京：化学工业出版社，2000.

[10] 张海峰. 常用危险化学品应急速查手册 [M]. 北京：中国石化出版社，2006.

[11] 张利锋，闫志谦. 化工原理（上、下册）[M]. 3 版. 北京：化学工业出版社，2011.

[12] 张松斌. 化工设备 [M]. 北京：化学工业出版社，2017.

[13] 张小康，张正兢. 工业分析 [M]. 3 版. 北京：化学工业出版社，2017.

[14] 赵少贞. 化工制图与识图 [M]. 北京：化学工业出版社，2009.